河流健康修复与管理系列丛书

辽河流域生态水保障与时空优化调度研究

丁立国　王　健　等/编著

中国环境出版集团·北京

图书在版编目（CIP）数据

辽河流域生态水保障与时空优化调度研究/丁立国，王健等编著. —北京：中国环境出版集团，2021.6
（河流健康修复与管理系列丛书）
ISBN 978-7-5111-4761-5

Ⅰ. ①辽… Ⅱ. ①丁…②王… Ⅲ. ①辽河流域—水资源管理—研究 Ⅳ. ①TV213.4

中国版本图书馆 CIP 数据核字（2021）第 130810 号

出 版 人 武德凯
责任编辑 葛 莉
封面设计 宋 瑞

出版发行 中国环境出版集团
（100062 北京市东城区广渠门内大街 16 号）
网 址：http://www.cesp.com.cn
电子邮箱：bjgl@cesp.com.cn
联系电话：010-67112765（编辑管理部）
发行热线：010-67125803，010-67113405（传真）
印 刷 北京鑫益晖印刷有限公司
经 销 各地新华书店
版 次 2021 年 6 月第 1 版
印 次 2021 年 6 月第 1 次印刷
开 本 787×1092 1/16
印 张 13
字 数 270 千字
定 价 65.00 元

“河流健康修复与管理系列丛书”编委会

本书编委会

主　编　丁立国　王　健

副 主 编（按姓氏笔画为序）

马　涛　邵子玉　李　伟

参与编写（按姓氏笔画为序）

马明超　马欣宇　王志坤　王　凯　孙　博　任　聃

张　利　闫　旺　宋　影　李明月　刘玉珍　刘　瑶

刘冬梅　刘春洋　赵　博　孟晓路　柴　洁　殷　丹

周　彬　胡秀芳　冯金鹏　冯雪明　康　健　孙怀军

狄　鑫　吴　伟　张　琦　张　帆　高向东　胡　伟

周　颖　张　璞　孟海鹰　张建国　范红梅　苏洪洋

序言

河流水生态环境治理保护，旨在改善受污染河流水环境质量，修复受损水生态系统功能，逐步恢复河流生态系统健康。在大力治理污染源的同时，给河流以空间，开展河流保护区建设，是河流治理保护的创新实践。

辽河保护区依辽河干流而设，从东、西辽河交汇处福德店开始到盘锦入海口，全长 538 km，总面积 1869.2 km^2，是我国第一个为保护河流而划定的区域，也是河流管理体制机制创新先行示范区。“划区”以来，辽宁省大力开展生态修复保护工作，使得保护区生态迅速恢复，生物多样性明显增多。为了深入研究大型河流生态保护的原理，探索治理保护修复经验，“十三五”水专项设置了“辽河保护区河流健康修复与管理技术集成”课题。

本课题针对河流管理体制机制创新先行示范区—辽河保护区水生态系统健康维护与保护目标提升技术需求，集成水专项“十一五”、“十二五”河流治理保护技术，突破综合调控关键技术，重点开展生态资源资产评估、北方寒冷地区大型季节性河流生态水保障与时空优化调度、北方寒冷地区大型流域湿地发育与重建、自然生境恢复与土地利用空间优化、智慧化综合管理等技术研发与应用，构建基于生境恢复、功能提升、综合调控的辽河保护区健康河流修复技术体系，形成辽河保护区健康河流构建技术模式。制定辽河保护区健康河流修复总体方案与技术路线图，指导辽河保护区健康河流构建技术模式实践，支撑辽河保护区“十三五”水质与水生态改善目标的实现。

课题研究提出的大型季节性河流生态水保障技术在辽河保护区上游清

河、柴河两座大型水库及16座闸坝调度运行中得到实际应用，对供水及引水规则进行优化调整，制定考虑跨流域引水、生态与农业供水耦合的优化调度方案，2020年两座水库全年共泄放生态水量7160万m^3。保障干流珠尔山、巨流河大桥、盘锦兴安等重要控制断面在各水期内满足以河流健康为目标的生态流量要求。课题集成的辽河保护区大型流域湿地重建技术在东、西辽河交汇口源头区、石佛寺-七星中游区、大张-盘山闸-双台子下游区开展大型流域湿地重建综合性工程实证，实证区湿地面积合计23.8万亩，河滨植被覆盖度由2009年的59.3%提高至2020年的95.6%，鸟类、鱼类分别由2011年的45种、15种增加到2020年的85种、53种，生态系统功能明显恢复。课题研究成果有效支撑了辽河流域水生态环境质量改善。

本课题由中国环境科学研究院、辽宁省水利水电科学研究院有限责任公司、辽宁石油化工大学、沈阳大学、北京市农林科学院共同完成。为系统总结大型河流保护区治理保护理论与技术经验，课题组组织编著了“河流健康修复与管理系列丛书”，相信该丛书可为我国大型河流治理保护提供有益的经验借鉴。

宋永会

2021年6月

前言

辽河是辽宁省的母亲河，辽河流域位于辽宁省的中东部地区，在辽宁省的社会经济发展中具有举足轻重的地位。辽河流域由辽河水系和浑太河水系组成，流域水资源总量为 128.84 亿 m^3，根据 2016—2020 年辽宁省生态环境状况公报统计数据，流域内水资源总体开发利用率为 70.3%。辽河流域共有国家水环境质量考核断面 50 个，占辽宁省总数的 58.1%，现状水质总体为中度污染。2018 年达到或优于Ⅲ类水质断面 20 个，占辽河流域国控断面总数的 40%；劣Ⅴ类水质断面 14 个，占 28%。随着流域内人口增长及社会经济的发展，流域内水资源总量不足、供需矛盾突出、水生态承载力较差等问题日益突出，生态流量难以保障，部分河段甚至出现断流。针对辽河流域水资源及水环境存在的问题，从“十一五”时期开始，水体污染控制与治理科技重大专项（简称“水专项”）辽河项目组先后开展了以水质改善为理念的水质水量优化调配技术、以生态保障为理念的环境流量保障与容量总量控制技术、以流域健康为理念的生态水保障与时空优化调度技术等研究，并开展了试点实证，取得良好效果，为辽河流域水质改善及生态功能提升提供了重要技术支撑。

随着辽宁省省内大型调水工程的通水运行，辽河流域水资源配置格局将发生重大变化，流域内水量分配也将随之调整。水库、闸坝等水利工程对区域水资源调配发挥了重要作用，鉴于此，针对北方寒冷地区典型流域的特点，科学确定辽河流域不同水期、不同分区、不同生态需求的河流生态流量，在此基础上分析流域用水规律及合理性，开展水质水量联合调度及生态水时空优化调度研究具有重大意义。

本书基于水体污染控制与治理科技重大专项——辽河流域水环境管理与水污染治理技术推广应用项目、辽河保护区河流健康修复与管理技术集成课题（2018ZX07601-003）研究成果，针对辽河流域水生态系统健康维护与保护目标提升的技术需求，重点开展辽河流域河流生态水保障与时空优化调度研究，提出基于河流健康的生态流量确定方法，开展保护区重要控制断面生态流量综合监管与生态水保障实证研究，形成了辽河流域水质水量联合调度方案、生态水时空优化调度方案和基于河流廊道功能修复的干流闸坝调整方案，为辽河流域水生态保护与提升提供良好的水量保障条件、政策标准和技术措施，对促进流域经济社会高质量发展具有重要的战略意义，经过试点工程实证，生态、经济及社会效益显著。

与同类专著相比，本书将理论研究与工程实例相结合，将技术成果与管理方案相结合，首次完成了北方寒冷地区大型河流——辽河流域基于河流健康的生态水保障与时空优化调度研究，并在辽河干流开展工程示范，研究成果普适性良好，对于北方其他流域及其他省（市、区）河流生态功能提升及高质量发展具有重要的借鉴意义。

作者

2021 年 4 月

目录

1 绪 论

1.1 研究背景及意义

辽河流域是我国七大流域之一，辽河干流大部分河段位于辽宁省，是辽宁省的母亲河，在辽宁省的社会经济发展中具有举足轻重的地位。辽河流域总面积约 21.9 万 km^2，辽宁省省内流域面积约 6.93 万 km^2（包括浑太河面积），占流域总面积的 31.6%。辽河流域由辽河水系、浑太河水系组成，流域水资源总量为 128.84 亿 m^3。根据 2016—2020 年辽宁省生态环境状况公报统计数据，流域水资源总体开发利用率为 70.3%，现状水质总体为中度污染。流域内水资源总量少、时空分布不均、生态流量保障不足、水资源开发利用率较高、供需矛盾突出、水环境污染较重，流域内水库及闸坝等工程生态健康调度理念不足。针对上述问题，“水专项”辽河项目组从“十一五”时期开始，开展了相关课题研究，将河流的生态流量与生态系统的保护目标相联系，通过调整和改变现有工程的调度运行方式，充分发挥大型水利工程的宏观调节与河道内闸坝的微观调节作用，实现流域内河流基于健康的生态水时空调控，旨在为辽河流域生态功能提升及高质量发展提供技术保障。

“十一五”期间，“辽河流域水质水量优化调配技术及示范研究”课题立足辽河流域水质改善，课题研究的辽河流域水质水量优化调配技术成果已在辽宁省部分水行政管理部门得到应用，方案在太子河示范河段的实施使干流水质得到改善，达到Ⅳ类水质标准。课题成果为辽河流域重度污染的“摘帽”提供了泄放生态用水的技术指导和科学依据，制定的河流水质水量联合调度法规导则——《辽宁省水库供水调度规定》以辽宁省人民政府令的形式发布，已作为辽宁省水资源管理和水库调度的依据。

“十二五”期间，编者围绕辽河流域控制断面环境流量保障与水质达标要求，一是针对流域水工程特性参数与供水差异性特点，基于流域水库群“三生”供水规律分析，提出兴利供水与生态供水相结合的库群供水规则制定技术，提出面向生态用水保障的库群联合调度引水图制定技术方法，开展对高效引水、减少弃水的水库群环境流量保障能力的深入挖掘；二是在“十一五”时期建立的水质水量联合调度模型基础上，构建基于农业与生态供水耦合的水库群联合调度模型，提出“评估分析—改进应用—再修正—再应用”的“滚动修正”技术方法，实现最大限度地适应年际水文情势变化，破解水资源短缺、流域水情偏枯条件下环境流量难以保障的水量调度难题。

“十三五”期间，编者针对辽河流域水生态系统健康维护与保护目标提升的技术需求，集成水专项“十一五”“十二五”河流治理保护技术，针对辽河流域生态流量不足、生态用水保障标准与监管制度缺失等关键问题，在辽河流域开展生态流量综合监管，提出了基于河湖健康的生态流量确定方法，建立了流域内重要控制断面生态流量与重要水工程下泄生态基流的综合监管方案，形成了辽河干流（保护区）生态水时空优化调度方案和基于河流廊道功能修复的干流闸坝调整方案，研究成果可为辽河流域水生态保护与修复提供良好的水量保障条件和政策支持。

本书针对辽河流域生态水量不足、水质污染较重、水资源配置格局不尽合理等问题，集成“水专项”“‘十一五’辽河流域水质水量优化调配技术及示范研究”（2009ZX07208-010）、“‘十二五’重点流域环境流量保障与容量总量控制管理关键技术与应用示范”（2013ZX07501-004）及“‘十三五’辽河流域水环境管理与水污染治理技术推广应用项目”（2018ZX07601-003）课题研究成果，主要开展了基于河流健康的河流生态流量计算方法研究、基于生态用水需求的浑太流域水质水量联合调度研究、辽河保护区生态水时空优化调度研究及生态水保障工程实证研究，旨在为辽河流域生态系统修复、水工程生态优化调度及流域高质量发展提供技术支撑和依据。

1.2 主要研究内容

1.2.1 基于河流健康的生态流量计算方法研究

随着生态流量计算目标的不断提升，对于计算基础资料的要求和计算的复杂度也越来越高。因此，需要在保护区河流水生态健康调查评价的基础上，结合《水污染防治行动计划》（简称“水十条”）中有关着力节约保护水资源的要求以及最严格水资源管理制度的规定，明确提出适应我国北方寒冷地区河流生态健康的重要控制断面生态流量确定方法与标准。

（1）生态退化河流生态流量问题诊断

系统总结国内外生态流量研究成果与管理案例，分析保障区域生态完整性的生态流量内涵，明确生态流量的组成及分级标准体系；针对辽河流域水文分区及生态分区特点，调查流域水文完整性、物理形态完整性、化学完整性、生物完整性与社会服务功能完整性等反映河流健康状况的指标，辨识保护区生态流量问题特征，为基于河流健康的生态流量确定及监管提供依据。

（2）基于河流健康的生态流量分析计算技术

针对辽宁省生态文明建设需求，研究提出河流健康目标及河流功能辨识技术方法，研究保护区河流生态流量管理分区技术；针对保护区生态建设的分区分类健康目标与河流功能的生态水文节律需求，提出保护区分区分类生态流量计算技术的方法。特别针对北方寒冷地区河流特点，重点研究河流冰封期生态流量确定技术方法。

（3）基于河流健康的生态流量标准

针对辽宁省水文水资源及水生态分区特点，确定河流健康生态保护目标，研究提出优先保护顺序与协调保护原则；结合保护区生态文明建设阶段目标安排，提出河流健康目标分阶段需求，形成辽宁省基于河流健康的生态流量目标方案；针对保护区分区河流健康目标类型特点，研究辽宁省生态流量控制断面布置方案，提出生态流量管理分区方案；依托生态流量计算技术方法，根据“分区（生态流量管理分区）、分类（生态保护目标分类）、分期（不同水期及水平年）”要求，研究提出基于河流健康的控制断面生态流量标准。

1.2.2 水质水量联合调度研究

从流域角度出发，构建研究河段径流水质数值仿真模型，制定农业供水耦合与生态环境改善的流域水质水量联合调度方案，并结合流域实际情况，对近年联合调度方案进行修正。

科学分析浑太流域农业用水规律，确定浑太流域内大伙房水库、观音阁水库和葠窝水库三座大型水库可变供水关系；确定浑河、太子河主要河段内最小生态需水量，在控制污染源（或者现状排污量）的前提下，通过改变大伙房水库、观音阁水库、葠窝水库不合理的现状调度方式，优化浑河、太子河干流的水量年内分配过程，在满足防洪、工农业生产用水要求的基础上，增加河道枯水期的水量，降低特征污染物浓度，改善水生态环境。

1.2.3 生态水时空优化调度研究

随着辽宁省省内大型调水工程的通水运行，辽宁省水资源格局已发生重大变化，辽河流域水量分配也将发生较大变化，亟须在保护区开展大型水库群及闸坝联合优化调度研究，形成生态水时空优化调度方案，在保证各方用水户用水安全的前提下，最大限度地利用有限的水资源，满足河流生态建设需求。

（1）调水环境下大型水库群低环境影响优化调度模型研究

分析保护区上游支流现有大型水库改善生态流量的作用，在清河、柴河等大型水库及其下游闸坝控制范围内，以多方用水需求为约束条件，建立大型水库群低环境影响多目标优化调度模型。模型目标函数涉及水体功能达标率、生态用水缺水量、生态供水满足率、供水年保证率等。约束条件主要包括流量连续方程与水量平衡方程、各水库泄流设备的泄流能力、河道安全泄量、水库调洪规则、蓄水约束、环境与生态用水约束、水环境容量等。

（2）大型水库群低环境影响优化调度方案研究

分析清河、柴河等大型水库农业灌溉用水规律，重点研究分析灌溉用水与水库来水之间的关系；分析下游河道生态用水情况；进而在农业用水和生态用水耦合利用的基础上，分析年内下游河道不同时段生态用水的满足程度，利用水库的调节能力和河道闸坝的蓄水能力，调整水库年内的出库过程，最大限度恢复自然水文节律，实现低环境影响下的水库调度；利用常规调度方法，在保证防洪安全的前提下，研究制定水库群在枯水期不同时段的初始可行调度方案；基于初始可行调度方案，生成水库群低环境影响优化调度方案；结合保护区干流闸坝调度方案成果，提出保护区生态水时空优化调度方案。

（3）基于河流廊道功能修复的干流闸坝调度及调整方案

分析影响辽河廊道功能的因素，提出包括自然生态功能和经济社会功能在内的河流廊道功能评估指标体系；针对辽河干流河流廊道功能修复的具体需求，从河流生态需水及区域防洪角度考虑，建立基于水量平衡原理的多目标调度模型。分析辽河干流各橡胶坝蓄水能力，根据闸坝日常调度运行原则，针对其高度调控导致水生生物廊道阻隔以及部分水工程影响保护区河流水生态健康等问题，提出干流闸坝调度及调整方案，指导保护区内闸坝等水工程的规划、建设及运行，保障河道下游满足生态用水需求。

1.2.4 生态流量综合监管研究与生态水保障工程实证

（1）生态流量综合监管研究

基于适应河湖生态健康的重要控制断面生态流量标准、保护区生态水时空优化调度方案等成果，开展保护区生态流量综合监管研究，从监管部门监督管理角度出发，提出生态流量综合监管技术方案。

（2）生态水保障工程实证

在总结基于河流健康的生态流量计算方法与标准、水库群低环境影响优化调度研究与验证，基于河流廊道功能修复的干流闸坝调度及调整方案等研究成果的基础上，在辽河流域开展生态水保障工程实证，为保护区干流河流健康目标的实现提供生态水量保障条件。

1.3 主要工作过程

本书研究成果主要依托“水专项”“‘十一五’辽河流域水质水量优化调配技术及示范研究”“‘十二五’重点流域环境流量保障与容量总量控制管理关键技术与应用示范”“‘十三五’辽河流域水环境管理与水污染治理技术推广应用项目”。2008年10月，课题组开始了前期相关文献、报告、资料等的收集及分析工作。2009年，“水专项”“十一五”任务正式启动，项目组对太子河流域、辽河流域开展了大量的水文调查、水质监测、岸坡测量、无人机航拍等工作，查阅了国内外生态需水、河流健康方面的相关文献、科研成果，生态流量计算目标立足于水质改善。2013年，“水专项”“十二五”研究阶段目标从生态流量计算提高到水生态恢复。在综合考虑流域水文、地形地貌、植被分布、生态水文分区等多项流域特征的基础上，叠加了污染源分布的影响，研究确定了流域特征分区与水功能分区相结合的生态需水分区；提出了适应高度人工调控生态环境用水及经济社会用水双重约束的，以生态修复为目标的河道内生态需水估算方法；给出了辽河、浑河、太子河全流域17个生态需水估算分区各主要断面逐月河道内生态需水流量结果。2015—2016年，依托辽宁省政府重点项目“辽宁省典型河湖（库）健康调查评价和河流消失及恢复措施”，项目组对辽河流域组织开展了一个完整水文年的河流生态健康相关指标的调查监测。其中水文指标收集了水文站流量、水位、输沙等资料并开展了内业工作；开展了对岸坡、植被、人工干扰等的调查监测（共75个断面）；水质监测在2015年9月—2016年8月，每月1次，共12次，调查监测36个断面；从2015年开始每年监测评估1次水生物，结合辽河保护区现有生物多样性监测工作开展情况，建立了生物多样性监测样地，共设置了19个重点监测区域；2016年4—6月，对白石水库、北票市湿地、辽河、大凌河开展了陆生动物、鸟类等的调查工作，对现场不同河段共调查监测50余处。2019年7月—2020年12月，课题组多次到工程实证现场进行调研，收集水工程调度运行资料，与依托工程单位对接研究工程调度实证方案，并对干流和支流重要断面按旬进行了水质水量同步监测。水质监测数据调查结果显示，辽河、浑河、太子河实测流量在满足河流生存流量和健康流量条件下，水体自净能力得到较大的提升，生物种类在增加，河流在不同水期、不同河段全部达到健康状态。研究成果可为辽河干、支流大型水库调度规则修订提供依据，为满足辽河干流各主要控制断面生态流量创造条件，进而缓解了流域水资源不足的紧张局面，保障了生态用水。

项目开展过程中的现场勘查、监测图片如图1-1所示。

图 1-1 工作组勘查、监测图

1.4 主要术语及定义

本书涉及一些重要术语及定义，归纳解释如下：

（1）生态需水（eco-water demands）

生态需水是指为了维持河流生态系统结构、功能和生态过程良性循环所需要的水量，是与工业、农业、生活需水并列的一个用水单元。

（2）生态流量（ecological flows）

生态流量是指生态需水中的某个流量，具有某种生态作用。本书中的生态流量包括生存流量、健康下限流量和健康上限流量。

（3）生态分区（eco-regions）

生态分区是指根据自然地理条件、气候水文条件、植被与生物栖息地条件、水资源禀赋条件、水利工程布局及社会经济用水情况等确定的生态相似的地理分区，处于同一生态分区的河流，其生物群落及水文变化过程基本相似。

（4）生态系统（ecosystem）

生态系统是指在自然界一定的空间和时间范围内，在各种生物之间以及生物群落与其无机环境之间，通过能量流动和物质循环而相互作用的统一整体。生态系统是生物与环境之间进行能量转换和物质循环的基本功能单位。

（5）河流健康（the health of river）

河流健康是指河流在自然生态功能健康和社会服务功能健康之间的最佳平衡状态。河流自然生态功能健康是指河流具备水的持续生产和再生能力、水的自然流动能力、水资源供应能力、排洪泄沙能力、纳污和净化能力及生物种群多样性能力；河流社会服务功能健康是指河流在维持自然生态功能健康的基础上，能够满足人类社会经济发展的需求。

（6）重要水工程（important hydraulic engineering）

重要水工程是指用于控制和调配自然界地表水，达到除害兴利目的而修建的重要水库工程。

（7）重要控制断面（critical control section）

重要控制断面是指为了评价监测河流河段生态流量是否达标，而设置的具有代表性的采样断面。

2 研究区概况*

2.1 地形地貌

2.1.1 辽河水系地形地貌

辽河水系的地理位置为 117°00′E～125°30′E，40°30′N～45°10′N，流域面积 19.19 万 km^2，其中山地占 35.7%，丘陵占 23.5%，平原占 34.5%，沙丘占 6.3%。北部与松花江流域毗连，西部为七老图山和努鲁尔虎山，高程为 500～1 500 m；东部为吉林哈达岭、龙岗山和千山，高程为 500～2 000 m。流域地势大体是自北向南、自东西两侧向中间倾斜，中下游形成辽河平原，高程约为 200 m。

辽宁省辽河水系为辽河的下游区域，东部为辽东山地丘陵区；北部为辽北康法丘陵区，由沟谷发育的剥蚀低丘区构成，将辽河干流的上中游河谷平原和下辽河平原割裂开来；西部为医巫闾山，与凌河流域分隔，辽河干流贯穿东北平原，自双台子河口入辽东湾。

2.1.2 浑太河水系地形地貌

浑太河水系位于辽河流域的东南侧，太子河为浑河一级支流。浑太河水系东为长白山，海拔在 400～500 m；西为辽河中下游平原，海拔在 300 m 左右。地势自北向南，由东向中西部倾斜：铁岭、沈阳一带地面高程为 40～60 m，辽阳、鞍山一带地面高程仅为 4～7 m。浑太河水系全部辖属辽宁省，流域内广泛分布由前震旦纪花岗片麻岩构成的低山丘陵，局部地区分布有中生代的沙石页岩，沿库周围河谷低洼地区广泛分布有第四纪砾石、沙土及冲积、洪积物。

* 本书中辽河流域包括辽河水系和浑太河水系。

2.2 河流水系

2.2.1 辽河水系河流分布

辽河水系比较复杂，仅干流即有 38 条一级支流（不含东辽河），其中流域面积超过 50 km^2 的支流有 28 条，流域面积在 1 000～5 000 km^2 的中型河流有 5 条，流域面积超过 5 000 km^2 的大型河流有 3 条。辽河二级支流中流域面积超过 1 000 km^2 的河流有 4 条，分别为招苏台河上的二道河、清河上的寇河、绕阳河上的东沙河和西沙河。大中型河流的基本信息见表 2-1。

表 2-1 辽河水系大中型河流基本信息

河流名称	流域面积/km^2		长度/km		级别	岸别	上级河流	河源地址	河口地址
	全部	辽宁省省内	全部	辽宁省省内					
清河	5 150	5 150	159	159	1	左岸	辽河	清原县英额门镇[①]	开原市业民镇
柳河	5 345	1 795	302	206	1	右岸	辽河	内蒙古库伦旗扣河子镇	新民市东城街道
绕阳河	10 348	10 348	326	326	1	右岸	辽河	阜新县扎兰营子乡	盘山县东郭镇
招苏台河	4 828	3 042	263	149	1	左岸	辽河	吉林梨树县十家堡镇	昌图县通江口镇
柴河	1 441	1 441	133	133	1	左岸	辽河	清原县枸乃甸乡	铁岭县镇西堡镇
汎河	1 046	1 046	120	120	1	左岸	辽河	铁岭县白旗寨满族乡	铁岭县凡河镇
秀水河	1 903	1 812	139	117	1	右岸	辽河	彰武县章古台镇	新民市公主屯镇
养息牧河	1 981	1 948	123	123	1	右岸	辽河	彰武县章古台镇	新民市东城街道
二道河	1 544	1 380	145	127	2	左岸	招苏台河	吉林四平铁东区山门镇	昌图县金家镇
寇河	2 170	1 872	113	113	2	左岸	清河	西丰县振兴镇	开原市老城镇
东沙河	2 167	2 167	142	142	2	右岸	绕阳河	阜新县扎兰营子乡	盘山县高升镇
西沙河	1 454	1 454	97	97	2	右岸	绕阳河	阜新县新民镇	盘山县羊圈子镇

注：①清原县指清原满族自治县，以下简称清原县。

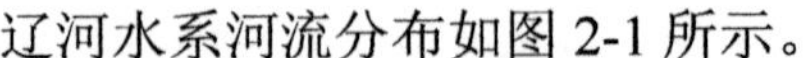

辽河水系河流分布如图 2-1 所示。

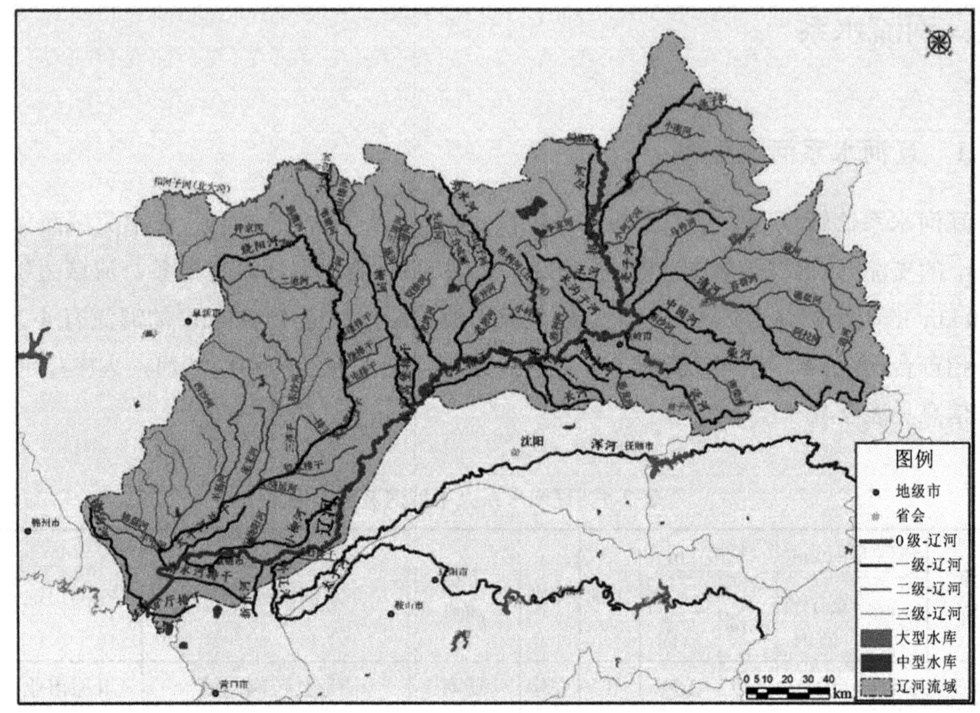

图 2-1 辽河水系河流分布

2.2.2 浑太河水系河流分布

浑太河水系地处辽宁省中部，位于 122.13°N～125.21°N，40.71°E～42.17°E，北邻辽河，东邻浑江。浑太河水系由浑河、太子河两个水系构成。浑河发源于辽宁清原县湾甸子镇，干流自东北向西南流经抚顺、沈阳、辽阳、鞍山、盘锦、营口 6 个市，河长 495 km，流域面积 28 260 km^2，于营口西市区渤海大街处注入渤海。浑河在流经途中接纳多条支流汇入，右岸主要有英额河、章党河、万泉河、细河和蒲河等，左岸有苏子河、萨尔浒河、社河、东洲河、古城子河、拉古河、白塔堡河等，其中较大的支流有：东洲河、古城子河、章党河和蒲河。浑河支流多集中在中上游河段，其中流域面积大于 100 km^2 的支流有 31 条。

浑河水系地势东南高、西北低，河道曲折，呈不规则河型，水系发育，水量丰富。大伙房水库以上河段流经中低山丘陵，植被覆盖率达 79.2%；中下游流经辽河下游平原，河网交错、渠道纵横，工农业发达，灌溉方便。浑河水源主要来自上游山地降雨补给，河源以下自然落差 588 m。下游河口段地势低洼、水面宽阔，可通航。

太子河是辽宁省较大河流之一，上游分南北两支，北支较长，源于新宾县平顶山乡红石砬子村，南支源于桓仁县白石砬子村，两支流在本溪县下崴子汇合后始称太子河干流。太子河流经新宾县、本溪县、本溪市市区、辽阳县、辽阳市市区、灯塔市、海城市等，在海城市西四镇八家子村三岔河汇入浑河。太子河河流全长 363 km，流域面积 13 493 km^2。河道比降上游大、下游小，为 1/4 000～1/3 000。太子河干流有大小支流近百条，流域面积大于 100 km^2，支流主要为清河、小汤河、五道河、小夹河、卧龙河、南沙河、细河、三道河、北沙河、杨柳河、运粮河、十里河、海城河等，是沿河各城市工农业生产和人民生活用水的主要水源。

浑太河水系的河流分布如图 2-2 所示。

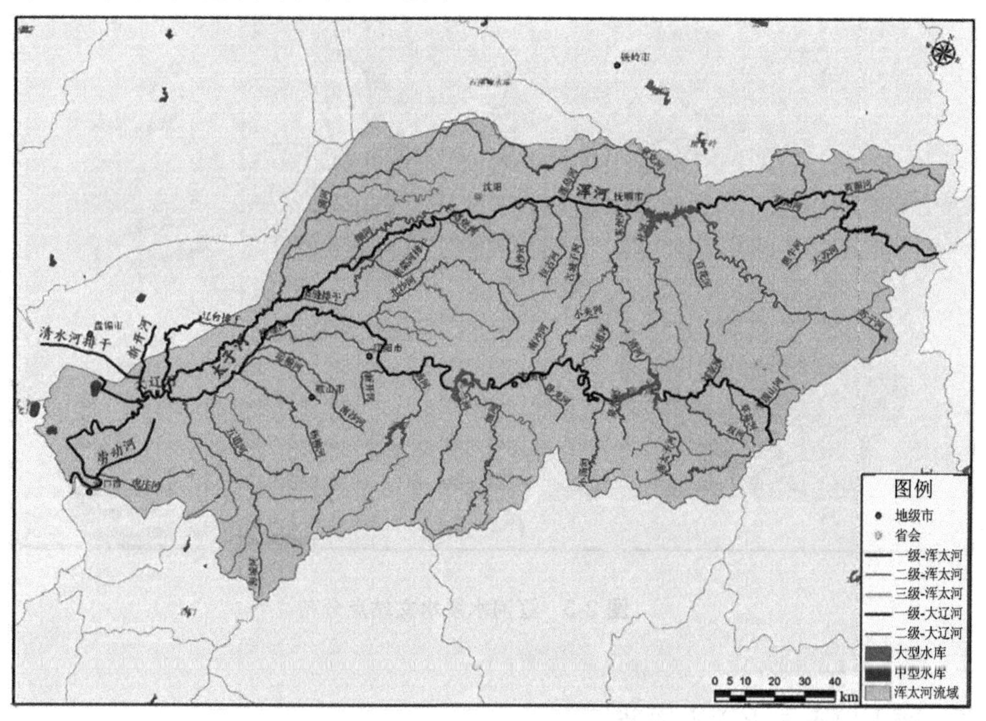

图 2-2 浑太河水系河流分布

2.3 水文水资源

2.3.1 辽河水系水文水资源

辽河水系位于中纬度地区，属温带大陆性气候，其冬季以西北季风为主，夏季以东南季风为主，四季寒暖干湿分明。年降水量自东向西递减，且年际变化较大，降水主要集中在 6—9 月，占全年降水总量的 70%以上。辽河干流多年平均降水量为 608.6～562.3 mm。辽河水系的地表水与地下水主要源于降雨补给，雨水降落到地面，大部分直接成为地表径流，一部分通过地表渗入地下，成为浅层地下水。辽河水系多年平均水资源总量为 59.83 亿 m^3，其中柳河口以上为 42.42 亿 m^3，柳河口以下为 17.41 亿 m^3。

辽河水系有水文站 35 个、雨量站 111 个，如图 2-3 所示。

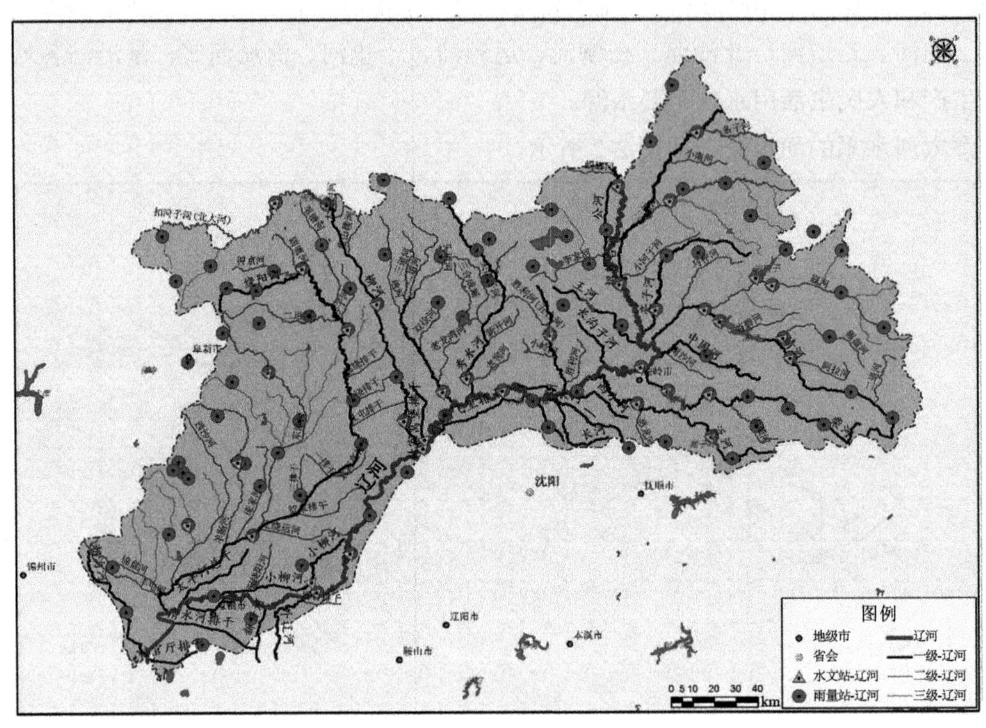

图 2-3 辽河水系水文站点分布

2.3.2 浑太河水系水文水资源

浑太河水系地处温带大陆性季风气候区，冬季漫长寒冷，夏季炎热多雨，春季干燥多风沙，秋季历时短。年内温差较大，流域内降水时空分布极不均匀，在地区分布上差别也较大，东部较多，西部较少，自东向西递减；蒸发量则自西南向东北递减。浑太河水系多年平均降水量为 718.3 mm，多年平均水资源总量为 69.01 亿 m^3，其中浑河水系多年平均水资源量为 31.39 亿 m^3，太子河水系多年平均水资源量为 37.62 亿 m^3。浑太河水系有水文站 47 个，雨量站 77 个，如图 2-4 所示。

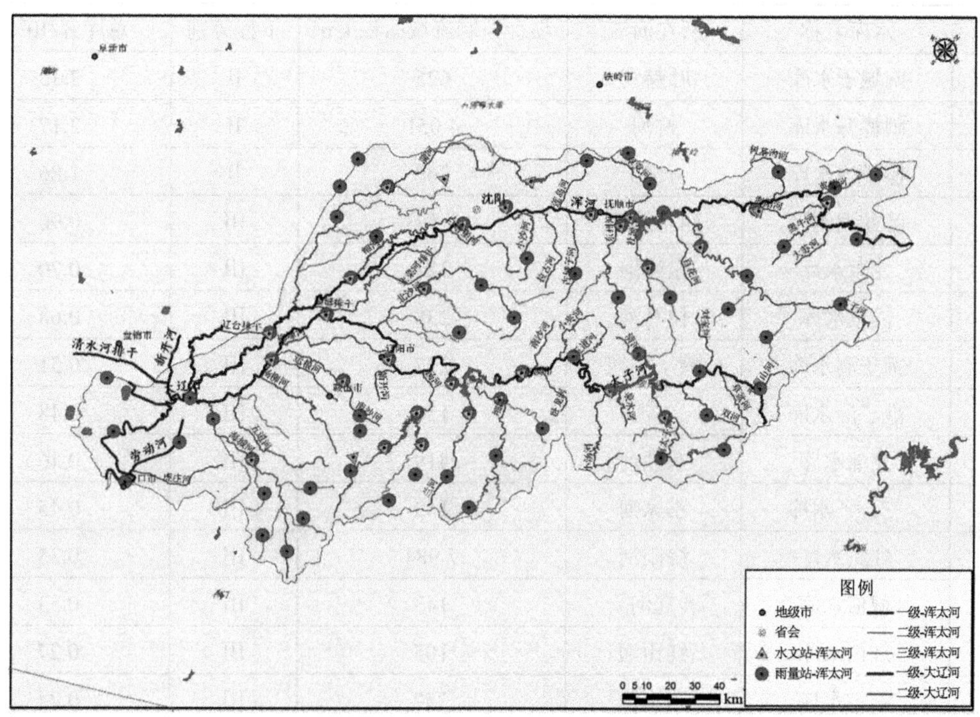

图 2-4 浑太河水系水文站点分布

2.4 水工程状况

2.4.1 辽河水系水工程状况

辽河水系内现有大型水库 6 座，其中辽河干流上有 1 座（石佛寺水库），一级支流上有 4 座，三级支流上有 1 座；中型水库 23 座；小Ⅰ型水库 92 座；小Ⅱ型水库 96 座；各类拦河闸 1 087 个。现有防洪工程包括堤防 659.2 km，河势控导工程 33 处，共 17.3 km；建有大型拦河闸 1 座（盘山闸）、橡胶坝 16 座、跨河桥梁 27 座。流域内大中型水库基本情况见表 2-2，水利工程分布见图 2-5。

表 2-2 辽河水系大中型水库基本情况

序号	水库名称	所在河流	坝址控制流域面积/km^2	工程等别	总库容/10^8 m^3
1	石佛寺水库	辽河	164 786	Ⅱ	1.85
2	清河水库	清河	2 376	Ⅱ	9.71
3	柴河水库	柴河	1 355	Ⅱ	6.14

序号	水库名称	所在河流	坝址控制流域面积/km^2	工程等别	总库容/$10^8 m^3$
4	南城子水库	叶赫河	625	II	2.35
5	闹德海水库	柳河	4 051	II	2.17
6	榛子岭水库	凡河	369	II	1.86
7	卧龙湖水库	西马莲河	1 593	III	0.96
8	龙湾水库	东沙河	321	III	0.70
9	尚屯水库	拉马河	238	III	0.68
10	獾子洞水库	獾子洞河	277	III	0.51
11	泡子沿水库	王河	156	III	0.48
12	友邻水库	东沙河	419	III	0.46
13	三台子水库	李家河	143	III	0.45
14	红旗水库	绕阳河	7 984	III	0.35
15	诚信水库	寇河	143	III	0.33
16	红山水库	红山河	105	III	0.27
17	花古水库	秀水河	257	III	0.24
18	八宝海水库	八宝海河	101	III	0.23
19	尖山子水库	尖山子河	84	III	0.23
20	红顶山水库	亮子河	81	III	0.21
21	四道号水库	西马莲河	98	III	0.17
22	牛其堡水库	小岭河	66	III	0.15
23	巨龙湖水库	养息牧河	220	III	0.13
24	八一水库	小柳河	6	III	0.13
25	青年水库	西沙河	5	III	0.13
26	碱锅水库	绕阳河	131	III	0.12
27	三合成水库	三合成河	57	III	0.12
28	大清沟水库	柳河	287	III	0.11
29	拉马章水库	三合成河	46	III	0.11

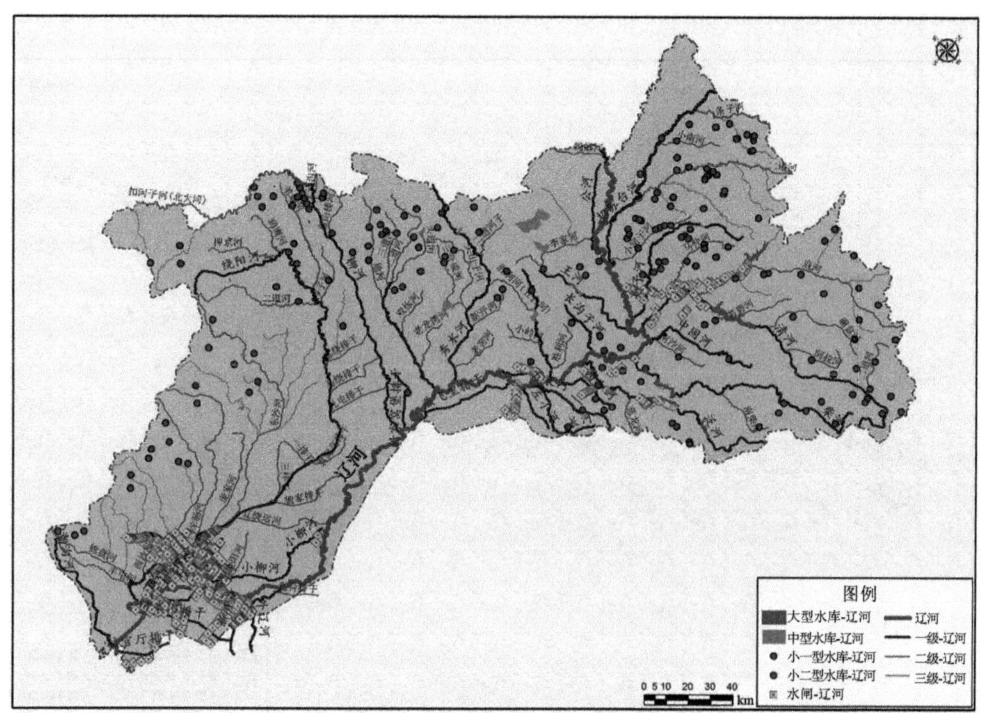

图 2-5 辽河水系水利工程分布

2.4.2 浑太河水系水工程状况

浑太河水系内现有大型水库 4 座，其中浑河干流 1 座，为大伙房水库，太子河干流 2 座，为观音阁水库和葠窝水库；太子河一级支流汤河上建有 1 座汤河水库。流域内建有中型水库 15 座，小Ⅰ型水库 42 座，小Ⅱ型水库 80 座，各类拦河闸 751 个。水利工程分布如图 2-6 所示。

2.5 经济社会状况

2.5.1 辽河水系经济社会状况

辽河水系内主要涉及铁岭、沈阳、鞍山、盘锦、抚顺、阜新和锦州等 7 市的 21 个县（市、区），见表 2-3 和图 2-7、图 2-8。流域内资源丰富、人口密集、城市集中、工业发达、交通便利，是我国重要的工业、能源和商品粮基地，在东北乃至全国的经济建设中都占有极为重要的地位。

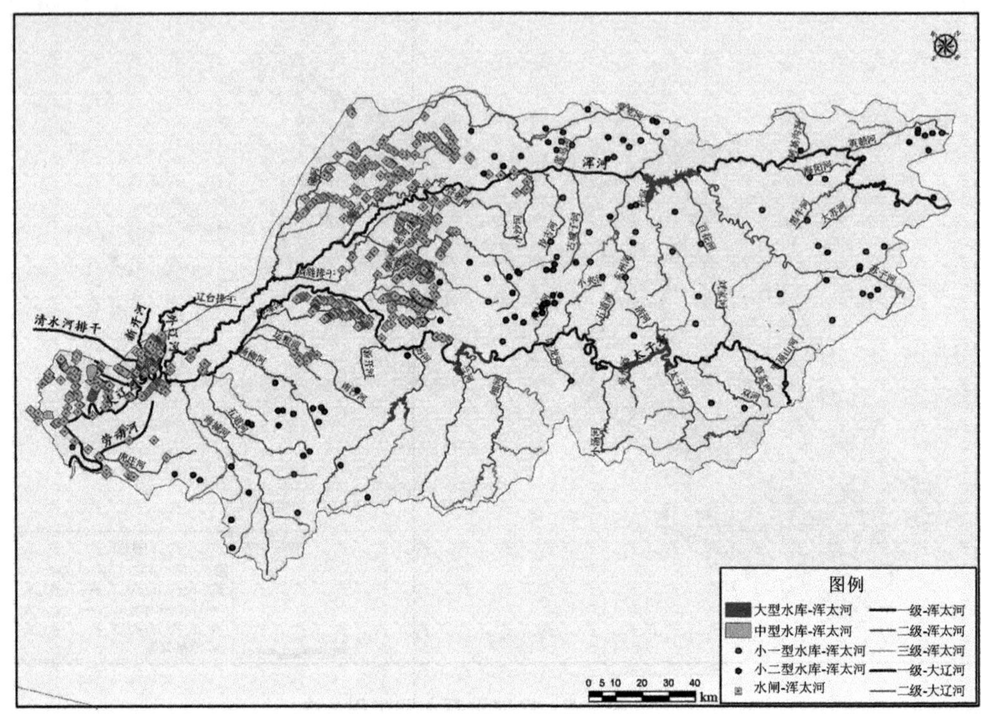

图 2-6 浑太河水系水利工程分布

表 2-3 辽河水系行政区划

地级行政区	所辖县级行政区
铁岭市	铁岭市辖区、开原市、铁岭县（部分）、昌图县、西丰县、调兵山市（原铁法市）
沈阳市	沈阳市辖区（部分）、新民市（部分）、辽中县（部分）、康平县、法库县
鞍山市	台安县（部分）
盘锦市	盘山县（部分）、大洼区（部分）
抚顺市	清原县（部分）
阜新市	彰武县、阜新蒙古族自治县（部分）、阜新市辖区（部分）
锦州市	黑山县、北镇市、凌海市（部分）

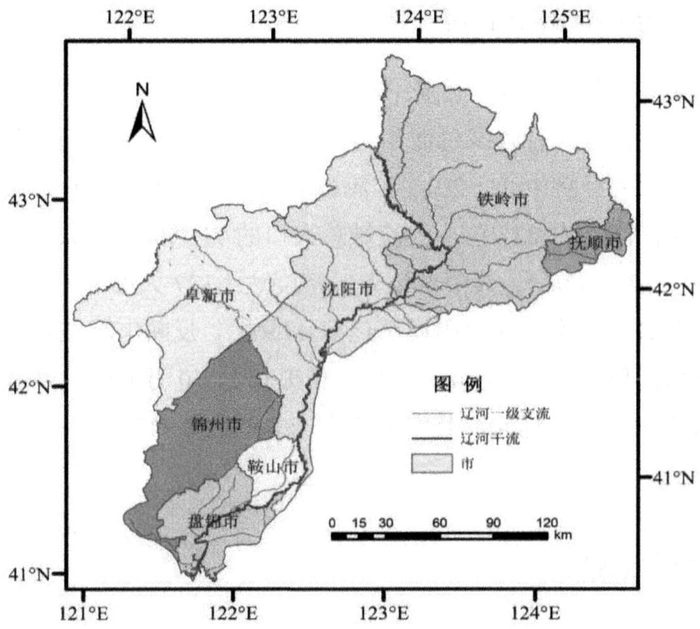

图 2-7 辽河水系市级行政区划图

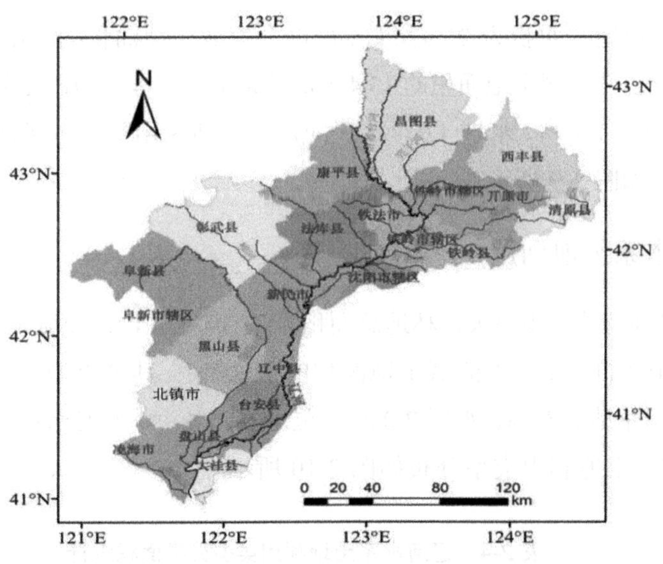

图 2-8 辽河水系县级行政区划图

2.5.2 浑太河水系经济社会状况

浑太河水系主要包括抚顺市、沈阳市、本溪市、辽阳市、鞍山市大部分、铁岭市一部分以及丹东市的小部分，行政区总面积为 2.73 万 km^2，占全省面积的 18.7%，是辽宁省乃至东北地区重要的经济中心。2012 年流域的总人口为 1 318.36 万人，占行政区总人口的 31.1%。其中城镇有 941.23 万人，占流域总人口的 71.4%。流域人口密度为 520 人/km^2（辽宁省人口密度 287 人/km^2），其中城镇人口密度达 1 127 人/km^2，城镇化率为 70%，高于全国城镇化率 26.1 个百分点（全国城镇化率 43.9%），反映出流域经济高速发展带来的区位优势。耕地总面积达 95.37 万 hm^2，其中水田有 21.70 万 hm^2，旱田有 73.67 万 hm^2。工农业生产总值达 3 504.84 亿元，其中工业生产总值达 3 412.07 亿元，农业生产总值达 92.78 亿元。

2.6 土地利用状况

2.6.1 辽河水系土地利用

基于地理信息系统（GIS）的辽河水系土地利用类型图统计分析，辽宁省辽河水系土地利用类型主要为耕地，面积为 25 926 km^2，占全流域土地面积的 68.49%；流域内林地面积为 5 091 km^2，占全流域土地面积的 13.45%；其余类型土地利用占比分别为草地 8.17%、建筑用地 6.98%、湿地 1.87%、水域 1.03%。辽河水系土地利用类型分类面积统计见表 2-4，土地利用类型分布如图 2-9 所示。

2.6.2 浑太河水系土地利用

浑太河水系林地覆盖面积最大，林地总面积为 11 397 km^2，占流域土地面积的 41.63%；其次为耕地面积 10 971 km^2，占流域土地面积的 40.07%；其余类型土地利用占比分别为建筑用地 10.35%、草地 5.86%、水域 2.04%、湿地 0.05%。浑太河水系土地利用类型分类面积统计见表 2-5，土地利用类型分布如图 2-10 所示。

表 2-4 辽河水系土地利用类型分类面积统计

土地利用类型	耕地	林地	草地	湿地	水域	建筑用地	海域	合计
面积/km^2	25 925.83	5 090.89	3 094.19	707.20	391.31	2 643.88	0.47	37 853.77
占比/%	68.49	13.45	8.17	1.87	1.03	6.98	0.00	

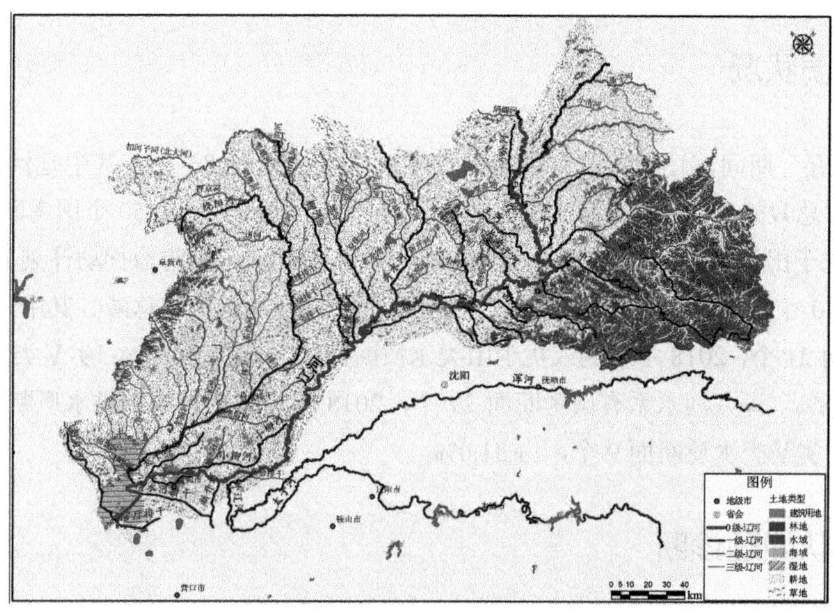

图 2-9 辽河水系土地利用类型分布

表 2-5 浑太河水系土地利用类型分类面积统计

土地利用类型	耕地	林地	草地	湿地	水域	建筑用地	海域	合计
面积/km^2	10 971.22	11 397.04	1 604.89	14.28	558.59	2 832.63	0.39	27 379.04
占比/%	40.07	41.63	5.86	0.05	2.04	10.35	0.00	

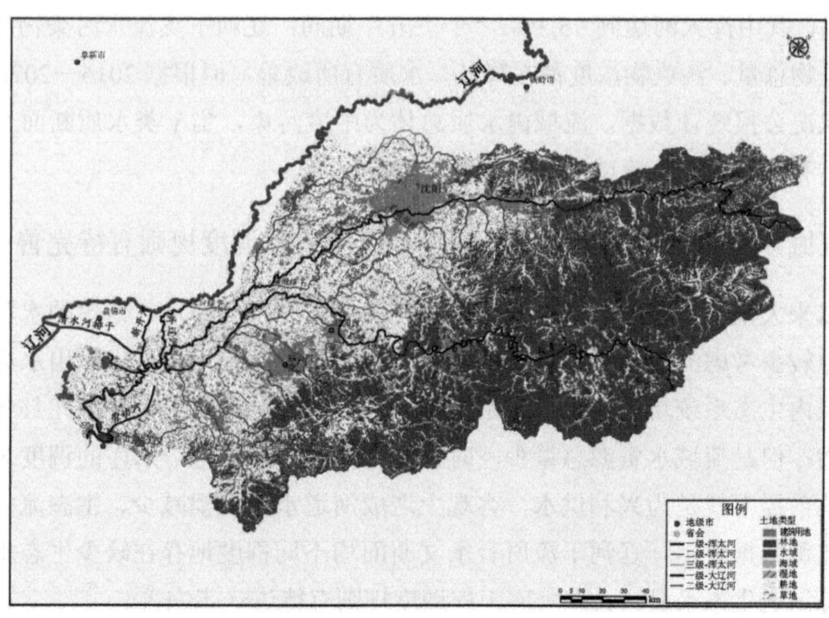

图 2-10 浑太河水系土地利用类型分布

2.7 水质状况

“十三五”期间，辽宁省共有国家水环境质量考核断面 86 个，其中辽河流域有 50 个，占全省总数的 58.1%。辽河流域现状水质总体为中度污染。在 50 个国考断面中 2018 年达到或优于Ⅲ类水质断面 20 个，占 40.0%；未达到《水污染防治行动计划》考核目标的断面为 20 个，其中劣Ⅴ类断面 14 个，主要污染指标为氨氮和总磷。其中，辽河水系有国考断面 21 个，2018 年达到或优于Ⅲ类水质断面 4 个，占 19.05%；劣Ⅴ类水质断面 5 个，占 23.8%。浑太河水系有国考断面 29 个，2018 年达到或优于Ⅲ类水质断面 16 个，占 55.2%；劣Ⅴ类水质断面 9 个，占 31.0%。

2.8 现状问题诊断

2.8.1 水资源短缺，水质有待进一步提升

辽河流域人均水资源量为 566 m^3，比全省人均水资源量低 25.4%，约为全国人均水资源量的 1/4，属于资源型缺水地区，且水资源时空分配不均衡，降水年际、年内变化较大。辽河流域是全省经济社会发展的中心区域，随着区域经济社会的快速发展，对水资源的需求不断增加，导致流域内水资源开发利用率居高不下，全流域水资源开发利用程度为 70.3%，其中浑太河达到 75.3%。“十三五”期间，辽河干支流水污染物排放步入转折期，污染物总量、污染物浓度都在降低，水质有所改善，但根据 2016—2020 年辽宁省生态环境状况公报统计数据，流域内水质总体为中度污染，劣Ⅴ类水质断面及不达标水功能区均占有一定比例，流域水质有待进一步提升。

2.8.2 流域“三生”用水矛盾突出，大型水库工程调度规则有待完善

长期以来大型水库调度主要用于满足社会经济生产生活用水，修建的水利设施在设计、运行中较少考虑河流生态用水，使得生活用水和生产用水挤占生态用水成为常态，影响了流域内生态系统功能及水生态系统健康。辽河流域内主要大型水库具备统一联合调度的能力，但是流域水资源总量少，时空分布不均，相应地，水库的调度规则在保证防洪安全的前提下就是为兴利供水，客观上造成河道水量大幅减少、生态流量不足的问题。水文监测数据显示，辽河干流所有水文断面均不同程度地存在缺少生态水的现象。因此为保障河道生态水量，大型水库工程调度规则有待进一步完善。

3　基于河流健康的生态流量计算方法研究

受自然气候及人为活动影响，北方地区很多河流生态基流不足，在不同的区段、不同的时期存在不同程度的生态退化问题，对流域社会经济、生态环境可持续发展造成严重影响。保障河流生态流量是保障河流生态功能的基础，对维护区域水安全具有重大意义。而传统的河流生态流量计算往往局限于水文数据的分析，没有与河流的生态分区、分期及生态系统的保护目标联系起来。本章主要介绍河流生态流量研究概况，生态流量计算分区、分期、分类的划定原则，生态流量的计算流程，各种生态流量计算方法的适用条件及合理性分析等，对不同生态目标导向、不同区域、不同水期下的生态流量计算具有重要的指导意义。

3.1　生态流量研究概况

目前全球许多国家开展了生态流量研究与实践，在生态流量计算方法上，1940 年美国渔业与野生生物保护组织首次提出了河流生态流量概念，Tennant 和 Bartschi 先后提出了 Tennant 法及湿周法计算生态流量。我国自 20 世纪 70 年代开始探究生态流量，最初是对国外理论方法体系的引进与应用，经过持续的研究与实践，基本建立了适用于我国河流特征的生态流量研究方法和管理框架，以长江水资源保护科学研究所编著的《环境用水初步探讨》作为典型代表，但研究工作只是停留在少数学者对生态环境用水理论的初步认识上。到了 20 世纪 80 年代，针对水环境污染日益严重的问题，国务院环境保护委员会在《关于防治水污染技术政策的规定》中指出，在水资源规划时，要保证为改善水质所需的环境用水，至此，对环境用水的认识已经上升到了国家层面。进入 20 世纪 90 年代，随着黄河的频繁断流、北方地区沙尘暴的肆虐、江河湖泊严重污染等一系列环境问题出现，人们开始认识到保证环境用水的重要性。其间，水利部提出在水资源配置中应考虑生态环境用水。中国工程院 15 名院士在《中国可持续发展水资源战略研究综合报告》中明确指出，在水资源配置中，要从不重视生态环境用水，转变为在保证生态环境用水的前提下，合理规划和保障社会经济的用水。刘昌明院士提出了我国 21 世纪水资源供需的“生态水利”问题。与此同时，与生态、环境需水相关的研究也逐渐展开。在 2006 年完成的中国工程院咨询项目“东北地区水生态环境问题与战略对策”中，对辽河水系的生态流量进行了研究，提出了枯水季节最小流量方法。但其缺陷是没有将生态流量与河流生态系统的保护目标联系起来，仅局限于水文数据的分析。有学者曾对淮河流域平原河网型的河流生态流量进行过研究，采用的计算方法是水力半径法，但由于水力学方法移植性较差，并未在辽宁省的河流中进行推广应用。在“十五”国家攻关项目——“中国分区域生态用水标准研究”中，建立了全国分区域生态需水理论和计算方法体系，提出了北方干旱区、北方半湿润半干旱区、北方湿润区、南方湿润区的生态需水特征值和不同发展阶段生态用水控制性指标。水利部黄河水利委员会有关研究人员根据水资源分区以及地质、地貌、水文、气象等自然条件，将黄河流域划为 16 个分区，对河道生态需水量、自净需水量、输沙水量和入海水量进行外包，首先计算各分区的生态需水量，其中河道生态需水量下限阈值使用多年平均流量的 10%，自净需水量下限阈值使用 90%保证率的最枯月均流量，输沙水量根据相关研究，用来沙量、允许淤积量和单位质量泥沙输沙用水量来估算，入海水量下限阈值使用 90%保证率的入海水量；然后考虑到流域上下游河道生态环境需水量的重复计算问题，根据区间汇流以及上下游关系，将河道内生态需水量在黄河干流各分区间进行分配，然后进行分区生态需水量计算。

尽管我国在河流生态流量及生态需水计算方面开展了一些工作，并取得了一定的成果，但并未对河流生态流量分区、分期、分类进行详细界定和划分，也没有提出不同生态分区、不同需水目标、不同计算水期与不同生态流量类型之间的对应关系，在生态流量计算方法上也主要停留在水文数据的分析上，因此评价过程、评价结果的科学性、规划性和可比性较差。为解决这些问题，本章提出了辽河水系生态需水分区、分期、分类的划定原则，生态流量计算要素的确定方法、各种生态流量计算方法的适用条件及选取等，对不同生态目标导向下的生态流量计算具有重要的指导意义，同时对辽河水系生态系统的全面恢复具有积极的促进作用。

3.2 河流生态流量计算分区

河流生态流量计算分区主要采用 GIS 技术，用 ArcGIS 软件的水文模块进行流域水系划分，再将地形、水系、植被及土地利用等专题图进行空间叠加处理，以定性分析和专家判断法确定分区边界。

3.2.1 生态流量分区划分步骤

（1）相关资料收集

流域控制单元划分是在流域水文、降雨、数字高程模型（DEM）、土壤侵蚀、水环境、行政区划和社会经济状况等勘察资料系统基础上采用 GIS 空间分析技术进行划分。

（2）流域边界识别与子流域划分

依据 DEM 进行流域地表水系分析，获取包含空间拓扑关系的河网与子流域分割信息。参照实测水系图，提取河网信息，与实测水系进行比较，识别出准确流域边界和各级子流域边界。大尺度分区在空间上连续，在水系的上下游关系上没有交叉，分区间植被、土地利用等属性具有明显差异，不同分区表现出不同的生态水文特征。

（3）流域内地形、降水、土壤侵蚀等主要特征分析

对流域内地形、降水、土壤侵蚀、植被等的类型、分布进行简单的分析、综合考虑，以尽量保持流域水系完整性，大河流域上下游的自然条件差别较大，应分段划分，自然条件相同的小河可适当合并；同一分区的地形、降水、土壤、侵蚀、植被等要素基本相同或相似；考虑已建、在建水利工程的控制作用；兼顾地方水行政主管部门的需要，适当保持行政区的完整。根据以上原则，考虑地形、降水、土壤侵蚀、植被覆盖类型等，将干流进行分段，将子流域进行合并。

（4）考虑行政区域的分区划分

在大尺度分区基础上按照不同行政区域进行划分，在同一区域内按照不同的行政区进行细分。

（5）生态流量管理分区的归并与确定

在小尺度分区内将子流域进行整合，整合时首先考虑地市级行政区划的一致性，整合过程尽可能保证行政区的完整。

3.2.2 生态流量管理分区控制断面布设原则

选择具体水文测站作为研究对象，尽量在同一条河流的上下游选取多个水文站，以便进行河流的系统分析。水文控制断面的选取主要遵循以下准则：

（1）断面的选取位置

在流域面积小于 $1\times10^4\,km^2$ 的河流上至少选择一个断面；选取省界断面的水文站；另外，对于干流和较大的河流，选择多个水文站进行计算分析。

（2）具备最基本的数据资料

选取的水文站要具有 10 年以上可以利用的观测资料。

（3）代表性

一般情况下，河流中下游水文断面能够满足研究要求。

（4）稳定性

水文控制断面的稳定性要能够反映河道的天然变化，对其他假稳定或变幅较大的情况要做相应的处理。稳定性具有两重含义，即河道断面几何形态的物理稳定性以及断面所表现出的水文内涵稳定性，如水位流量关系等。

（5）可靠性

可靠性包括两层内涵：一是河道控制断面观测资料的可靠性和完整性，二是控制断面计算出的最小生态流量结果的可靠性。

3.2.3 生态流量分区标准

3.2.3.1 流域级生态流量分区

根据辽宁省各流域水资源条件、生态环境特点及水资源供需形式，辽宁省流域级生态流量分区宜划分为辽河流域区、浑太流域区、鸭绿江流域区、凌河流域区、东南沿海诸河流域区及辽西沿海诸河流域区（图 3-1）。

图 3-1　辽宁省流域级生态流量分区

3.2.3.2 河流级生态流量分区

（1）大型河流分区标准

大型河流可划分为上游保护区、中游利用区及下游利用修复区。应根据自然地理特征、水资源禀赋条件、水利工程布设现状、水资源调配和调度管理状况、社会经济用水及沿河人口发展的空间分异特征，确定上游、中游、下游边界位置。

1）上游保护区。辽宁省河流上游区补给有限，水量较小，没有控制性工程，水资源开发程度较低，在开发方式上应以生态保护为主。本区域对生态流量的需求是满足生态基流、维持河流自然生命不消亡，生态流量及过程应接近于自然水文情势。

2）中游利用区。河流中游区有支流不断汇入，集水面积增大，河道水量随之增大，农田面积明显增多，工、矿企业呈现密集分布，从上至下水资源开发利用程度及入河污染负荷逐渐增加，在开发方式上应以开发利用为主。本区域对生态流量的需求首先要满足生态敏感区域对水功能区、河流岸线、水产种质、生态系统空间均衡等要求，其次考虑流域及区域的供水、开发利用等需求，河流整体达到健康及以上状态。

3）下游利用修复区。受中游区开发利用影响，河流下游区应加强生态系统修复。本区域的生态流量确定应考虑生态系统修复需求，保障河口处水质考核断面达标要求及生态环境功能要求，河流整体达到健康及以上状态。

（2）中型河流分区标准

中型河流可根据水工程建设情况、水文站点、河床断面、地形地质、社会经济等情况，综合确定生态流量分区数目。

（3）小型河流分区标准

小型河流如无特殊要求，可将全河段划为一个生态流量分区。

辽宁省主要河流生态流量推荐分区见表 3-1。

表 3-1 辽宁省主要河流生态流量推荐分区

序号	河流（水系）名称	河流生态流量分区		
		上游保护区	中游利用区	下游利用修复区
1	辽河	入省界至汎河口	汎河口至柳河口	柳河口至入海口
2	浑河	源头至大伙房水库入口	大伙房水库出口至三岔河口	三岔河口至入海口
3	太子河	源头至观音阁水库入口	观音阁水库出口至葠窝水库入口	葠窝水库出口至河口
4	大凌河	源头至阎王鼻子水库入口	阎王鼻子水库出口至白石水库	白石水库至入海口
5	小凌河	源头至锦凌水库入口	锦凌水库出口至入海口	
6	鸭绿江	水丰水库至入海口		
7	碧流河	源头至碧流河水库入口	碧流河水库出口至入海口	
8	六股河	源头至青山水库入口	青山水库出口至入海口	

3.3 河流生态流量计算分期

根据河流年内各时期水文情势特征及水生、陆生生物不同生活阶段对水量的需求在年内呈现的不同分期特征，对河流生态流量进行分期管理。

3.3.1 冰封期

大致时间为每年 12 月至次年 3 月。冰封期间，部分中小河流处于断流状态，鱼类存活率较低，大部分水生、陆生植物凋零枯萎，对生态流量的要求最低。存在冰封期的河流，要统筹生活、生产和生态保护用水需求，河流上游区由于径流量较小，且没有控制工程，通常不再确定生态流量。

3.3.2 平水期

大致时间为每年 4—5 月及 10—11 月。大部分年份平水期会出现一个较低的洪峰过程，生态流量相对稳定，且明显高于冰封期流量。平水期处于春耕播种、作物生长初期及稻果成熟阶段，还有部分水生动物产卵育幼等，河流生态流量应能够满足上述用水需求及水质达标要求，维持河流生态系统基本平衡。

3.3.3 丰水期

大致时间为每年 6—9 月。丰水期内通常有一个明显的洪水过程，生态流量应能够满足河道原有生物群落的栖息繁衍、携沙冲淤、水质净化、河流自然及社会功能健康发育等。

3.4 河流生态流量计算分类

河流生态流量计算分类应根据河道内水量与水生物、水质、水生态功能目标的相应关系确定。

3.4.1 生存流量

生存流量首先应能维持河流基本形态，使自然生命不消亡；其次应能维持社会服务功能不丧失，能够为某些种群提供基本栖息地。若河道流量持续小于生存流量时，河流为不健康状态。

3.4.2 健康流量下限

健康流量下限应能维持河流生态系统功能的正常发挥，如水生物的繁衍、良好的水体自净能力、河床良性发育等。当河道流量达到健康流量下限时，河流健康状况为健康；当河道流量处于生存流量和健康流量下限之间时，河流健康状况为亚健康。

3.4.3 健康流量上限

健康流量上限应能维持河道挟沙能力及岸线不被冲刷，为河漫滩补充水分以及为陆生植物提供适宜生长环境，应结合流域生态治理综合规划，依据实际生态治理工程对河道水位、水量的要求来确定。当河道流量处于健康流量下限和健康流量上限之间时，河流健康状况为健康；当河道流量持续高于健康流量上限，将导致生物种群繁殖条件及栖息地的破坏，或对两侧堤防及沿河农田、土地等带来一定的险情，河流健康状况由健康转为不健康状态。

河流生态流量分类与河流健康状况的关系如图 3-2 所示。

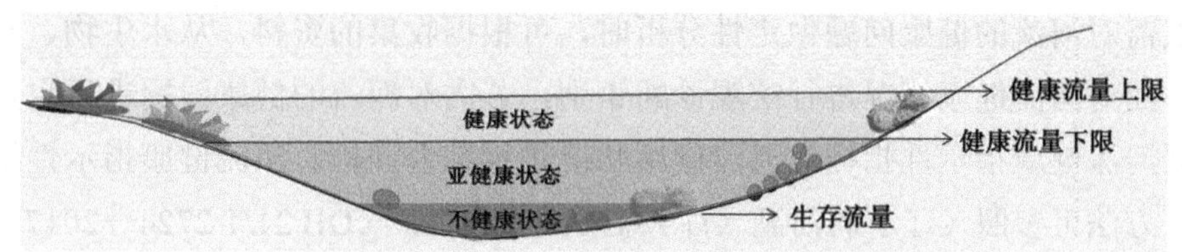

图 3-2 河流生态流量分类与河流健康状况关系

3.5 河流生态流量计算

3.5.1 河流生态流量计算所需资料

1）河流生态流量计算基本资料应包括背景资料、生态保护目标、气象水文资料、水资源开发利用资料、水质资料、生态资料以及工程调度运行资料等。

2）背景资料应包括河流的位置、规模，河流生态系统利用情况及有关设计数据，地形地貌，社会、经济状况，河道外生产生活与水的依存关系等资料。

3）气象水文资料应包括计算范围内及其周边的气象与水文站名录和分布图；按需要选定测站及其气象水文资料，包括降水量、蒸发量，单站历年逐月（日）实测和天然径流情况、天然径流量特征值，逐日平均水位、流速等，河流含沙量和输沙量，河流的季节性特征，以及历史特大洪水、干旱等资料。

4）水资源开发利用资料应包括计算范围及附近河流的供水量、用水量、耗水量，主要污染物入河量的现状及变化，各类水利设施建设与运行情况，以及河道内水力发电等生产用水情况等。

5）水质资料应包括河流水质监测断面位置、监测数据（至少包含氨氮、BOD、COD、总磷、总氮项目）、水质目标；入河排污口位置、排污口允许排放量、实际排放量；面源污染的基本数据，包含沿河农业种植面积、化肥施用量等。

6）生态资料应包括水陆生动植物资料及河流形态与特征等。水陆生动植物资料包括水生植物、鱼类、珍稀动物等资料，鱼类产卵场、越冬场，鸟类集中栖息地，捕鱼量，不同水位、流量下生物的生存关系等资料。河流形态特征包括河床形态、河道纵横断面特性、比降等。

7）河流上已建控制性工程（水库、水闸、橡胶坝等）的设计数据、调度运行规则、实际运行记录。

3.5.2 河流健康问题识别

当仅需对河流的健康问题做定性分析时，可根据收集的资料，从水生物、水质、水资源等方面对河流健康状况进行宏观诊断识别。若需对河流的健康问题进行定量分析，则应根据河流健康指示性指标对河流健康状况进行综合评价。河流健康指示性指标及各指标赋分方法可参照《辽宁省河湖（库）健康评价导则》（DB 21/T 2724—2017）。

3.5.3 生态流量计算流程

首先，根据河流健康存在的主要问题、区域及流域综合发展规划等，依据河流生态流量分区、分期、分类的划分原则，确定河流生态流量分类；其次，结合河流现有资料收集情况及资料完整程度，对比各生态流量计算方法的适用条件，确定适宜的生态流量计算方法。计算流程如图 3-3 所示。

3.5.4 生态流量计算方法

选择河流生态流量计算方法时应考虑的因素包括河流生态需水分区、生态保护目标、选定河流的生态流量分期及分类、河流及控制断面的资料状况、生态系统的重要性及敏感性以及生态流量计算结果使用导向等。

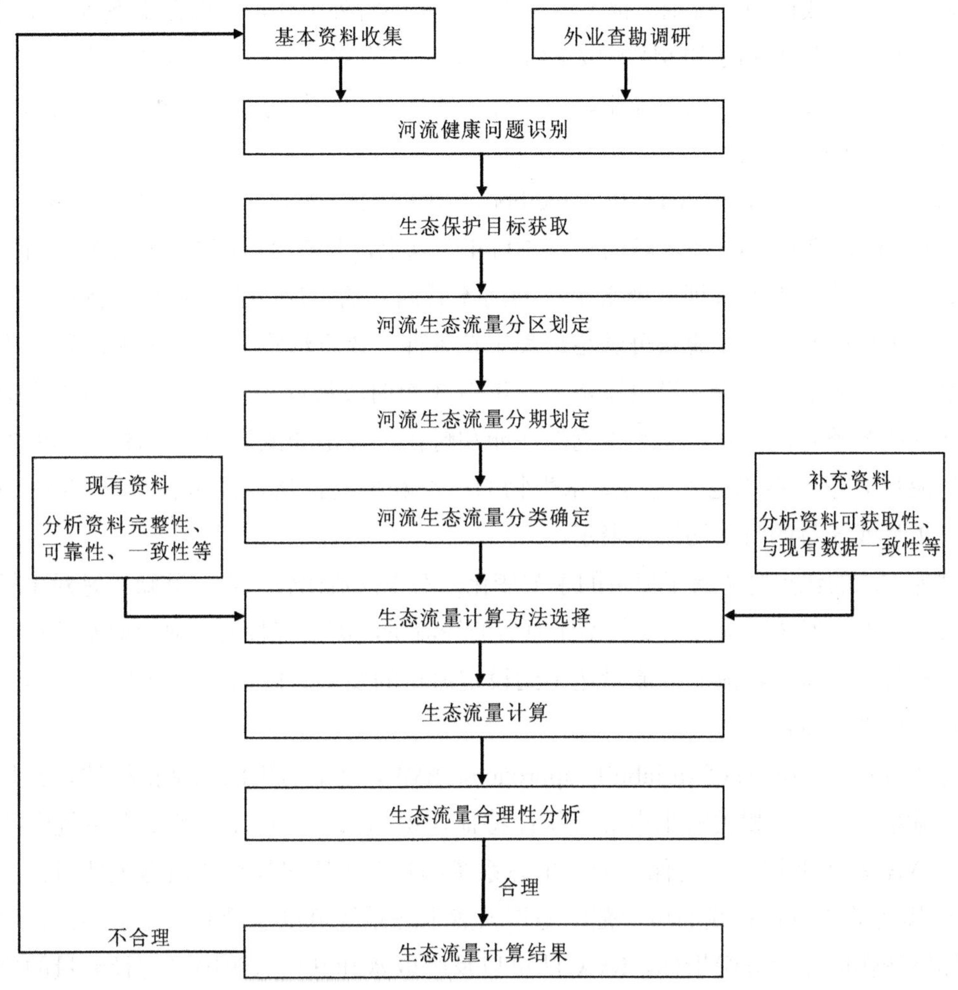

图 3-3 河流生态流量计算流程

3.5.4.1 水文学法

（1）Tennant 法

Tennant 法是水文学法中最常用的方法，其解决的是水生物、河流景观及娱乐与河流流量之间适应关系的问题，具有宏观的定性指导意义。该方法是 D. L. Tennant 等于 1976 年提出的，他们在 1964—1974 年对美国蒙大拿州、怀俄明州及内布拉斯加州的 11 条河流进行了野外研究，分析得出多年平均天然径流量的 10%是保持河流生态系统健康的最小流量，多年平均天然径流量的 30%能为大多数水生物提供较好的栖息条件。因此，Tennant 法提出生态流量取值为多年平均流量的 10%～30%。

Tennant 法的主要优点是使用简单、操作方便，一旦建立了流量与水生生态系统之间的关系，需要的数据相对较少，也不需要进行大量的野外工作，可以在生态资料缺乏的地区使用。但由于对河流的实际情况做了简化处理，没有考虑生物的需求和生物间的相互影响，只能在优先度不高的河段使用，或者作为检验其他计算方法的一种粗略方法。

（2）水生物基流法

水生物基流法（aquatic base flow method，ABF）属于标准设定法，由美国鱼类和野生动物保护部门在研究了48条流域面积在50 mi^2 ①以上，且有25年以上的观测资料，没有修建对环境影响较大的大坝或调水工程的河流后创立的方法。它设定某一特定时段月平均流量最小值的月份，其流量可满足鱼类生存条件。该方法将一年分3个时段考虑，夏季主要考虑满足最低流量，设定流量为一年中3个时段最低的，以8月的月平均流量表示；秋季和冬季时段，要考虑水生物的产卵和孵化，设定的流量为中等流量，以2月的月平均流量表示；春季也主要考虑水生物的产卵和孵化，所需流量在3个时段中为最大，以4月或5月的月平均流量表示。

这种方法的优点是考虑了流量的季节变化，对小河流比较适合。其缺点是对于较大河流，由于受人为因素影响大，要获得还原后的径流量，需要有长期的河流取水统计资料；另外，对某些月份，河流的径流量达不到设定流量的要求。此法不适合于季节性河流。

（3）可变范围法

可变范围法（range of variability approach，RVA）是最常用的水文指标法，其目的是提供河流系统与流量相关的生态综合统计特征，识别水文变化在维护生态系统中的重要作用。RVA法主要用于确定保护天然生态系统和具有生物多样性的河道天然目标流量。RVA法描述的流量过程线的可变范围是指天然生态系统可以承受的变化范围，并可提供影响环境变化的流量分级指标。RVA法可以反映取水和其他人为因素对径流量的影响情况，表征维持湿地、漫滩和其他生态系统价值和作用的水文系统。在RVA法描述的流量过程线中，流量为最大与最小流量差值的1/4时，该数值为所求的生态需水流量。

RVA法至少需要有20年的流量数据资料。如果数据不足，就要延长观测，或利用水文模型进行模拟。RVA法的应用在河流管理与现代水生生态理论之间构筑了一条通道。

（4）7Q10法

7Q10法采用近10年中每年最枯连续7天的平均水量作为河流最小流量的设计值。该方法最初是由美国开发，用于保证污水处理厂排放的废水在干旱季节满足水质标准，不代表河道内生态需水量。

7Q10法的应用在我国演变为采用近10年最小月平均流量或90%保证率下最小月平均流量。该方法主要是为了防止河流水质污染而设定的，在许多大型水利工程建设的环境影响评价中得到应用。基于水文学参数的7Q10法，没有考虑水生物、水量的季节变

① 1 mi^2（平方英里）=2.59 km^2。

化，其计算的生态流量一般比其他方法计算出的流量要小，只可维持低水平的栖息地。

（5）得克萨斯（Texas）法

得克萨斯法采用某一保证率下的月平均流量表述所需的生态流量，月流量保证率的设定考虑了区域内典型动物群（鱼类总量和已知的水生物）的生存状态对水量的需求。得克萨斯法首次考虑了不同的生物特性（如产卵期或孵化期）和区域水文特征（月流量变化大）条件下的月需水量，比现有的一些同类规划方法前进了一步。

上述水文学法的优点：使用相对简单，在流域层面上，适合于对需水量计算精度要求较低的评估，这些方法要求现场实测数据较少，在多数情况下仅要求有历史流量记录数据，不需要使用昂贵的设备进行野外工作。水文学法的缺点：虽然水文指标法对资源现场调查的数据资料精度要求较低，但还是要进行大量的野外工作，以满足不同设定标准和获取必要的参数；这些方法仅适用于已进行了河流观测和研究的地区。

3.5.4.2 水力学法

水力学法是根据河道水力参数确定河流所需流量的方法，所需水力参数既可通过实测获得，也可以采用曼宁公式计算获得，代表方法有湿周法、R2-Cross 法等。

（1）湿周法

湿周法（wetted perimeter method）是依据湿周和流量的变化关系，以曼宁公式为基础来确定河流流量。河道的湿周是指河道断面湿润表面（水面以下河床）的线性长度。湿周法假定既能保护临界区域水生物栖息地的湿周，也能为非临界区域的栖息地提供足够的保护。具体过程是，首先根据现场调查资料绘制湿周-流量关系图（图 3-4），然后确定关系曲线中湿周随流量增加所表现出的增长变化点，最后根据该变化点确定河流推荐流量。采用湿周法的优点是使用相对简单，要求的数据量相对较少；但是当入汇支流较多时，其湿周与流量关系的规律性一般较差，湿周-流量关系曲线可能有多个转折点，这种情况认为最低的转折点为所要求的最小生态流量。

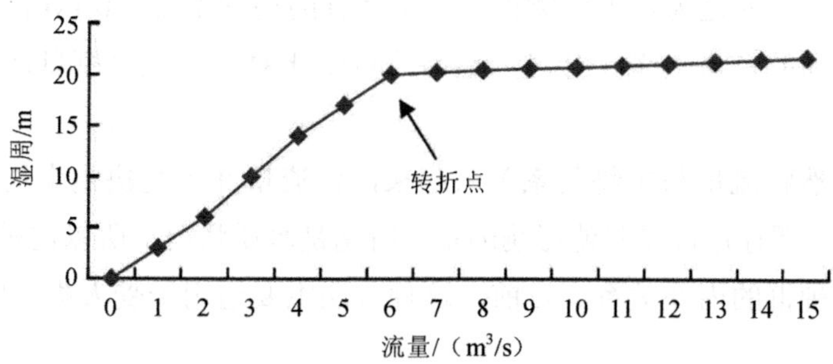

图 3-4 湿周-流量关系曲线

该方法适合宽浅矩形渠道和抛物线形断面、河床形状稳定的河道，直接体现河流湿地及河谷林草的需水。

（2）R2-Cross 法

R2-Cross 法是由科罗拉多水利委员会针对高海拔的冷水河流为保护浅滩栖息地冷水鱼类（如鲑鱼、鳟鱼等）而开发的，属中等标准设定法。该法认为河流流量的主要生态功能是维持河流栖息地，尤其是浅滩栖息地，其采用河流宽度、平均水深、平均流速以及湿周率等指标来评估河流栖息地的保护水平，从而确定河流目标流量。这种方法仅提出了维持浅滩的夏季最小生态流量，没有考虑年内其他时段的天然径流过程。

R2-Cross 法只要求进行一些野外现场观测，不一定要有观测站的观测数据，因此没有设立观测站的河流也可用此法，但必须选择合适的研究断面。

水力学法只需要对河道的地形进行简单的测量，不需要生物与生境关系的数据，因此可操作性强。但是，水力学法未考虑到河流的季节变化性，因此仅适用于对不同分期目标导向下河流生态流量的计算。

3.5.4.3 栖息地法

栖息地法是从河流流量与生物量或种群变化关系直接入手，判断生物对河流流量的需求，以及流量变化对生物种群的影响，研究对象通常是鱼、无脊椎动物和大型植物等。通常采用多变量回归统计方法，建立初始生物数据与环境条件的关系，代表方法有 RCHARC 法、Basque 法、河道内流量增量法（IFIM）、CASMIR 法等。

RCHARC 法是根据水深和流速与鱼类种群变化的关系，对河流的生态可接受流量进行研究，另外该法还用于水资源利用、河道治理项目的生态环境影响评价。Basque 法是基于河流连续性概念的生物学方法，认为河流上中游的物种多样性随着流量的增加而增加，该方法首先是依据曼宁公式建立湿周与流量的变化关系，然后利用河流无脊椎动物多样性与湿周的变化关系确定最小和最优流量。IFIM 法是根据指示物种所需的水力条件确定河流流量，目的是为水生生物提供一个适宜的物理生境。IFIM 法通过建立河流流量变化与生物量间的定量关系，针对河道内流量变化对水生生物栖息地产生的影响做出评价。

栖息地法虽然将流量与生物关系关联起来，但流量并不是决定生物种群以及生物量变化的唯一因素，还存在许多其他影响因素，特别是水质状况，所以这种方法并不能完全解释流量与生物种群的内在关系。目前，这种方法主要适用于受人类影响较小的河流。

3.5.4.4 整体分析法

整体分析法建立在尽量维持河流水生态系统自然功能的原则上，整个生态系统的需水，包括发源地、河道、河岸地带、洪积平原、地下水、湿地和河口等需水情况都需要评价。为了维持生态系统功能的整体性，必须保留河流自然生态系统的根本特征，比如径流季节性特征、洪水脉冲持续时间和重现、冲刷流量。其中主要包括南非的建筑堆块法（Building Block Methodology，BBM）和澳大利亚的整体研究法（Holistic Approach）等。

BBM 法的目的是确定河流、湿地、湖泊的水质和水量要求，保证它们保持在一个预定的状态，这种预定状态包括 4 种水平（A～D）：A 是接近自然状态，D 是接近人工状态。该方法主要是根据专家意见，确定河流流量状态的组成成分，利用这些成分确定河流的基本特性，成分主要包括干旱年基本流量、正常年基本流量、干旱年高流量、正常年高流量等。

整体分析法弥补了栖息地法只针对一两种生物进行研究的缺陷，强调河流是一个综合生态系统。

从几类方法比较来看，水文学法和水力学法比较简单，容易操作，重点关注生态系统与河道水面规模的关系，并倾向于维持河道水面大小方面的“特征”，但未能考虑河流中具体的物种以及物种各生命阶段对水文水力要素的响应。栖息地法将重点放在河流生物物种的保护方面，虽然计算出的生态流量结果并不符合整个河流的管理要求，但却可以反映出河流生物与河流各种特征要素的动态响应关系，可以为河流调度提供约束，为流域管理提供参考。整体分析法虽然是建立在维持河道整体功能原则上，但是考虑因素众多，缺乏普适性，而且由于研究者可以主观决定水流改变的程度，从而增加了个人因素对整体评估的影响。

以上各种河流生态流量计算方法的优缺点及适用条件见表 3-2。

表 3-2 河流生态流量计算方法对比

方法名称	描述	优点	缺点	适用条件
水文学法	将保护生物群落转化为维持历史流量的某些特征	快速，低成本，不需现场测量	缺乏生物学验证，没有针对性，时空变异性差	任何河道
水力学法	建立水力学参数与流量的关系曲线，取曲线的拐点流量作为最小生态流量	相对快速，低成本，具有针对性	缺乏生物学验证，体现不出季节性变化规律，不适用于三角形河道	稳定河道，季节性小河
栖息地法	将生物响应与水力、水文状况相联系；确定某物种的最佳流量及栖息地可利用范围	有生态联系和针对性	广泛的数据收集，成本高，操作复杂，耗时，方法移植性差	受人类影响较小的微生境尺度或中小型栖息地
整体分析法	从河流生态系统整体出发，使用流量相关的信息和知识	着眼于广泛的环境效果	需要广泛的专家意见和技术，成本高，耗时	基于流域尺度的各种河流

3.6 主要河流生态流量计算方法推荐

根据各流域河流特点以及不同河流分区、不同水期、不同流量下生态需求，结合生态流量计算方法的优缺点及适用条件，给出辽宁省各流域生态流量分区、分期及分类的对应关系，推荐性地给出生态流量计算方法，具体见表 3-3～表 3-8。

表 3-3 辽河流域生态流量计算方法推荐

生态流量分区	分期	分类	推荐方法
上游保护区	冰封期	生存流量	Tennant 法、90%保证率法
	平水期	适宜流量	Tennant 法、栖息地法、可变范围法
	洪水期	适宜流量/漫滩流量	Tennant 法
中游利用区	冰封期	生存流量	Tennant 法、90%保证率法
	平水期	适宜流量	Tennant 法、栖息地法
	洪水期	适宜流量/漫滩流量	Tennant 法、可变范围法
下游利用修复区	冰封期	生存流量	Tennant 法、90%保证率法
	平水期	适宜流量	Tennant 法、栖息地法、可变范围法
	洪水期	漫滩流量	Tennant 法

表 3-4 浑太流域生态流量计算方法推荐

生态流量分区	分期	分类	推荐方法
上游保护区	冰封期	生存流量	Tennant 法、90%保证率法
	平水期	生存流量	Tennant 法、90%保证率法
	洪水期	适宜流量	Tennant 法
中游利用区	冰封期	生存流量	Tennant 法、90%保证率法
	平水期	适宜流量	湿周法、可变范围法
	洪水期	适宜流量/漫滩流量	Tennant 法、湿周法
下游利用修复区	冰封期	生存流量	Tennant 法、90%保证率法
	平水期	适宜流量	Tennant 法、可变范围法
	洪水期	漫滩流量	Tennant 法

表 3-5 鸭绿江流域生态流量计算方法推荐

生态流量分区	分期	分类	推荐方法
上游保护区	冰封期	生存流量	Tennant 法、90%保证率法
	平水期	适宜流量	Tennant 法、可变范围法
	洪水期	适宜流量	Tennant 法
中游利用区	冰封期	生存流量	90%保证率法
	平水期	适宜流量	湿周法、可变范围法
	洪水期	适宜流量/漫滩流量	湿周法/Tennant 法
下游利用修复区	冰封期	生存流量	90%保证率法
	平水期	适宜流量	湿周法、可变范围法
	洪水期	漫滩流量	Tennant 法

表 3-6 凌河流域生态流量计算方法推荐

生态流量分区	分期	分类	推荐方法
上游保护区	冰封期	生存流量	Tennant 法
	平水期	生存流量	Tennant 法、栖息地法
	洪水期	适宜流量	Tennant 法
中游利用区	冰封期	生存流量	Tennant 法
	平水期	适宜流量	Tennant 法、栖息地法
	洪水期	适宜流量/漫滩流量	Tennant 法
下游利用修复区	冰封期	生存流量	Tennant 法
	平水期	适宜流量	Tennant 法、可变范围法
	洪水期	漫滩流量	Tennant 法

表 3-7 东南沿海诸河流域生态流量计算方法推荐

生态流量分区	分期	分类	推荐方法
东南沿海诸河流域区	冰封期	生存流量	Tennant 法、90%保证率法
	平水期	适宜流量	Tennant 法、可变范围法
	洪水期	适宜流量/漫滩流量	Tennant 法

表 3-8 辽西沿海诸河流域生态流量计算方法推荐

生态流量分区	分期	分类	推荐方法
辽西沿海诸河流域区	冰封期	生存流量	Tennant 法
	平水期	生存流量/适宜流量	Tennant 法
	洪水期	适宜流量/漫滩流量	Tennant 法

3.7 辽河干流生态流量计算

3.7.1 辽河概况

辽河是我国七大江河之一，是辽宁省最大河流，发源于内蒙古克什克腾旗芝瑞镇，于大洼区赵圈河乡入渤海。辽河干流纵贯辽北平原及中部平原地区，流经铁岭、沈阳、鞍山、盘锦4个市的16个县、区。辽河全长1 383 km，流域总面积约21.9万 km^2，其中辽宁省内河长554 km，流域面积4.1万 km^2。辽河流经的行政区域如图3-5所示。

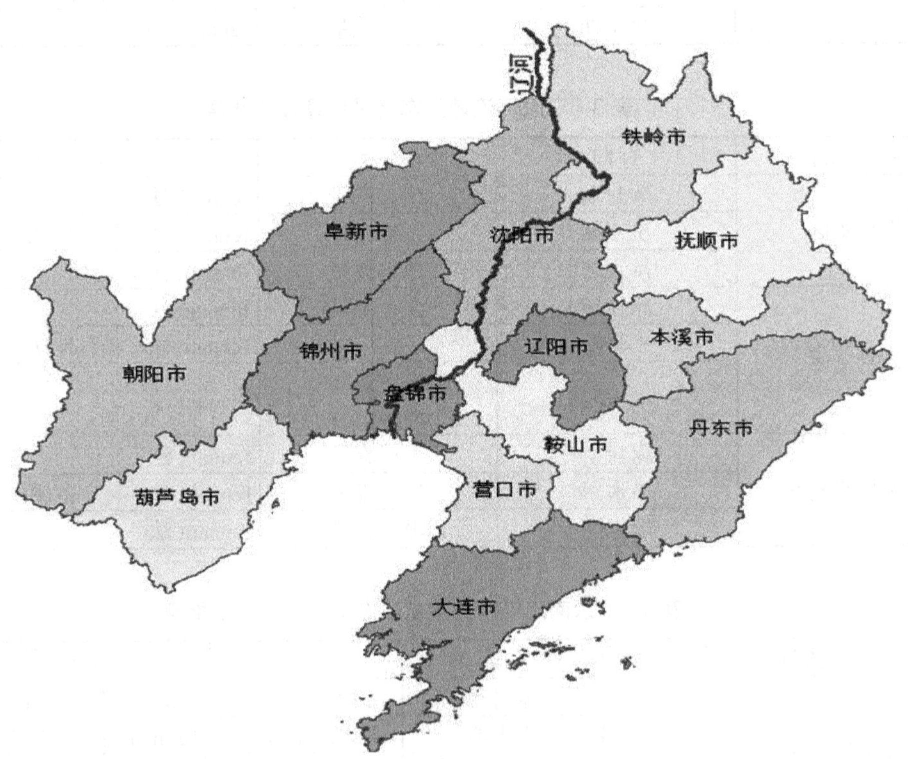

图3-5 辽河干流跨行政区示意图

3.7.2 辽河生态流量分区

按照辽河生态流量推荐分区，上游保护区为入省界至汎河口，中游利用区为汎河口至柳河口，下游利用修复区为柳河口至入海口。各区设置1～2个代表性控制断面，如图3-6所示。

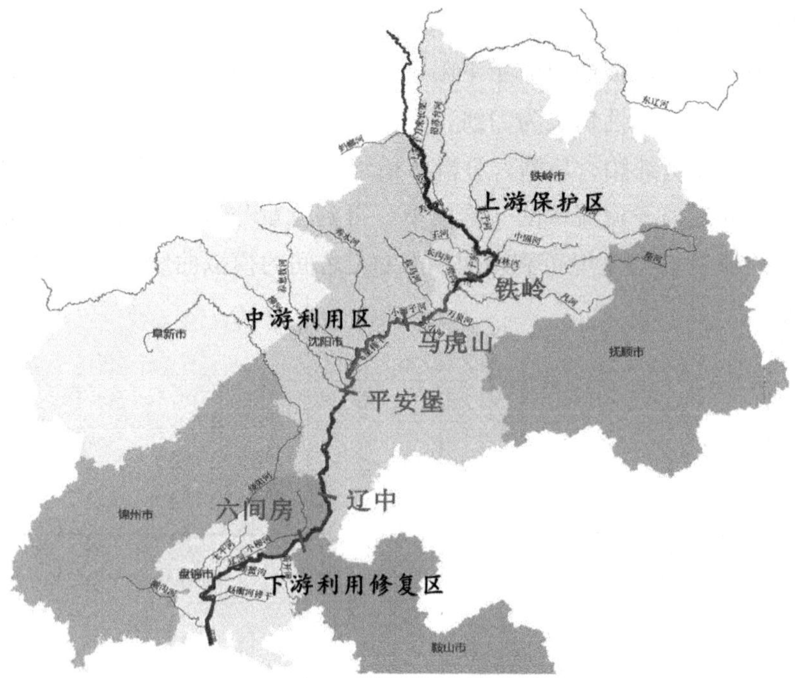

图 3-6 辽河生态流量分区示意图

3.7.3 辽河生态流量计算

（1）生存流量

采用 90%保证率法和 Tennant 法，对冰封期生存流量进行计算，最后结果取其中较大值。水文资料选取 1987—2016 年 30 年数据进行分析。

1987—2016 年辽河各断面最小月平均流量如图 3-7 所示。

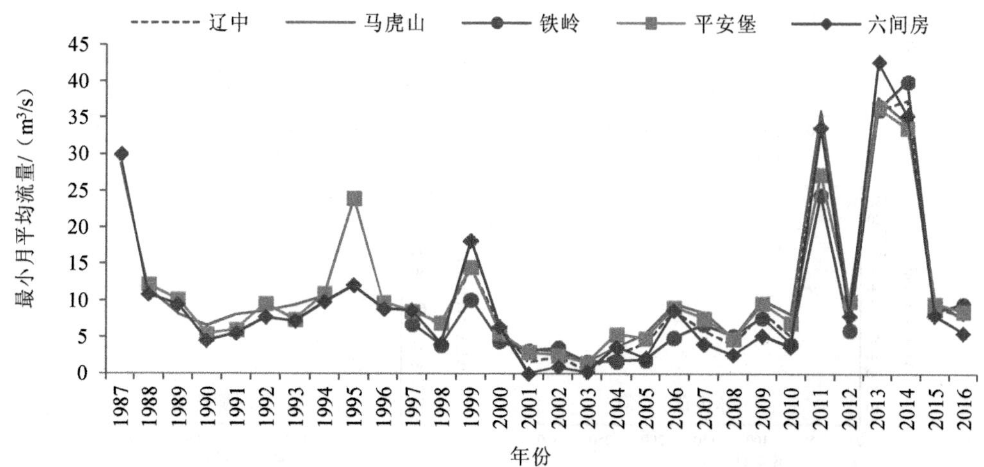

图 3-7 1987—2016 年辽河各断面最小月平均流量

（2）健康流量下限

采用栖息地法对平水期健康流量下限进行计算。经分析，辽河上游区指示性鱼类为刀鲚、乌鳢；中游区指示性鱼类为刀鲚、怀头鱼、翘嘴红鲌、乌鳢；下游区指示性鱼类为刀鲚、怀头鱼、翘嘴红鲌、乌鳢。分析各指示性鱼类的适宜条件，通过 MIKE 系列数值模拟软件，建立辽河干流流域的一维模型，得到流量与流速、水深、底质指数关系，得出各个分区的流量 Q 与生境可利用面积 WUA 之间的模拟曲线关系，如图 3-8 所示。

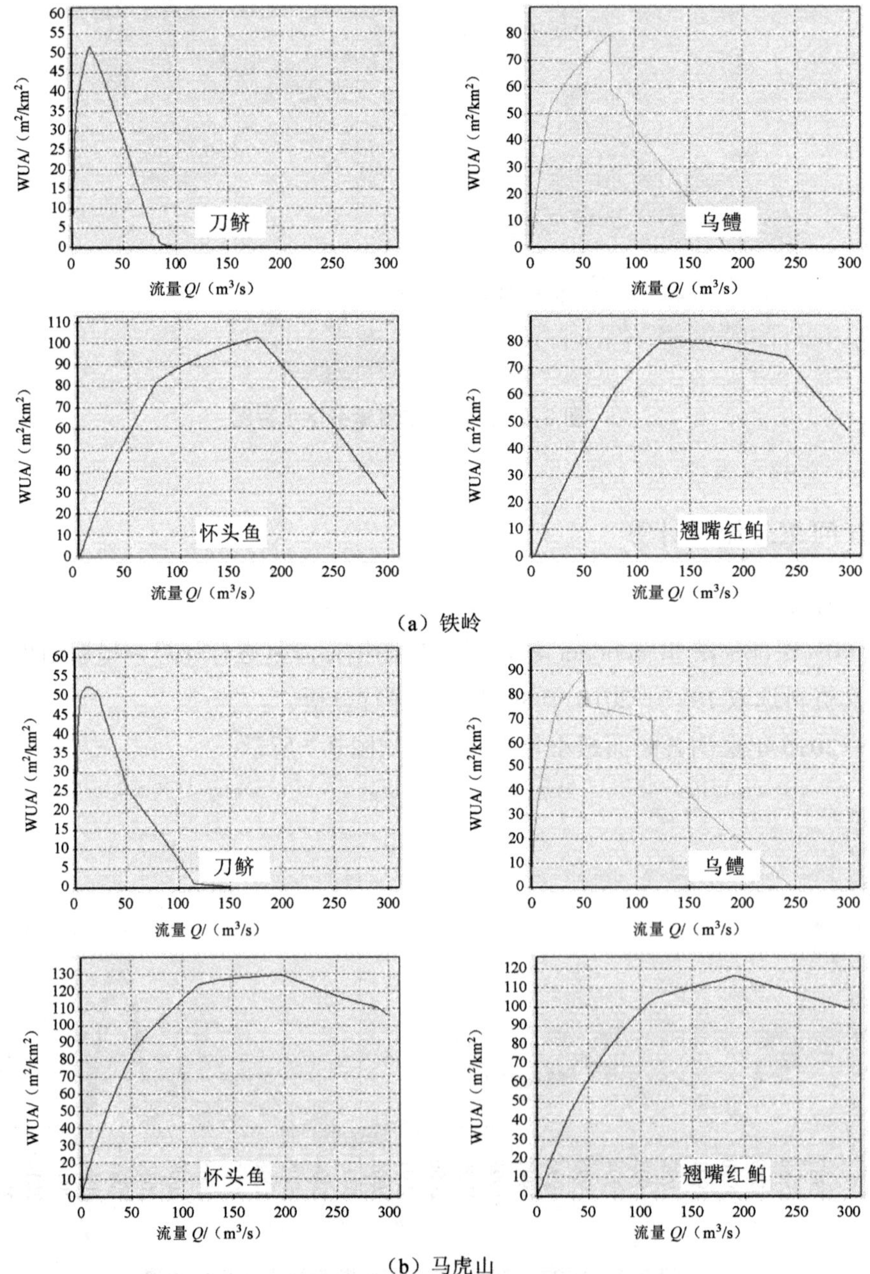

（a）铁岭

（b）马虎山

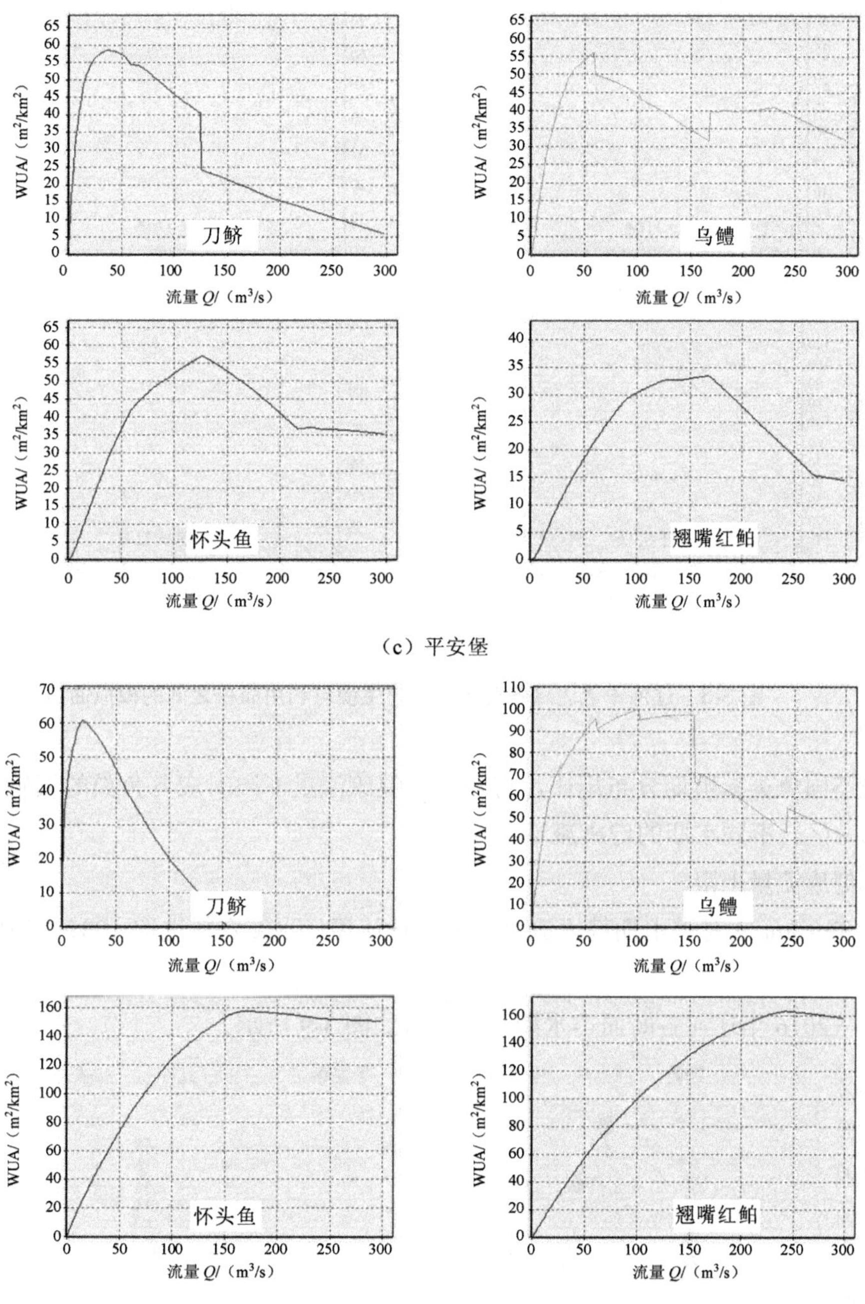

（c）平安堡

（d）辽中

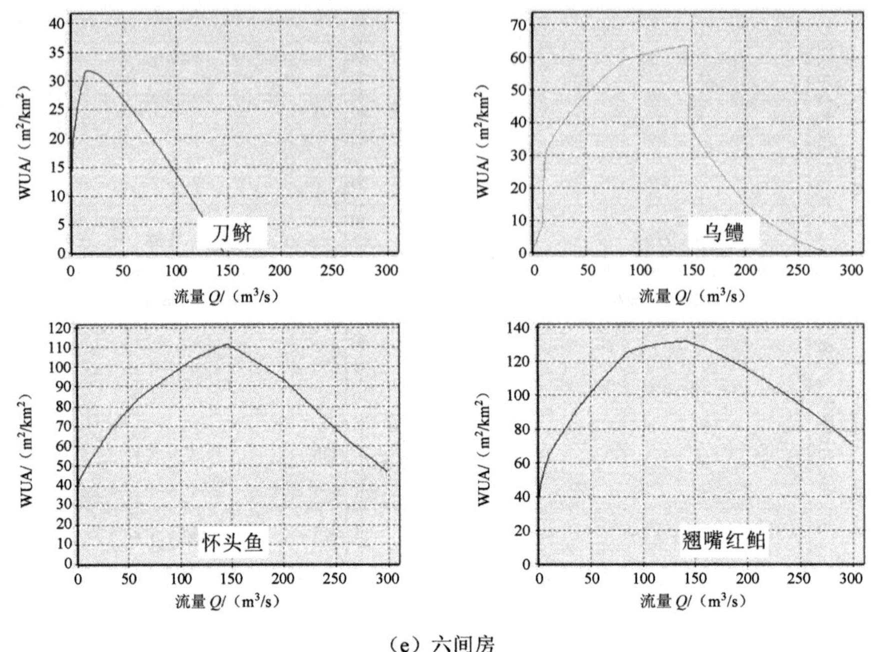

（e）六间房

图 3-8　辽河干流流域各分区流量与生境可利用面积之间的模拟曲线

根据不同鱼类繁殖期分布规律，将各分区健康流量下限对应各鱼类的繁殖期，得到辽河不同分区、不同水期的健康流量下限。

（3）健康流量上限

采用 Tennant 法对洪水期健康流量上限进行计算。水文资料选取 1987—2016 年数据进行分析。

1987—2016 年辽河各断面丰水期平均流量如图 3-9 所示。

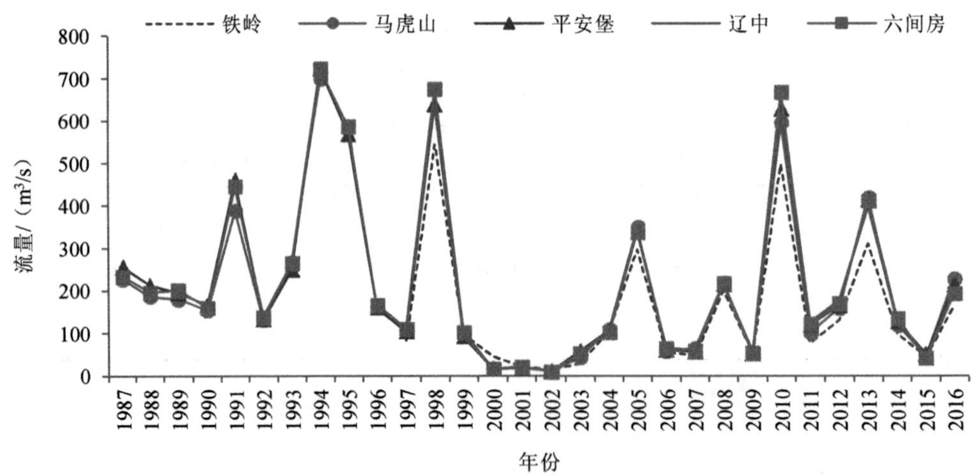

图 3-9　1987—2016 年辽河各断面丰水期平均流量

（4）生态流量计算结果

辽河干流不同分区、不同水期、不同分类的生态流量计算结果见表 3-9。

表 3-9　辽河干流生态流量计算结果

生态流量分区	分期	分类	计算结果/（m^3/s）
上游保护区	冰封期	生存流量	4.44
	平水期	健康流量下限	74.60
	洪水期	健康流量下限/健康流量上限	74.6/540.20
中游利用区	冰封期	生存流量	9.21
	平水期	健康流量下限	58.70
	洪水期	健康流量下限/健康流量上限	58.7/580.49
下游利用修复区	冰封期	生存流量	8.56
	平水期	生存流量/健康流量下限	8.56/70.40
	洪水期	健康流量上限	591.30

3.7.4　辽河生态流量计算结果分析

由表 3-9 可知，辽河上游区、中游区、下游区生存流量分别为 4.44 m^3/s、9.21 m^3/s 和 8.56 m^3/s，健康流量下限分别为 74.60 m^3/s、58.70 m^3/s 和 70.40 m^3/s，健康流量上限分别为 540.20 m^3/s、580.49 m^3/s 和 591.30 m^3/s。根据近年实际径流资料，辽河大部分时期实测径流基本能够达到上述健康流量下限标准，水体中鱼的种类逐年增多，水生态系统功能持续向好，说明该计算成果合理，可满足辽河生态需水要求。

3.8　本章小结

（1）针对辽河水系河流特点，结合新时期对生态流量的计算要求，提出了河流生态流量分区、分期、分类的确定原则，科学反映河流水文情势和生态系统的变化特征，改变了以往生态流量计算中“仅取一个数”的局面。

（2）系统地总结了目前国内外各种生态流量计算方法的优缺点和适用条件，对传统的 Tennant 法进行了改进，推荐性地给出了辽河水系不同分区、不同水期及不同目标导向下河流生态流量计算方法，改变了以往生态流量计算中“仅用一个公式”的局面。

4 水质水量联合调度研究

浑太水系属于资源型缺水较严重地区，水资源开发利用程度较高。流域内各水利工程未考虑河流生态环境用水，水体污染较为严重，水环境问题突出。本章以浑河水系大伙房水库、浑河闸、观音阁水库、葠窝水库，以及下游河道为研究对象，针对流域水库群与闸坝水质水量联合调度开展关键技术的研究。

4.1 概述

4.1.1 研究目标与任务

（1）研究目标

针对浑太水系水质改善与水生态保护需求，研究协调流域生产、生活和生态用水，研究基于多类型水工程联合的流域生态用水调度方案，制定典型水库与闸坝生态调度方案；选择浑太水系浑河和太子河干流中主要河段为示范点，开展水质水量联合调度示范。

（2）研究任务

1）对葠窝水库进行概化处理，加入闸坝调度运行方式，构成研究河段内完整的河流水系及水利工程数值模型；进一步完善建立浑河水动力水质模型，最终整合成浑太河流水系水质及水利工程数值模型。

2）浑太水系农业用水规律分析。分析浑太水系 3 座大型水库、大型水闸（浑河大闸）的农业供水规律，建立水库群之间可变农业供水量关系，为水库群与闸坝联合调度提供研究依据。

3）分析研究河流（浑河、太子河）内各主要河段最小生态需水量，为联合调度方案中生态供水的确定提供数据基础。

4）分析水库现行调度运行方案特点，在防洪安全保障基础上，提出水库运用方式调整方案；在满足社会经济发展用水要求基础上，研究增加或调整下泄生态环境用水的调度运行方式，制定基于农业供水耦合与生态环境改善的浑太河水系水质水量联合调度方案。

4.1.2 技术路线

本书中研究内容的主要技术路线如图 4-1 所示。

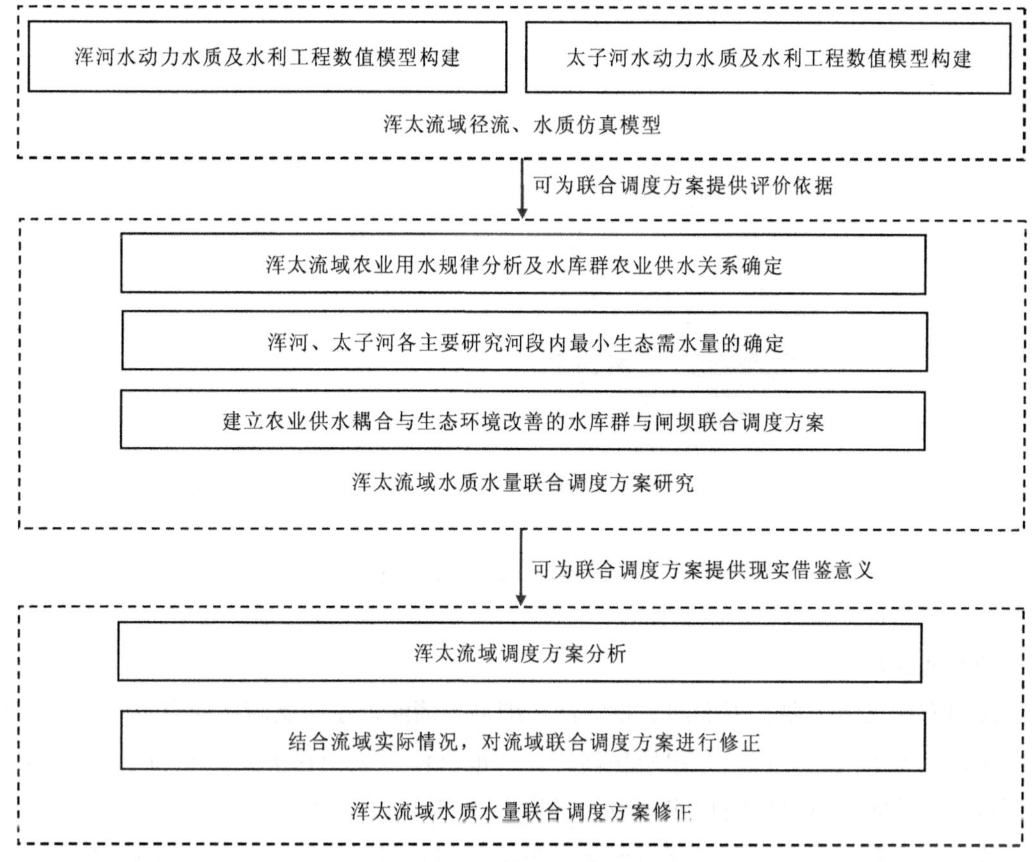

图 4-1 研究技术路线

4.2 浑河水动力水质数值模型构建

4.2.1 研究区域概况

（1）流域位置及行政区

浑河发源于辽宁清原县湾甸子镇，干流自东北向西南，流经抚顺、沈阳、辽阳、鞍山、盘锦、营口 6 个市，河长 495 km，流域面积 28 260 km^2，于营口西市区渤海大街处注入渤海。浑河行政分区如图 4-2 所示。

图 4-2 浑河行政分区

（2）河流水系

浑河右岸支流主要有英额河、章党河、细河、蒲河，左岸支流主要有苏子河、社河、东洲河、古城子河、拉古河、白塔堡河等，一般支流多集中在沈阳以北的中上游河段。浑河水系山丘区占总流域面积的 65%，平原占 35%。

浑河为不对称水系，左侧支流密集、坡陡谷深、水量丰富；右侧支流较少，水量不大。浑河水系上游为山岳地带，山岭海拔高程一般在 400～800 m，中游至抚顺附近地形起伏渐缓，为丘陵地带，至沈阳附近为辽河平原。

（3）水利工程

水系内现有水库 15 座，其中大型水库 1 座，中型水库 7 座。干流上的大型骨干控制工程——大伙房水库，控制流域面积为 5 437.00 km^2，总库容 22.68 亿 m^3，是大 I 型水利枢纽工程，是我国第一个五年计划的重点建设项目之一。水库设计年供水量为 9.7×10^8 m^3，其中工业、城市供水量为 4.4×10^8 m^3，灌溉面积 860 km^2，水电站装机容量为 3.2×10^4 kW，设计年发电量为 6 940×10^4 kW·h。浑河水系大中型水库工程特性见表 4-1。

表 4-1 浑河水系大中型水库工程特性

水库	所在河流	控制面积/km^2	总库容/$10^6 m^3$	兴利库容/$10^6 m^3$	死库容/$10^6 m^3$
大伙房水库	浑河	5 437.00	2 268.00	1 296.00	134.00
棋盘山水库	蒲河	133.00	80.20	17.50	10.18
关山水库	东洲河	136.50	44.40	26.85	1.80
红升水库	苏子河	78.50	30.71	28.72	0.71
小孤家水库	英额河北支流	121.00	20.02	9.69	0.74
腰堡水库	社河	139.00	21.04	11.61	0.69
后楼水库	红河	81.00	14.63	10.18	1.04
英守水库	古城子河	55.00	11.41	6.88	0.37

浑河干流上有一座拦河大闸——浑河闸，修建于 1959 年，主要功能为灌溉，工程规模为大Ⅱ型。浑河闸有 32 孔闸门，其中 22 孔为拦河闸，10 孔为进水闸。拦河闸为宽顶堰，孔高 8.2 m，宽 10.0 m。闸底板高程为 31.5 m，除险加固后调整为 30.5 m，闸总宽 257.4 m。闸门为弧形钢闸门，高 4.0 m，宽 10.0 m，单扇闸门重量 7.7 t。其中拦河闸为一门一机固定卷扬式启闭机，启闭力为 2×50 kN。

浑河水系内有大型灌区 4 个，分别为浑沙灌区、浑蒲灌区、盘锦灌区和营口灌区。各灌区基本情况见表 4-2。

表 4-2 浑河水系大型灌区情况表

<table>
<tr><th>灌区名称</th><th>设计面积/
$10^4 hm^2$</th><th>所属市县</th><th>引水工程</th><th>水源</th></tr>
<tr><td>浑沙灌区</td><td>5.31</td><td>辽阳市灯塔市</td><td>浑河闸</td><td rowspan="2">浑河</td></tr>
<tr><td>浑蒲灌区</td><td>4.14</td><td>辽阳市灯塔市；
沈阳市苏家屯区</td><td>浑河闸</td></tr>
<tr><td>盘锦灌区</td><td>4.92</td><td>盘锦市盘山县</td><td>双绕、西绕进水闸；
吴家进水闸</td><td rowspan="2">浑河下游（原大辽河）</td></tr>
<tr><td>营口灌区</td><td>5.96</td><td>营口市大石桥市</td><td>赏军站改建工程；
大弓站改建工程等</td></tr>
</table>

4.2.2 浑河水系水动力模型构建

浑河水系干流水动力模型研究的目的是模拟浑河水系内各控制断面的水量、水位、流速等数据，从而为水质模型提供数据输入，为水质水量联合调度改善水质提供数据基础。模型研究首先构建浑河水系水动力模型，在此基础上进行径流模拟和水质模拟。

4.2.2.1 水系图

根据辽宁省水系图，提取浑河水系，如图 4-3 所示。

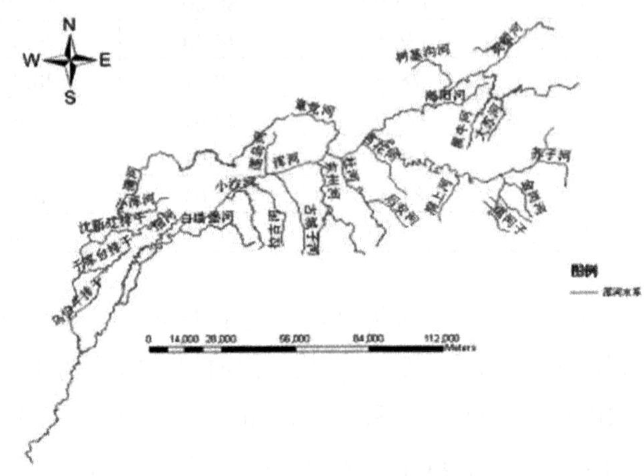

图 4-3 浑河水系

4.2.2.2 水文站

根据《辽河流域水文资料》第 3 册浑河、太子河水系中的信息可知，分布在浑河水系的常规水文站有 15 个，具体信息见表 4-3。

表 4-3 浑河水系水文站点信息

编号	名称	经度/（°）	纬度/（°）
21100050	北口前（苍石）	124.600	41.983
21100150	大伙房水库	124.083	41.883
21103250	四道河子	124.900	42.050
21103300	南口前	124.617	41.983
21103500	占贝	124.400	41.833
21103750	南章党	124.200	41.733
21103900	东洲	124.050	41.850
21100451	抚顺	123.917	41.867
21100650	沈阳	123.383	41.750
21104250	东陵	123.550	41.833
21105600	棋盘山水库	123.633	41.933
21105650	裕国	123.267	41.883
21105700	大河泡	123.033	41.817
21100750	黄腊坨（韭菜河）	122.967	41.500
21101000	邢家窝棚	122.683	41.267

4.2.2.3 河流控制断面及入河排污口

（1）河床横断面

根据现有数据，浑河干流自大伙房水库坝下至邢家窝棚水文控制站共有河道控制断面 192 个，对其进行概化处理为建模所需断面形式，如图 4-4 所示。

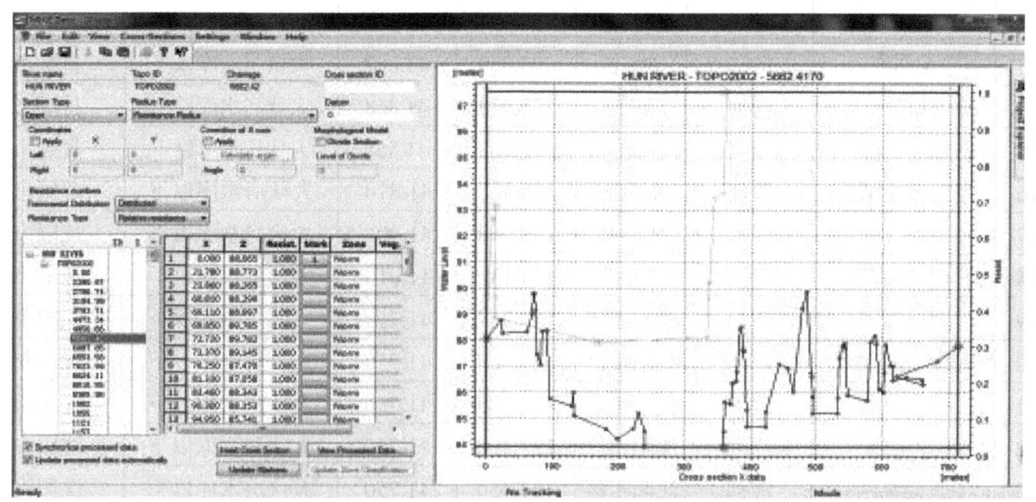

图 4-4 浑河干流断面文件

（2）水质监测断面

浑河水系水质监测断面有东陵大桥、辽中县黄腊坨桥、浑河大闸、北口前、抚顺、东洲河、抚顺李石桥、邢家窝棚。

（3）入河排污口信息

浑河水系入河排污口信息见表 4-4。

表 4-4 浑河水系入河排污口信息

序号	入河排污口名称	河（湖、库）名	地点（城镇）	经度/（°）	纬度/（°）	水资源四级区	地级行政区
1	南杂木生活	浑河	新宾县	124.405	41.952	大伙房水库以上	抚顺市
2	红透山矿生活	浑河	清原县	124.010	41.996	大伙房水库以上	抚顺市
3	红透山矿工业	浑河	清原县	124.010	41.996	大伙房水库以上	抚顺市
4	李石河	浑河	望花区	123.733	41.667	大伙房水库以下	抚顺市
5	高湾河	浑河	开发区	123.750	41.701	大伙房水库以下	抚顺市
6	化塑厂	浑河	新抚区	123.862	41.842	大伙房水库以下	抚顺市
7	古城河	浑河	望花区	123.818	41.850	大伙房水库以下	抚顺市

序号	入河排污口名称	河（湖、库）名	地点（城镇）	经度/（°）	纬度/（°）	水资源四级区	地级行政区
8	东洲河	浑河	东洲区	124.033	41.860	大伙房水库以下	抚顺市
9	新抚（西）	浑河	新抚区	123.890	41.862	大伙房水库以下	抚顺市
10	海新河	浑河	东洲区	124.084	41.862	大伙房水库以下	抚顺市
11	发电厂	浑河	新抚区	123.901	41.865	大伙房水库以下	抚顺市
12	于林明渠	浑河	新抚区	123.952	41.867	大伙房水库以下	抚顺市
13	戈布河	浑河	顺城区	123.859	41.867	大伙房水库以下	抚顺市
14	抚西河	浑河	顺城区	123.933	41.868	大伙房水库以下	抚顺市
15	连刀河	浑河	顺城区	123.783	41.868	大伙房水库以下	抚顺市
16	公园生活	浑河	新抚区	123.923	41.870	大伙房水库以下	抚顺市
17	章党河	浑河	抚顺县	124.068	41.906	大伙房水库以下	抚顺市
18	石门岭制药厂	浑河	章党乡	124.132	41.915	大伙房水库以下	抚顺市
19	罗士圈子	浑河	沈阳市区	123.367	41.750	大伙房水库以下	沈阳市
20	凌云明渠	浑河	沈阳市区	123.367	41.750	大伙房水库以下	沈阳市
21	工农泵站	浑河	沈阳市区	123.383	41.750	大伙房水库以下	沈阳市
22	龙王庙	浑河	沈阳市区	123.400	41.750	大伙房水库以下	沈阳市
23	五爱泵站	浑河	沈阳市区	123.450	41.750	大伙房水库以下	沈阳市
24	东洲生活	东洲河	东洲区	124.031	41.872	大伙房水库以下	抚顺市
25	章党生活	章党河	东洲区	124.068	41.906	大伙房水库以下	抚顺市
26	张士	细河	沈阳市区	123.317	41.750	大伙房水库以下	沈阳市
27	卫肇明渠	细河	沈阳市区	123.333	41.767	大伙房水库以下	沈阳市
28	辽中下	蒲河	辽中县	122.733	41.500	大伙房水库以下	沈阳市
29	辽中上	蒲河	辽中县	122.733	41.517	大伙房水库以下	沈阳市

（4）可控制水工建筑物——浑河闸

浑河闸位于浑河研究河段区间，作为拦河水利工程设施，对河流水动力模拟影响效果显著，浑河闸日常及汛期调度规则见表 4-5。

表 4-5 浑河闸调度规则

时间	调度规则
1 月	按天然河道开闸放水
2 月	
3 月	
4 月	上旬天然河道；中、下旬闸门关闭
5 月	闸门全开满足灌溉用水，最大流量 300.00 m^3/s

<table>
<tr><th>时间</th><th>调度规则</th></tr>
<tr><td>6 月</td><td rowspan="3">防洪调度：
①预计洪峰达到 100 年一遇，流量 4 939.00 m³/s 时，上游水位 36.13 m，拦河闸 1 号～22 号可开启到 7.00 m。
②预计洪峰达到 300 年一遇，流量 6 294.00 m³/s 时，上游水位 37.08 m，拦河闸 1 号～22 号可开启到 8.00 m。
③预计洪峰达到 500 年一遇，流量 7 341.00 m³/s 时，上游水位 37.78 m，拦河闸 1 号～22 号可开启到 9.00 m</td></tr>
<tr><td>7 月</td></tr>
<tr><td>8 月</td></tr>
<tr><td>9 月</td><td>中旬开始按照天然河道开闸放水</td></tr>
<tr><td>10 月</td><td rowspan="3">按天然河道开闸放水</td></tr>
<tr><td>11 月</td></tr>
<tr><td>12 月</td></tr>
</table>

（5）径流模拟与验证

收集整理浑河干流自大伙房水库坝下至邢家窝棚站区间的河流断面、边界条件等参数数据，以大伙房水库的出流作为上游边界的控制流量，邢家窝棚水位作为下游的控制水位，建立水动力模型，区间加入浑河闸的水利工程参数及日常调度规则，以此对水动力模型进行修正完善。

浑河干流水系及断面位置如图 4-5 所示。

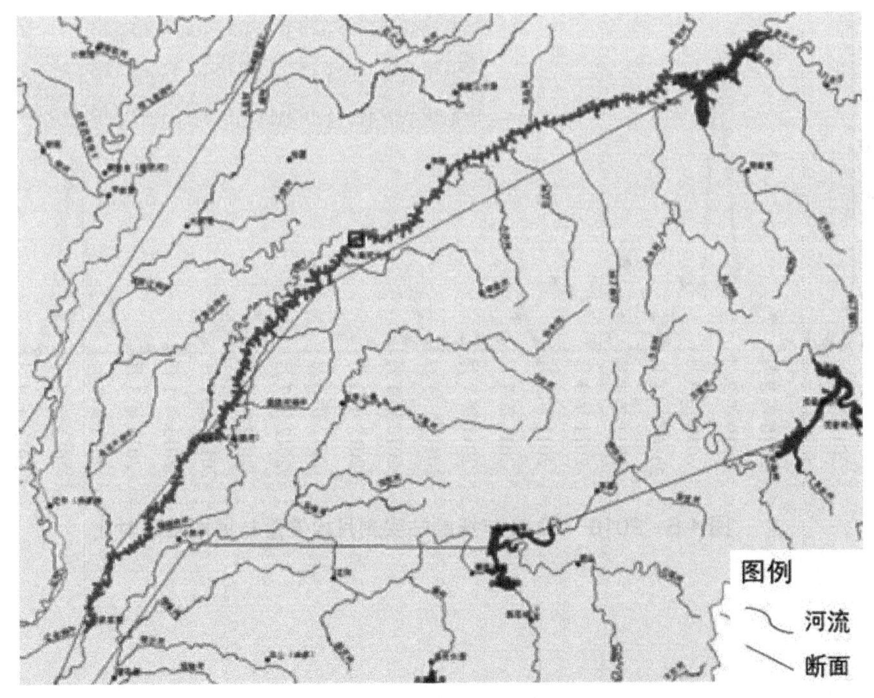

图 4-5 浑河干流断面示意图

1）参数敏感性分析。研究证实，河流水动力模型对河床糙率比较敏感，河床糙率是表征河道底部和岸壁影响水流阻力的各种因素的综合系数。确定浑河干流河床糙率为 0.033。

由于闸坝调度运行方式所涉及参数严格按照实际运行取值，敏感性参数本书并无涉及，故不进行参数率定与验证工作。

2）参数率定。参数率定就是寻找能使模拟值与观测值之间最接近的参数。通过模型的参数调节能够提高模型的模拟精度，使其与研究区的实际情况更相符。

选取 2010—2013 年全年实测逐日水位（邢家窝棚）、流量（大伙房出库）数据对模型进行率定、验证，选取具有代表性站点开展率定和验证，对抚顺站和黄腊坨站实测月均流量和模拟流量结果进行了对比，如图 4-6、图 4-7 所示。

由图 4-6、图 4-7 可知，抚顺站与黄腊坨站整体拟合效果较好，模拟流量较准确。由于水动力模拟过程中没有加入水文模块，缺乏对降雨径流过程的模拟，汛期降水量丰富，导致径流模拟值小于实测值，但整体模拟精度较好，可为水质模拟提供基础数据。

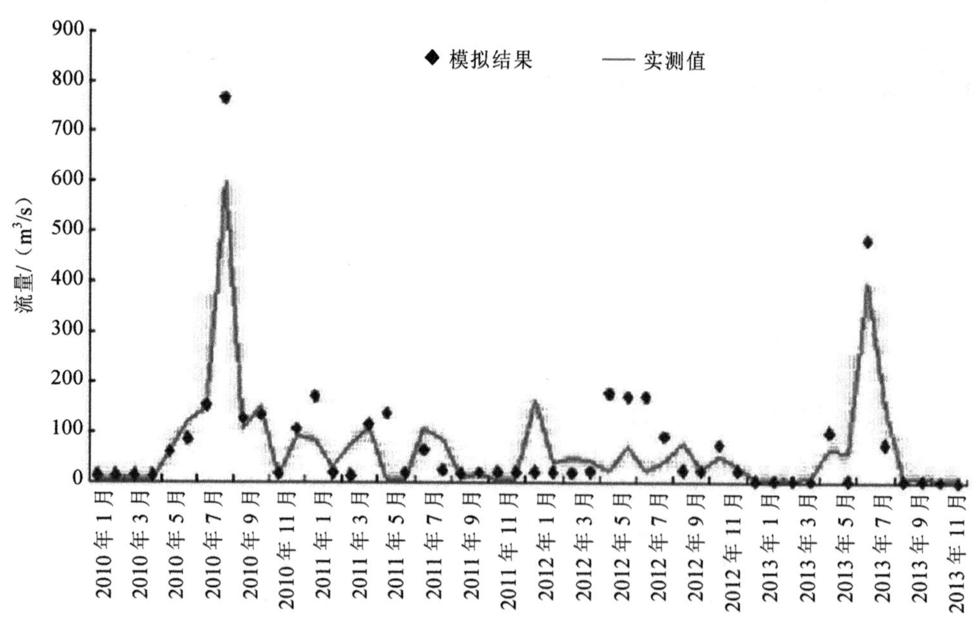

图 4-6 2010—2013 年抚顺站实测月均流量与模拟结果对比

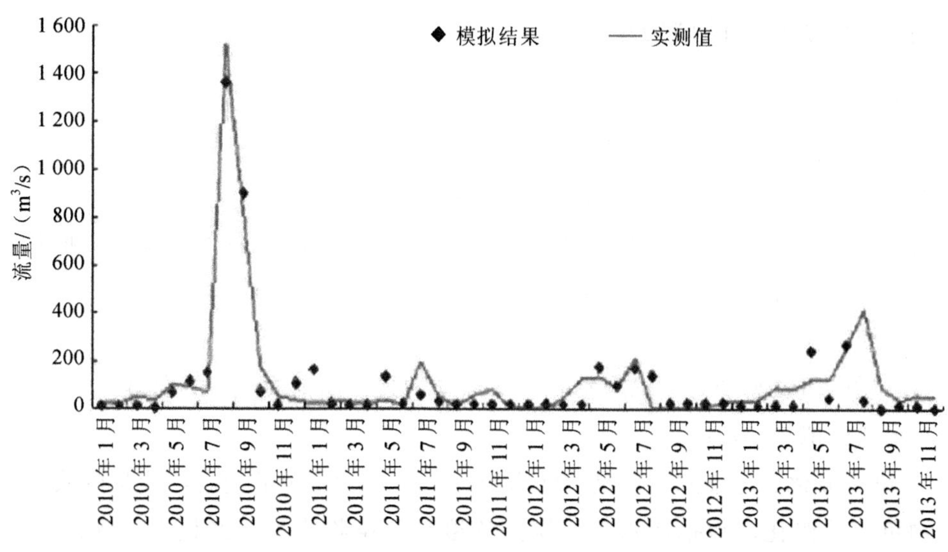

图 4-7 2010—2013 年黄腊坨站实测月均流量与模拟结果对比

3）浑河闸模拟结果。图 4-8 所示为浑河闸下游流量模拟结果，1—3 月枯水期以小流量下泄，维持河道自然径流状态；4 月下旬，闸坝关闭，下泄水量逐渐减少，5 月为满足灌溉用水，下泄水量明显增加；汛期 6—9 月中旬执行防洪调度，以坝前水位控制下泄流量；10—12 月恢复河道自然形态。模拟结果与现状浑河闸调度方式接近，拟合效果较好。

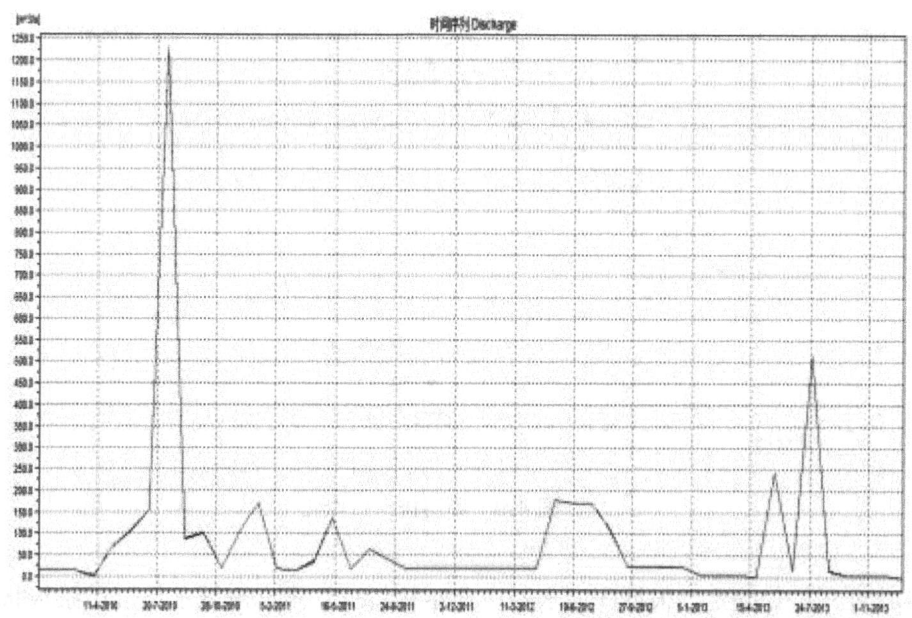

图 4-8 浑河闸下游站径流模拟结果

4.2.3 浑河水系水质模型构建

采用 MIKE 11 的对流扩散模型（AD）模拟浑河水系水质现状。受资料、模型、技术等不确定因素影响，模拟结果精度存在一定偏差，但是从变化趋势上可以看出，模拟结果可以代表河流水质随时间、河段变化特征，模拟结果合理可靠。

研究河段所在的浑河水系由于流经辽宁省中部城市群，主要污染源于工业废水和生活污水，因此，对研究河段建立一维点源污染水质模型。

（1）建模资料

由于水质模型以水动力模拟为基础，故水动力建模所需资料不再赘述。

（2）水质模拟与参数率定

1）污染源概化。污染源概化是河网水质计算中较为复杂的问题，涉及排放口的概化和污染物负荷的概化，包括污水量、排污浓度与污染物类型。经调查，浑河水系工业企业大部分位于抚顺市至沈阳市河段。工厂企业通过管道或沟渠集中排污，沿河分布了数十个排污口，将小排量排污口向临近的大排量排污口合并，概化形成 29 个点源排放口（图 4-9）。

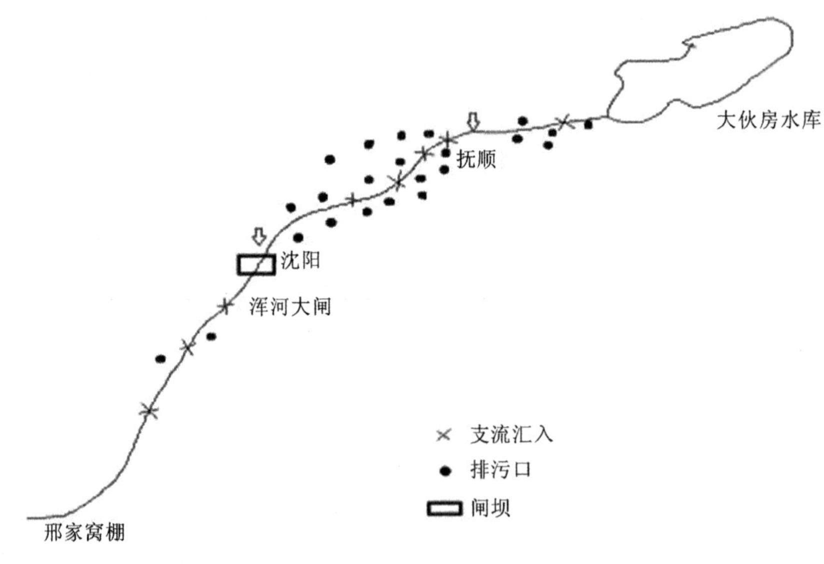

图 4-9 浑河排污口概化

2）特征污染物确定。根据浑河水系产业结构特征，考虑流域水环境污染现状，选择影响水功能区水质的主要污染物作为计算水域纳污能力的污染物。据 2005—2014 年监测结果，浑河干流诸水质断面水质状况达到中度污染或重度污染程度。沈阳下游断面污染最为严重，其中 COD 平均浓度为 41.60 mg/L，枯水期达到 58.80 mg/l；氨氮平均浓度为 5.89 mg/L，枯水期达到 15.70 mg/L。按照《地表水环境质量标准》（GB 3838—2002），COD、氨氮严重超标，属于劣Ⅴ类，是影响水功能区水质的主要污染物，所以选择 COD 和氨氮为代表计算有机物的水环境容量。

3）参数率定。MIKE 11 的对流扩散模型（AD）参数主要包括扩散系数和衰减系数，分别表示稀释作用和自净作用的大小。参数值用常规水质监测站的监测值进行率定。2010—2013 年的实测排污与水质水量同步监测数据的完整性和可靠性较好，选作水质参数的率定年。

①扩散系数。扩散系数的计算公式为

$$D = au^b \tag{4-1}$$

式中：D——扩散系数；

a——扩散系数常数；

b——扩散系数指数；

u——流速，m/s。

采用 Fischer 半经验公式对扩散系数的值进行分析率定

$$D = 0.011u^2B^2/(Hu^*) \tag{4-2}$$

其中：

$$u^* = \sqrt{gHi}$$

式中：u——流速，m/s；

B——河宽，m；

H——水深，m；

i——坡降；

u^*——摩阻流速；

g——重力加速度，9.8 kg/N。

由式（4-2）可知影响扩散系数的因素，坡降 i、河宽 B 是恒定的，由于上游来水量不同，流速与水深会产生变化，因此为了更加接近实际情况，对于不同时段、不同区段来说，要分别率定扩散系数常数 a，并分别制定扩散系数界限值。扩散系数指数值 b 取恒等于 2，常数系数值 a 在上下限值之间率定。同时，在 AD 参数设定时，河流 D 经验系数为 5.00～20.00。

选择 2010 年水动力模型流速模拟结果进行计算，可得扩散系数，见表 4-6。

表 4-6 2010 年浑河扩散系数计算成果 单位：m^2/s

河流里程	B	a	b	D
0.00	360.91	0.00	2.00	河流 5.00～20.00
7 624.05	604.91	3 614.82		
15 479.33	401.64	612.27		
71 771.46	1 776.00	6 941.03		
125 004.67	1 465.60	12 407.44		
164 850.51	934.00	3 693.80		

②衰减系数。污染物降解系数是计算水体纳污能力的一项重要参数。与河流的水文条件（如水深、流量、流速、水温、泥沙和污染物含量以及河道的形态等因素）密切相关。其计算公式如下：

$$k = 86.4u\,(\ln c_1 - \ln c_2)/x \tag{4-3}$$

式中：k——衰减系数，d^{-1}；

u——河段平均流速，m/s；

x——上下断面的距离，km；

c_1、c_2——河段上、下断面污染物浓度，mg/L。

由于污染物衰减机理复杂，衰减系数所受影响因素较多、变化较大、随机性大，准确得出反映真实河道水情及污染物衰减情况的量化值非常困难，因此本书参考经验取值，由模型对衰减系数的综合值进行简单模拟。

在水库中，水流近乎静止，衰减特征与河道不同。因此对河道和水库分别设置衰减系数，结果见表 4-7。

表 4-7 浑河衰减系数 k 率定结果 单位：d^{-1}

污染物	COD	氨氮
大伙房水库	0.03	0.03
水库坝下至抚顺	0.14	0.16
抚顺至浑河大闸	0.13	0.15
浑河大闸至邢家窝棚	0.12	0.13

（3）模拟结果及合理性分析

由于监测数据以月作为单位，故模型以月为单位进行输出，选取抚顺、黄腊坨 2 个水质监测站拟合结果进行分析。率定期水质模拟的拟合情况如图 4-10～图 4-13 所示。

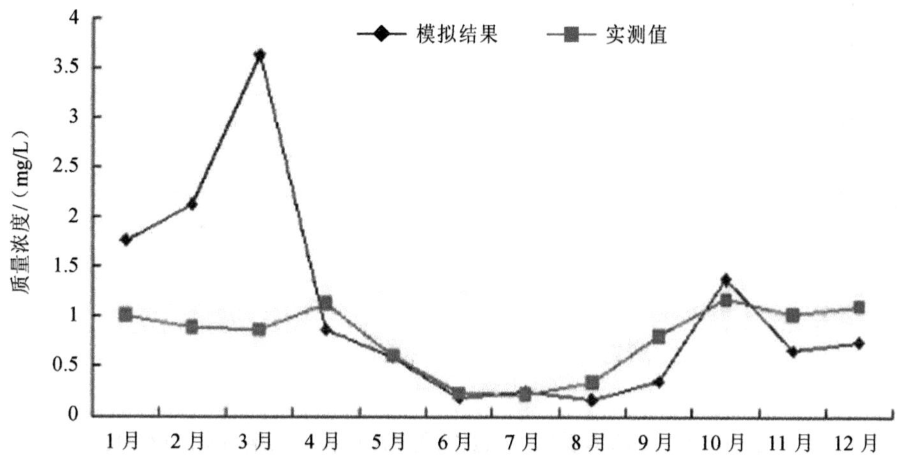

图 4-10 2013 年抚顺站氨氮质量浓度模拟结果与实测值对比

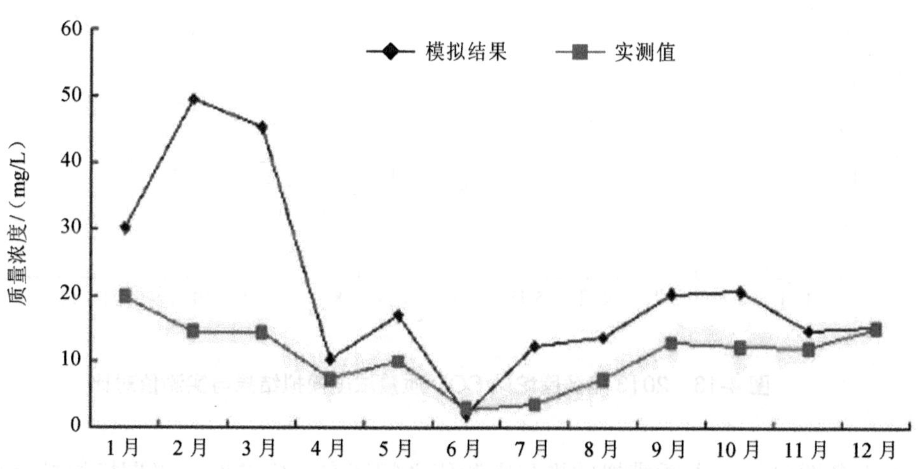

图 4-11 2013 年抚顺站 COD 质量浓度模拟结果与实测值对比

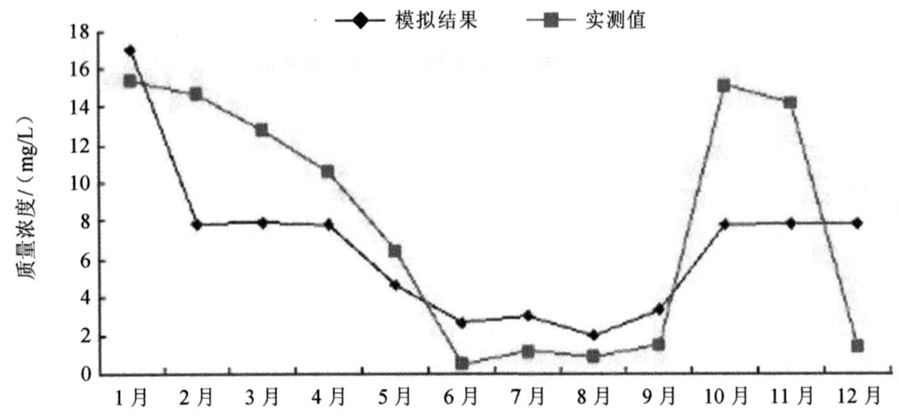

图 4-12 2013 年黄腊坨站氨氮质量浓度模拟结果与实测值对比

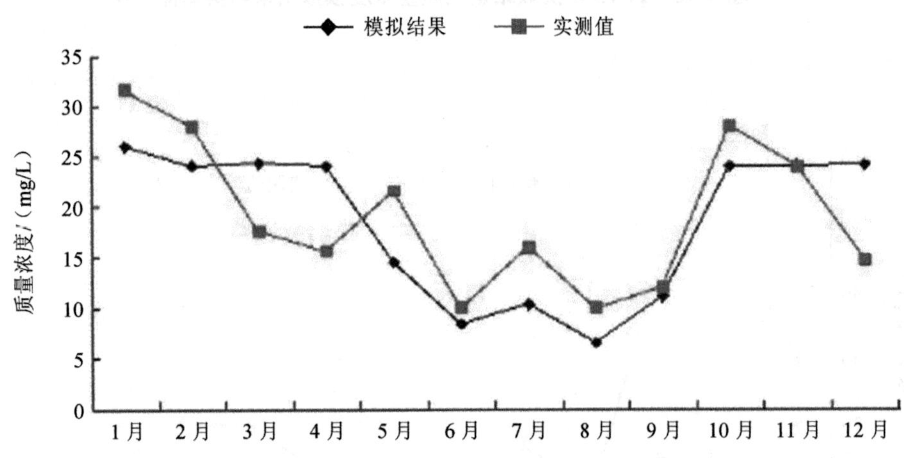

图 4-13 2013 年黄腊坨站 COD 质量浓度模拟结果与实测值对比

由以上各图可知，水质模拟结果与实测值之间还有一定差距，汛期模拟精度高，非汛期模拟精度较低；从模拟效果整体变化趋势可以看出，非汛期特征污染物浓度偏高，汛期特征污染物浓度偏低，与实际河流水质随季节变化规律吻合，能够代表河流污染物扩散衰减的过程，模拟效果较理想。

4.2.4 现状年浑河水量水质模拟

（1）现状年的选取

统计大伙房水库 1959—2014 年天然来水量资料，并用皮尔逊III型曲线进行频率分析。

2011 年属于正常偏枯水年，水质监测资料齐全、排污口相关数据完整。将 2011 年作为现状年，数据具有代表性和时效性。

（2）水动力模拟结果分析

将建立的水量水质模型应用于现状年。以年径流量为目标值，将模拟值与实际监测值进行对比，结果见表 4-8。

表 4-8 浑河各测站年径流量对比 单位：亿 m^3

项目	抚顺站	黄腊坨站	邢家窝棚站
实际值	18.88	22.15	21.49
模拟值	14.81	21.25	20.59

由表 4-8 可知，抚顺站、黄腊坨站、邢家窝棚站年径流总量误差分别为 21.59%、4.06%、4.19%，模拟效果良好。2011 年抚顺站、黄腊坨站、邢家窝棚站的实测月均流量和模拟流量结果对比，如图 4-14～图 4-16 所示。

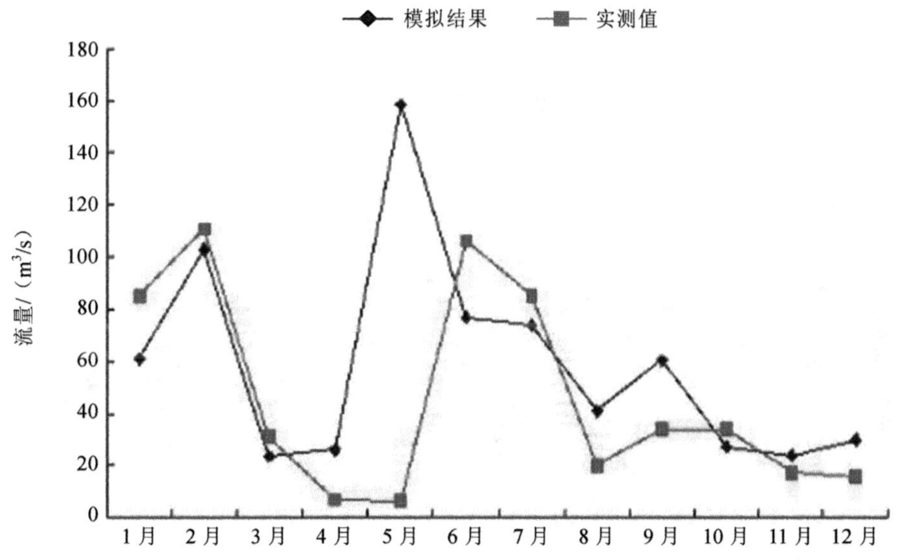

图 4-14 2011 年抚顺站实测径流与模拟结果对比

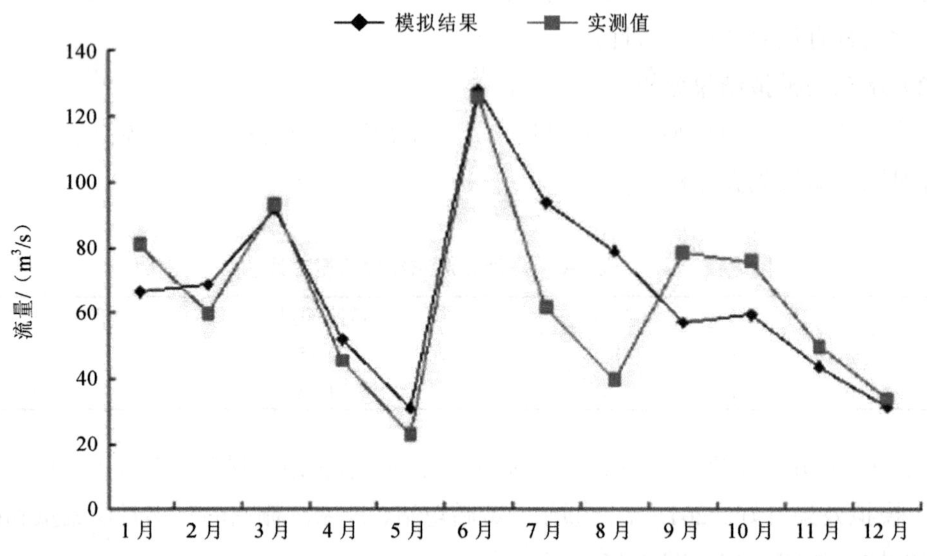

图 4-15　2011 年黄腊坨站实测径流与模拟结果对比

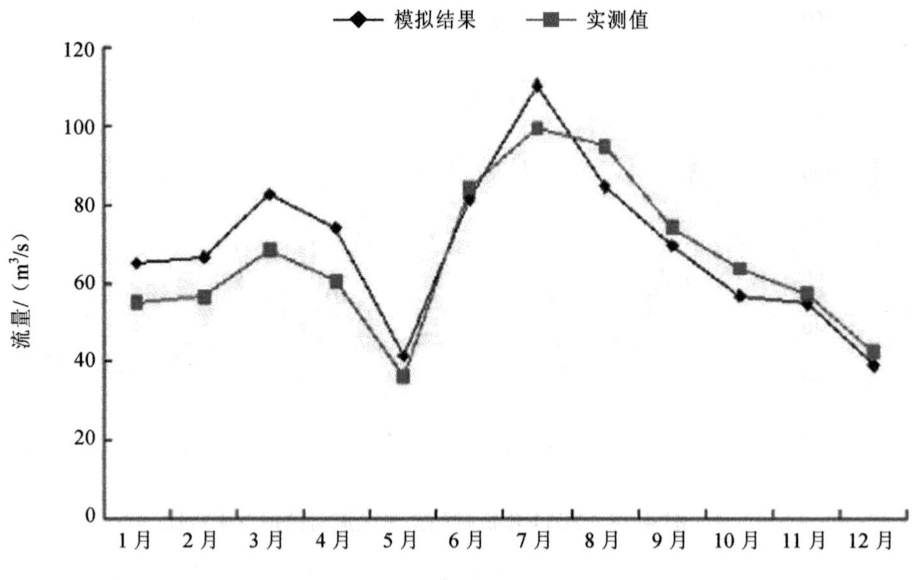

图 4-16　2011 年邢家窝棚站实测径流与模拟结果对比

结果显示，抚顺站流量模拟值与实测值相差较大，但整体变化趋势一致，4 月、5 月模拟结果较实测值明显偏高。分析可知，浑河闸上游 5 月为农业供水，导致河道径流量偏小，由于资料所限，模型中并未加入农业供水取水口，模拟值偏高；黄腊坨、邢家窝棚站模拟结果与实际监测值整体趋势一致，由于闸坝模拟存在计算不稳定等因素，结果有偏差，水动力学模型计算结果在现有资料情况下可进一步用于水质模拟。

（3）水质模拟结果分析

图 4-17、图 4-18 为 2011 年全年抚顺站特征污染物浓度模拟结果，可以看出水质整体模拟效果较理想。

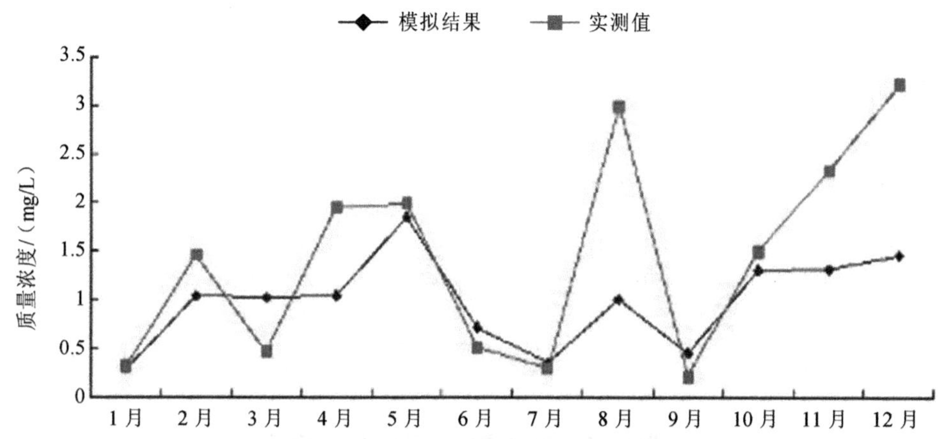

图 4-17　2011 年抚顺站氨氮质量浓度模拟结果与实测值对比

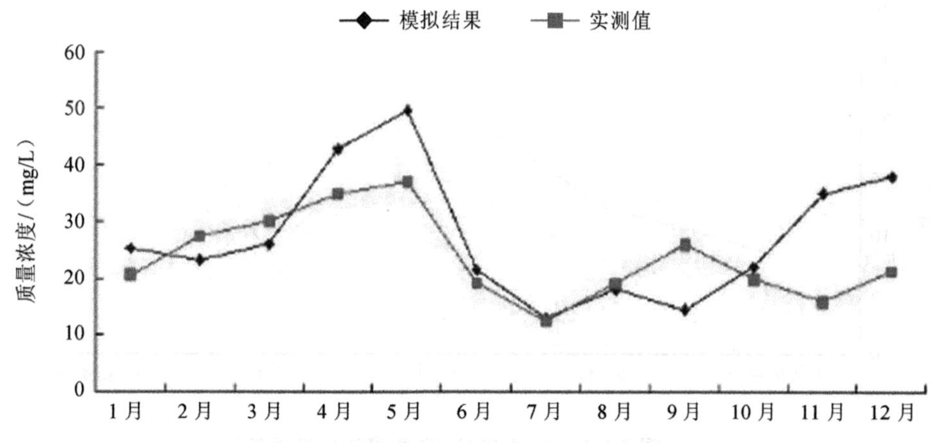

图 4-18　2011 年抚顺站 COD 质量浓度模拟结果与实测值对比

图 4-19、图 4-20 为污染物浓度分别在枯水期（3 月、10 月）和丰水期（6 月）的纵断面沿程变化曲线。浑河干流特征污染物汛期浓度明显低于枯水期，可见河道径流量是

制约枯水期水质提高的重要原因；抚顺站与邢家窝棚站COD质量浓度高于其他区间，沈阳站和邢家窝棚站氨氮浓度高于其他区间，这与沈抚区间聚集大量排污口有关，致使该区段及其下游水质逐渐下降。

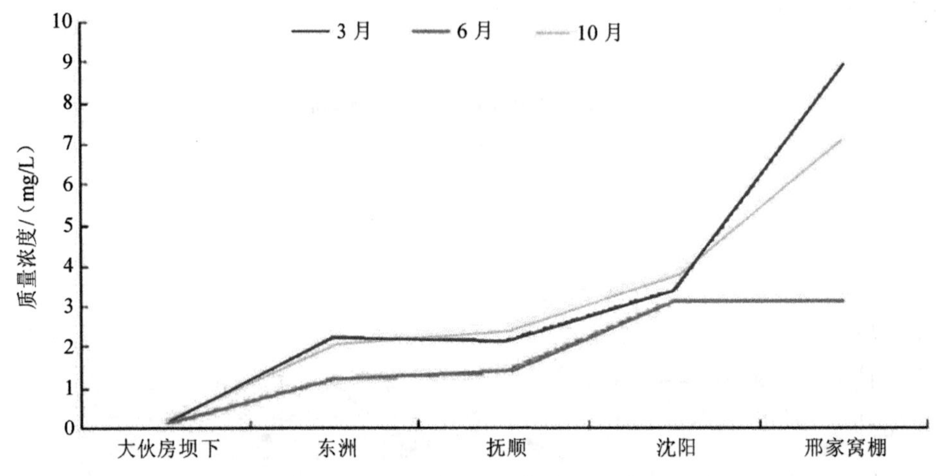

图4-19　2011年氨氮质量浓度沿程变化

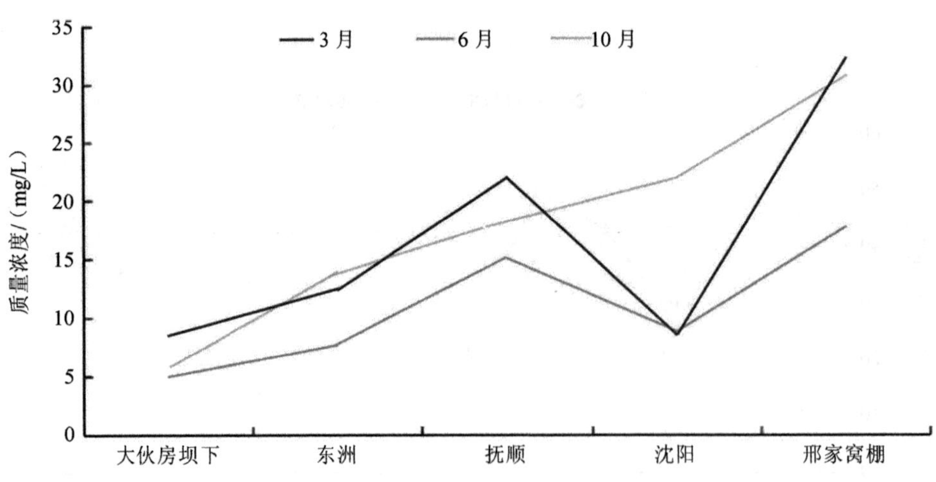

图4-20　2011年COD质量浓度沿程变化

4.3 太子河水动力水质数值模型构建

4.3.1 研究区域概况

（1）流域位置及行政区

太子河是辽宁省较大河流之一，上游分南北两支，以北支为长，源于新宾县平顶山乡红石砬子，南支源于桓仁县白石砬子，两支流在本溪县下崴子汇合后始称太子河干流。太子河流经本溪市、鞍山市，在海城市西四镇八家子村三岔河汇入浑河。太子河河流全长 363 km，流域面积 13 493 km^2。河道比降上游大、下游小，为 1/4 000～1/3 000。

（2）河流水系

太子河干流有大小支流近百条，流域面积大于 100.0 km^2 的支流主要为清河、南沙河、细河、三道河、北沙河、杨柳河、运粮河、十里河、海城河等，是沿河各城市工农业生产和人民生活用水的主要水源。

（3）水利工程

太子河流域修建了众多的水库和大坝，其中最主要的大型水库是汤河水库、葠窝水库和观音阁水库，分别建设于 1969 年、1972 年和 1995 年。这 3 座水库总库容、兴利库容、多年平均供水量之和分别占流域多年平均径流量的 97.2%、60.7%和 58.9%，见表 4-9。

表 4-9 太子河流域大型水库特征值 单位：$10^8\ m^3$

水库	总库容	兴利库容	多年平均供水量
观音阁水库	21.68	13.85	9.47
葠窝水库	7.91	5.33	10.80
汤河水库	7.07	3.70	1.92
合计	36.66	22.88	22.19

太子河流域内共有浑沙、灯塔、辽阳、盘锦、营口等 13 个大、中型灌区。各灌区基本情况见表 4-10。

表 4-10 太子河流域大、中型灌区情况

类型	名称	设计面积/$10^4\ hm^2$	所属市县	水源	备注
大型	灯塔灌区	2.6	辽阳市灯塔市	葠窝水库	
大型	浑沙灌区	4.0	辽阳市灯塔市；沈阳苏家屯区	大伙房水库	主要从浑河取水

类型	名称	设计面积/10^4 hm^2	所属市县	水源	备注
中型	辽阳灌区	1.00	辽阳市辽阳县	葠窝水库	
中型	盘锦灌区	0.81	盘锦兴隆台区		与浑河联灌
大型	营口灌区	6.74	营口大石桥市		
中型	柳壕灌区	0.27	辽阳市辽阳县	葠窝水库	
中型	邢家灌区	0.20	辽阳市辽阳县	葠窝水库	
中型	千山灌区	0.67	鞍山市千山区	南沙河 运粮河	原宋三灌区
中型	牛庄灌区	0.08	鞍山市海城市		部分面积位于流域外
中型	西四灌区	0.35	鞍山市海城市		
中型	温香灌区	0.31	鞍山市海城市		
中型	高坨子灌区	0.12	鞍山市海城市		
中型	上英灌区	0.07	鞍山市海城市		2000 年后不再灌溉
中型	王家坎灌区	0.07	鞍山市海城市	王家坎水库	
中型	山咀灌区	0.09	鞍山市海城市	山咀水库	

4.3.2 太子河水系水动力模型构建

太子河干流水动力模型研究的目的是模拟出太子河流域内各控制断面的水量、水位、流速等数据，从而为水质模型提供数据输入，为水质水量联合调度改善水质提供数据基础。模型研究首先要构建太子河流域水动力模型，在此基础上进行径流模拟和水质模拟。

（1）水系图

太子河流域水系如图 4-21 所示。

图 4-21 太子河流域水系

（2）水文站

根据水文年鉴测站信息可知，分布在太子河流域的常规水文站有 16 个，其空间分布如图 4-22 所示。

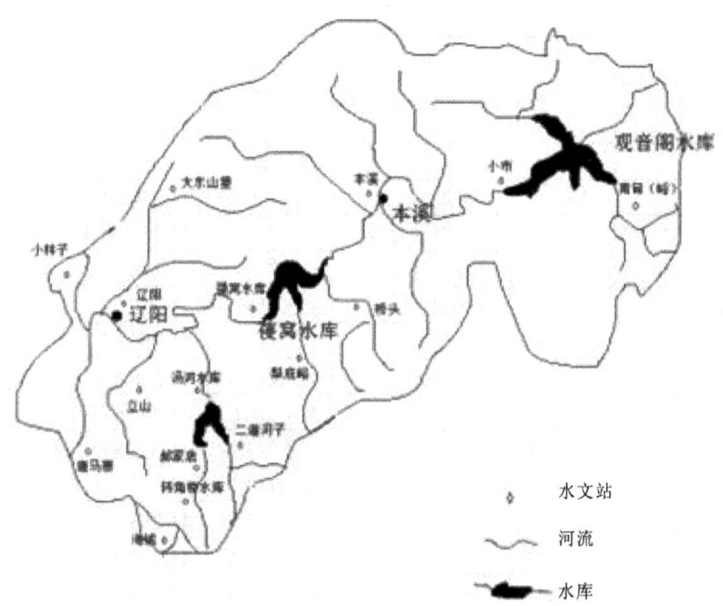

图 4-22　太子河流域水文站分布

（3）河流控制断面及入河排污口

1）河床横断面。根据现有数据，太子河干流自观音阁水库坝下至唐马寨水文站共有河道控制断面 135 个，断面文件界面如图 4-23 所示。

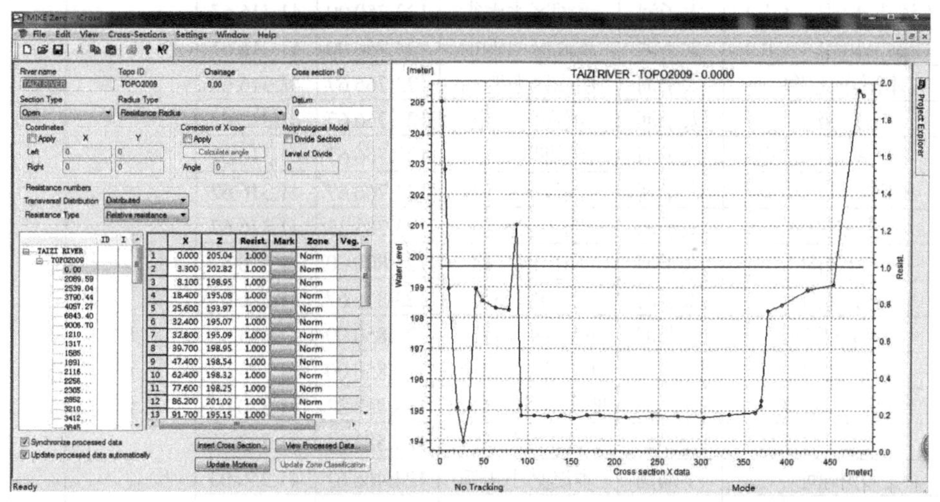

图 4-23　太子河干流断面文件界面

2）水质监测断面。太子河流域水质监测断面有老官砬子、本溪、二焦、辽阳、唐马寨。

3）入河排污口信息。太子河流域研究区段入河排污口信息见表 4-11。

表 4-11 太子河流域入河排污口信息

序号	名称	河（湖、库）名	地点（城镇）	经度/（°）	纬度/（°）	水资源三级区	排放形式	地级行政区
1	本溪化肥厂	太子河	平山区兴安	123.700 00	41.250 00	太子河及大辽河干流	连续排放	本溪市
2	本溪化肥厂厂前	太子河	平山区兴安	123.700 00	41.250 00			
3	郑家河沟	太子河	溪湖区郑家	123.700 00	41.250 00			
4	本溪工源水泥厂	太子河	平山区福金	123.716 67	41.250 00			
5	郑家化工厂	太子河	溪湖区郑家	123.716 67	41.266 67			
6	本钢发电厂	太子河	平山区南地	123.716 67	41.266 67			
7	本钢建材厂	太子河	平山区福金	123.716 67	41.266 67			
8	本钢二钢厂	太子河	平山区福金	123.716 67	41.266 67			
9	福金沟	太子河	平山区福金	123.716 67	41.266 67			
10	千金沟	太子河	平山区千金街	123.733 33	41.283 33			
11	本钢供水厂	太子河	本钢厂区内	123.733 33	41.283 33			
12	彩屯煤泥河	太子河	溪湖区彩屯	123.733 33	41.283 33			
13	南甸沟口	太子河	本溪县南甸镇	124.383 33	41.283 33			
14	崔东沟	太子河	本钢厂区内	123.733 33	41.300 00			
15	本钢动力厂	太子河	本钢动力厂	123.733 33	41.300 00			
16	东明沟	太子河	平山区一洞桥	123.750 00	41.300 00			
17	本溪县造纸厂	太子河	本溪县碱厂镇	124.133 33	41.300 00			
18	东坟沟	太子河	明山胜街	123.750 00	41.316 67			
19	西坟沟	太子河	明山区北地	123.750 00	41.316 67			
20	北地沟	太子河	明山区北地	123.750 00	41.316 67			
21	本钢氧气厂	太子河	平山区一洞桥	123.750 00	41.316 67			
22	本溪市水泥厂（Ⅰ）	太子河	溪湖区水泥街	123.750 00	41.316 67			
23	本溪市水泥厂（Ⅱ）	太子河	溪湖区水泥街	123.750 00	41.316 67			
24	本溪市化学厂	太子河	明山区东胜街	123.766 67	41.316 67			
25	溪湖沟	太子河	溪湖区二电	123.766 67	41.316 67			
26	本钢发电厂二电	太子河	溪湖区二电	123.766 67	41.316 67			
27	本钢一铁厂烧结	太子河	溪湖区二电	123.766 67	41.316 67			
28	张家堡沟	太子河	明山区高峪	123.783 33	41.316 67			
29	合金沟	太子河	明山区高峪	123.800 00	41.316 67			
30	小堡沟	太子河	明山区小堡	123.816 67	41.316 67			
31	北卧龙河	卧龙河	明山区卧龙镇	123.850 00	41.333 33			
32	卧龙河	卧龙河	明山区卧龙镇	123.850 00	41.333 33			
33	制药厂、啤酒厂	卧龙河	明山区牛心台镇	123.883 33	41.350 00			
34	细河口	细河	本溪市南芬区	123.583 33	41.233 33			
35	小汤河	小汤河	本溪县小市镇	124.466 67	41.250 00			
36	北沙河	北沙河	灯塔市大河南乡	123.159 09	41.427 85			

（4）可控制水工建筑物——葠窝水库

葠窝水库位于太子河研究河段，作为拦河水利工程设施，是河流径流模拟的重要影响因素，需要将水库库区断面参数、水利工程参数以及调度运行规则按照实际运行情况加入模型，用 MIKE 11（SO）模块进行水动力模拟。

1）水位-面积曲线。水库是指在山沟或河流的狭口处建造拦河坝形成人工湖泊，使天然河道水面加宽。对水库进行概化需要掌握水库库区横断面数据和水库水位-面积关系数据，其中水位-面积关系曲线如图 4-24 所示，概化后断面文件形式如图 4-25 所示。

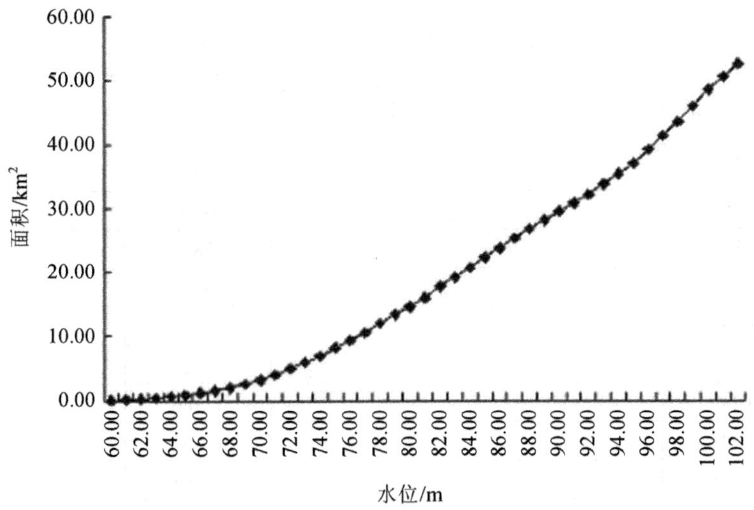

图 4-24 葠窝水库水位-面积曲线

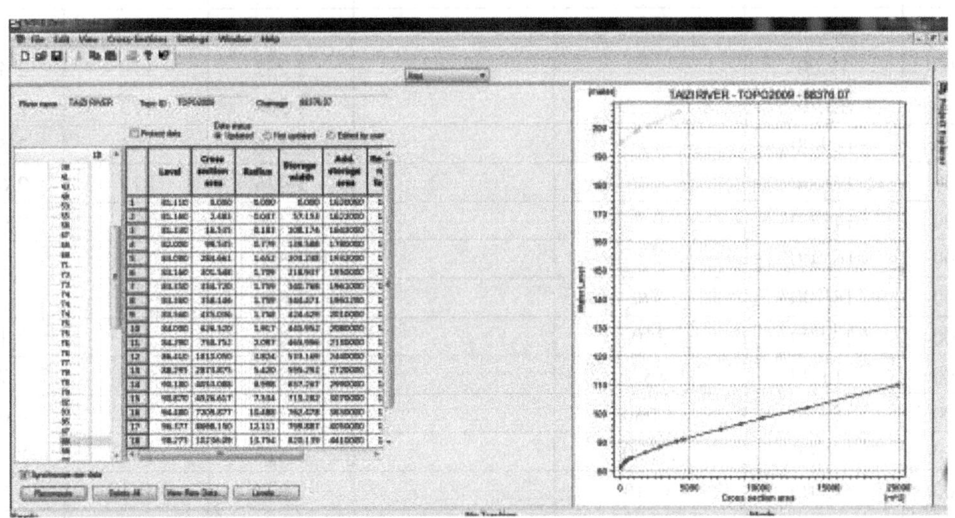

图 4-25 葠窝水库库区概化文件形式

2）大坝及闸门参数。葠窝水库大坝为混凝土重力坝，坝顶高程为 103.50 m，最大坝高 50.30 m，坝长 532.0 m，大坝溢流坝段上设 14 孔弧形闸门，溢流孔为 12.00 m×12.00 m，堰顶高程 84.80 m。在闸墩中间布置 6 个泄流底孔，孔口尺寸为 3.50 m×8.0 m，用平板闸门控制，底孔底高程为 60.00 m。水库最大泄洪能力为 23 150 m^3/s。电站装有 5 台机组，总装机容量为 4.40×10^4 kW，设计年发电量 1.12×10^8 kW·h。电厂最大泄量为 186.00 m^3/s。

3）调度规则。葠窝水库按照水位泄量关系进行日常调度，见表 4-12；汛期按照汛期调度规则进行汛限水位动态控制，见表 4-13。

表 4-12 葠窝水库水位-泄量关系

水位/m	库容/$10^6 m^3$	泄水建筑物泄流能力/（m^3/s）				
		正常溢洪道	非常溢洪道	输水洞	电厂	合计
66.00	2.69			432		432
67.00	3.70			606		606
68.00	5.12			786		786
69.00	7.30			966		966
70.00	9.95			1 200		1 200
71.00	13.50			1 428		1 428
72.00	18.00			1 566		1 566
73.00	23.00			1 680		1 680
74.00	29.70			1 788		1 788
75.00	36.80			1 890		1 890
76.00	46.00			1 980		1 980
77.00	56.00			2 070		2 070
78.00	67.00			2 154		2 540
79.00	79.00			2 232	170	2 402
80.00	92.70			2 304	173	2 477
81.00	109.00			2 376	175	2 551
82.00	126.00			2 436	177	2 613
83.00	145.00			2 496	179	2 675
84.00	164.00			2 556	180	2 736
85.00	186.00	56		2 610	182	2 848
86.00	209.00	350		2 664	184	3 198
87.00	234.00	882		2 718	186	3 786
88.00	259.00	1 680		2 772	184	4 636
89.00	286.00	2 590		2 820	182	5 592
90.00	315.00	3 710		2 874	181	6 765
91.00	346.00	4 760		2 922	180	7 862
92.00	378.00	5 992		2 970	174	9 136
93.00	411.00	7 280		3 018	169	10 467

<table>
<tr><th rowspan="2">水位/m</th><th rowspan="2">库容/10^6 m^3</th><th colspan="5">泄水建筑物泄流能力/（m^3/s）</th></tr>
<tr><th>正常溢洪道</th><th>非常溢洪道</th><th>输水洞</th><th>电厂</th><th>合计</th></tr>
<tr><td>94.00</td><td>444.00</td><td>8 820</td><td></td><td>3 066</td><td>164</td><td>12 050</td></tr>
<tr><td>95.00</td><td>481.00</td><td>10 360</td><td></td><td>3 108</td><td>160</td><td>13 628</td></tr>
<tr><td>96.00</td><td>519.00</td><td>11 914</td><td></td><td>3 156</td><td>155</td><td>15 225</td></tr>
<tr><td>97.00</td><td>559.00</td><td>13 650</td><td></td><td>3 198</td><td>151</td><td>16 999</td></tr>
<tr><td>98.00</td><td>603.00</td><td>15 470</td><td></td><td>3 246</td><td>147</td><td>18 863</td></tr>
<tr><td>99.00</td><td>648.00</td><td>17 318</td><td></td><td>3 288</td><td></td><td>20 606</td></tr>
<tr><td>100.00</td><td>693.00</td><td>18 578</td><td></td><td>3 336</td><td></td><td>21 914</td></tr>
<tr><td>101.00</td><td>739.00</td><td>19 530</td><td></td><td>3 378</td><td></td><td>22 908</td></tr>
<tr><td>102.00</td><td>791.00</td><td>20 370</td><td></td><td>3 426</td><td></td><td>23 796</td></tr>
</table>

表 4-13 葠窝水库汛限水位动态控制域和动态控制规则 单位：流量 m^3/s

<table>
<tr><th rowspan="3">观音阁水库水位/m</th><th colspan="2">主汛期</th><th colspan="4">过渡期</th><th colspan="2">后汛期</th></tr>
<tr><th colspan="2">8.10 以前</th><th colspan="2">8.11～8.15</th><th colspan="2">8.16～8.20</th><th colspan="2">8.20 以后</th></tr>
<tr><th>下限</th><th>上限</th><th>下限</th><th>上限</th><th>下限</th><th>上限</th><th>下限</th><th>上限</th></tr>
<tr><td>255.2</td><td>86.2</td><td>88.6</td><td>88.6</td><td>89.2</td><td>89.2</td><td>89.8</td><td>89.8</td><td>91.8</td></tr>
<tr><td>254.5</td><td>86.8</td><td>89.1</td><td>89.1</td><td>89.8</td><td>89.8</td><td>90.4</td><td>90.4</td><td>92.4</td></tr>
<tr><td>254.0</td><td>87.4</td><td>89.7</td><td>89.7</td><td>90.4</td><td>90.4</td><td>91.0</td><td>91.0</td><td>93.0</td></tr>
<tr><td>253.0</td><td>87.7</td><td>89.9</td><td>89.9</td><td>90.7</td><td>90.7</td><td>91.3</td><td>91.3</td><td>93.3</td></tr>
<tr><td>250.0</td><td>88.3</td><td>90.4</td><td>90.4</td><td>91.3</td><td>91.3</td><td>91.9</td><td>91.9</td><td>93.9</td></tr>
<tr><td>249.0</td><td>88.7</td><td>90.8</td><td>90.8</td><td>91.7</td><td>91.7</td><td>92.3</td><td>92.3</td><td>94.3</td></tr>
<tr><td>248.0</td><td>89.1</td><td>91.1</td><td>91.1</td><td>92.1</td><td>92.1</td><td>92.7</td><td>92.7</td><td>94.7</td></tr>
<tr><td>247.0</td><td>89.3</td><td>91.3</td><td>91.3</td><td>92.3</td><td>92.3</td><td>92.9</td><td>92.9</td><td>94.9</td></tr>
<tr><td>246.0</td><td>89.7</td><td>91.7</td><td>91.7</td><td>92.7</td><td>92.7</td><td>93.3</td><td>93.3</td><td>95.3</td></tr>
<tr><td>245.0</td><td>89.7</td><td>91.7</td><td>91.7</td><td>92.7</td><td>92.7</td><td>93.3</td><td>93.3</td><td>95.3</td></tr>
<tr><td>汛限水位动态控制规则</td><td colspan="3">1. 如预报 24 h 无雨或小雨，控制汛限水位不高于上限；
2. 如预报 24 h 有中雨以上量级降雨，则在 12 h 内分级下泄；
3. 待水位降至下限后，执行调度规则 A</td><td colspan="2">根据流域预报和实时的水、雨、工情信息，进行动态控制</td><td colspan="3">1. 如预报 24 h 无雨或小雨，控制汛限水位不高于上限；
2. 如预报 24 h 有中雨以上量级降雨，则在 12 h 内分级下泄；
3. 待水位降至下限后，参照调度规则 B</td></tr>
<tr><td>备注</td><td colspan="8">12 h 分级预泄—前 6 h 以 1 200 m^3/s 泄流，后 6 h 以 1 700 m^3/s 预泄；
调度规则 A—主汛期洪水调度规则
（1）水位在下限至 99.7 m 时，通过底孔控制下泄流量，使河道组合流量小于 5 050 m^3/s；
（2）水位在 99.7～100.5 m 时，开 6 个底孔，溢洪道 6 孔开 3.0 m 高度；
（3）水位在 100.5～101.2 m 时，开 6 个底孔，溢洪道 11 孔开 3.0 m 和 3 孔 6.0 m 高度；
（4）水位在 101.2～101.5 m 时，开 6 个底孔，溢洪道 4 孔开 3.0 m 和 10 孔 6.0 m 高度；
（5）水位在 101.5 m 以上时，开 6 个底孔，溢洪道 14 孔全开。
调度规则 B—后汛期洪水调度规则
（1）当水位在 89.8 m 时，不泄流；
（2）当水位在 89.8 m～99.2 m 时，开 3 个底孔；
（3）当水位在 99.2 m～100.0 m 时，开 4 个底孔，溢洪道 2 孔开 3.0 m 高度；
（4）当水位在 100.0 m～101.3 m 时，开 5 个底孔，溢洪道 2 孔开 3.0 m 高度；
（5）当水位超过 101.3 m 时，开 5 个底孔，溢洪道 10 孔开 3.0 m 高度。
注：底孔闸门启闭水位按设计不得超过 96.6 m。</td></tr>
</table>

（5）径流模拟与验证

收集整理太子河干流自观音阁水库坝下至唐马寨站区间的河流断面、边界条件等参数数据，以观音阁水库的出流（建库后）作为上边界控制条件，唐马寨站水位作为下游的控制水位建立水动力模型，区间加入葠窝水库库区断面、水利工程参数及日常调度形成可控制水工建筑物，对水动力模型进行完善。

太子河干流水系及断面位置如图 4-26 所示。

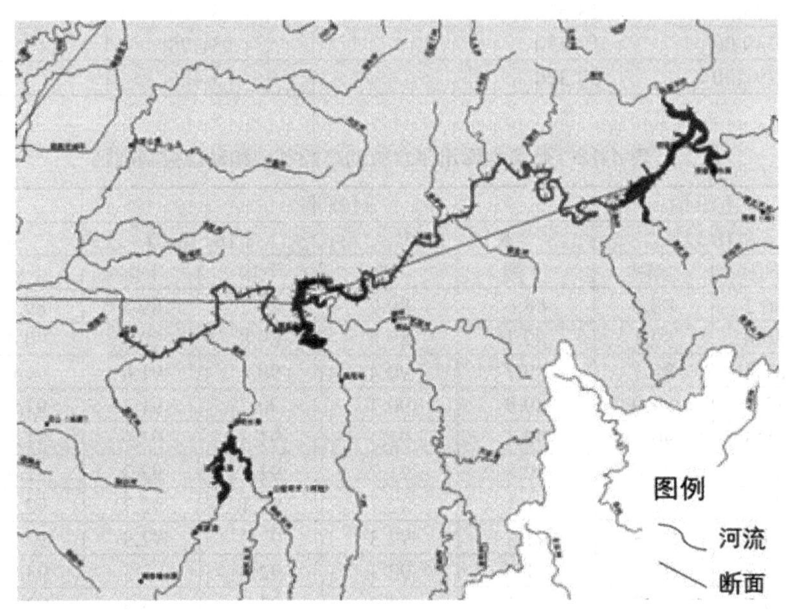

图 4-26 太子河干流及断面

1）参数敏感性分析。研究证实，河流水动力模拟对河床糙率比较敏感，河床糙率是表征河道底部和岸壁影响水流阻力的各种因素的综合系数。参考“十一五”水体污染与治理专项科研结果，确定太子河干流河床糙率为 0.021～0.032。

由于葠窝水库闸坝调度运行方式所涉及参数严格按照实际运行取值，敏感性参数本研究并无涉及，故不进行参数率定与验证工作。

2）参数率定。参数的率定即是寻找能使模拟值与观测值之间最一致的参数。通过模型的参数调节能够提高模型的模拟精度，使其与研究区的实际情况更相符。

选取 2002—2006 年全年实测逐日水位（唐马寨）、流量（小市）数据对模型进行率定与验证，选取具有代表的监测站模拟结果进行分析，二焦站、葠窝坝下站的实测月均流量和模拟流量结果对比如图 4-27、图 4-28 所示。

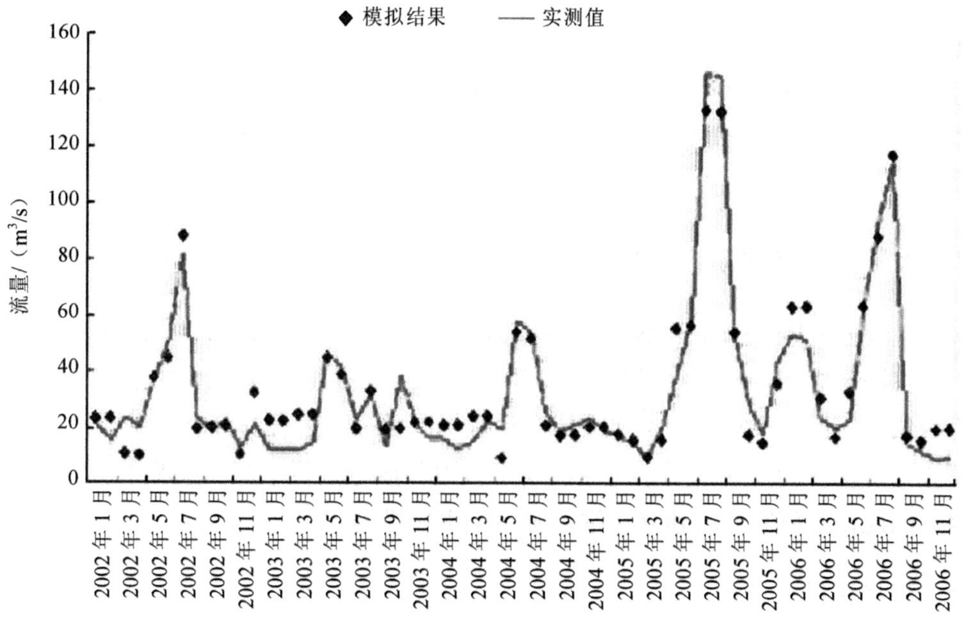

图 4-27　2002—2006 年二焦站实测径流与模拟结果对比

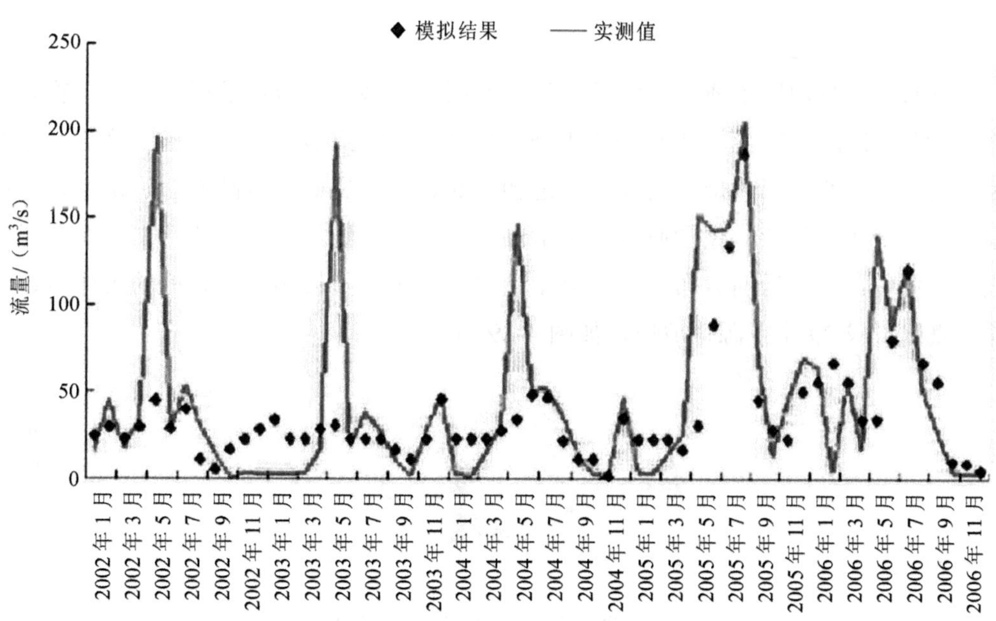

图 4-28　2002—2006 年葠窝坝下站实测径流与模拟结果对比

结果显示，流量模拟值与实测值的整体趋势一致。由于模型中未考虑水文模块，故区间无降雨输入，导致汛期径流量比实际值偏低；葠窝水库概化过程中，由于资料限制（无灌溉期调度方式）以及模型中闸坝模拟存在计算不稳定等问题，模拟结果与实测值稍有偏差，5 月下泄水量与实际值不符；但整体模拟效果是可以接受的，水动力学模型计算结果在现有资料情况下可进一步用于水质模拟。

4.3.3 太子河流域水质模型构建

采用 MIKE 11 的对流扩散模型（AD）模拟太子河流域水质现状。受资料、模型、技术等不确定因素影响，模拟结果精度存在一定偏差，但是从变化趋势上可以看出，模拟结果可以代表河流水质随时间、河段的变化特征，模拟结果合理可靠。

研究河段所在的浑太水系由于流经辽宁省中部城市群，主要污染源于工业废水和生活污水，因此，对研究河段建立一维点源污染水质模型。

4.3.3.1 建模资料

水质模型以水动力模拟为基础，故水动力建模所需资料不再赘述。

4.3.3.2 水质模拟与参数率定

（1）污染源概化

污染源概化是河网水质计算中较为复杂的问题，涉及排放口的概化和污染物负荷的概化，包括污水量、排污浓度与污染物类型。经调查，太子河流域工业企业大部分位于观—葠区间流域，主要是黑色金属冶炼及压延加工业、非金属矿物制品业、建筑业、专用设备制造业、金属制品业、化学原料及化学制品制造业、纺织业等产业。工厂企业通过管道或沟渠集中排污，沿河分布了数十个排污口，将小排量排污口向临近的大排量排污口合并，概化形成 29 个点源排放口，如图 4-29 所示。

图 4-29 太子河排污口概化

（2）特征污染物确定

根据太子河水系产业结构特征，考虑流域水环境污染现状，选择影响水功能区水质的主要污染物作为计算水域纳污能力的污染物。据 2005—2010 年监测结果显示，太子河干流诸水质断面水质状况未达标，本溪市境内水体达到中度污染或重度污染程度。经过“十一五”期间水体污染专项治理工作，2010—2014 年监测结果显示太子河干流水质明显好转，基本达到水体功能区水质要求，只有二焦监测断面污染较为严重，其中 COD 平均质量浓度为 16.14 mg/L，枯水期达到 17.10 mg/L；氨氮平均质量浓度为 1.57 mg/L，枯水期达到 2.26 mg/L。按照《地表水环境质量标准》（GB 3838—2002），氨氮质量浓度均属于Ⅴ类水质，枯水期达到劣Ⅴ类水质，是影响水功能区水质的主要污染物，所以选择氨氮为代表计算有机物的水环境容量。

（3）排污类型

由现有实际运行数据可知，污染物的排放类型为连续排放，概化为连续排放。

（4）参数率定

MIKE 11 的对流扩散模型（AD）参数主要包括扩散系数和衰减系数，分别表示稀释作用和自净作用的大小。参数值用常规水质监测站的监测值进行率定。2002—2006 年的实测排污与水质水量同步监测数据的完整性和可靠性较好，选作水质参数的率定年，与水动力保持一致的 2011 年作为验证年。

（5）扩散系数

参照第 4.2.3 节式（4-1）、式（4-2）关于扩散系数取值办法，选择太子河 2010 年水动力模型流速模拟结果进行计算，可得扩散系数见表 4-14。

表 4-14 2010 年太子河扩散系数计算结果 单位：m^2/s

<table>
<tr><th>河流里程/m</th><th>B/m</th><th>a</th><th>b</th><th>D</th></tr>
<tr><td>0.0</td><td>270.0</td><td>341.01</td><td rowspan="16">2.0</td><td rowspan="6">河流
5.0～20.0</td></tr>
<tr><td>7 555.0</td><td>100.0</td><td>102.73</td></tr>
<tr><td>22 400.0</td><td>300.0</td><td>444.79</td></tr>
<tr><td>56 230.0</td><td>300.0</td><td>470.52</td></tr>
<tr><td>68 362.0</td><td>150.0</td><td>186.76</td></tr>
<tr><td>75 000.0</td><td>200.0</td><td>131.18</td></tr>
<tr><td>87 000.0</td><td>600.0</td><td>501.28</td><td rowspan="4">库区
1.0～5.0</td></tr>
<tr><td>95 296.0</td><td>700.0</td><td>463.61</td></tr>
<tr><td>101 085.0</td><td>600.0</td><td>565.19</td></tr>
<tr><td>104 800.0</td><td>600.0</td><td>3 143.44</td></tr>
<tr><td>110 662.0</td><td>460.0</td><td>1 305.28</td><td rowspan="6">河流
5.0～20.0</td></tr>
<tr><td>124 488.0</td><td>271.0</td><td>740.02</td></tr>
<tr><td>143 298.0</td><td>404.0</td><td>622.93</td></tr>
<tr><td>160 523.0</td><td>66.0</td><td>65.33</td></tr>
<tr><td>180 193.0</td><td>123.0</td><td>165.14</td></tr>
<tr><td>216 765.0</td><td>1 013.6</td><td>4 559.66</td></tr>
</table>

（6）衰减系数

参照 4.2.3 节式（4-3）中关于衰减系数取值办法，参考经验取值，由模型对衰减系数的综合值进行简单模拟，太子河衰减系数见表 4-15。

表 4-15 衰减系数 k 率定结果 单位：d^{-1}

河段划分区间	COD	氨氮
小市至本溪	0.14	0.16
本溪至葠窝入库	0.12	0.14
葠窝水库库区	0.03	0.03
葠窝坝下至汤河入口	0.12	0.14
汤河入口至辽阳站	0.13	0.15
辽阳站至唐马寨站	0.12	0.14

4.3.3.3 模拟结果及合理性分析

由于监测数据以月作为单位，故模型以月为单位进行输出，选取 2002—2006 年全年二焦水质监测站 COD 和氨氮质量浓度逐月拟合结果进行分析。

1）模拟结果。率定期水质模拟的拟合情况如图 4-30、图 4-31 所示。

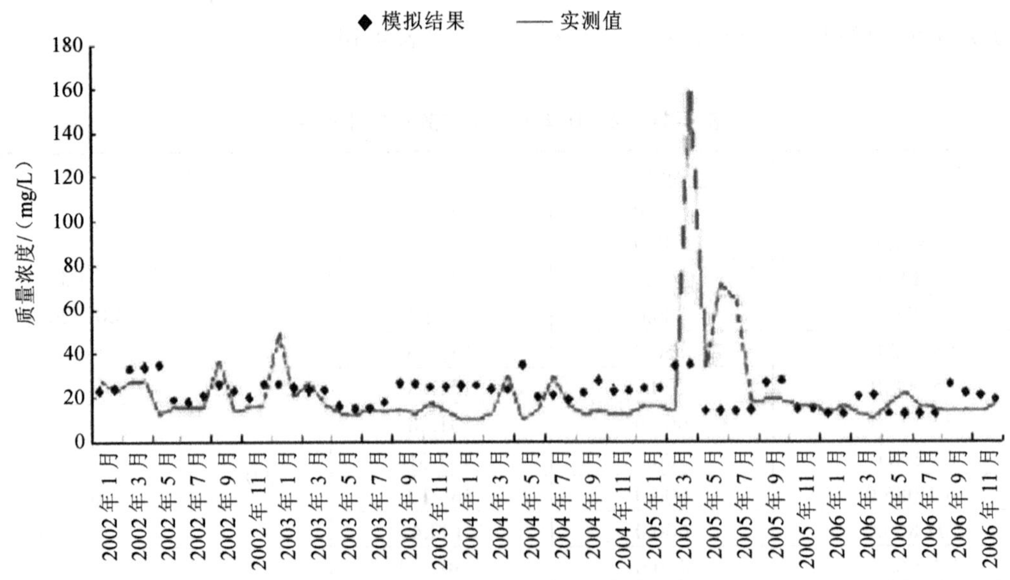

图 4-30 2002—2006 年二焦站 COD 质量浓度拟合结果

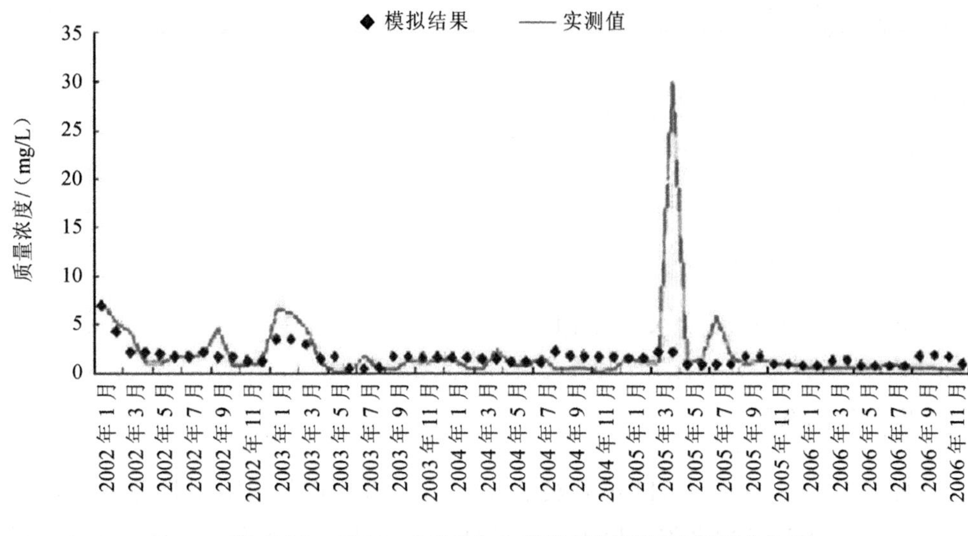

图 4-31 2002—2006 年二焦站氨氮质量浓度拟合结果

2）合理性分析。由图 4-30、图 4-31 可以看出，整体来说水质模拟效果良好。模拟污染物质量浓度比实测结果偏大，汛期差值更为明显，部分时段出现较大偏差，模拟结果远小于实测值。分析出现这种结果的原因可能有以下几点：

①水动力模拟过程中需要对葠窝水库进行概化，由于缺乏灌溉用水调度，不能准确模拟闸坝运行方式，从而影响水质模拟效果。

②水动力模型中没有加入水文模型，没有考虑区间来水情况，汛期降雨丰富，河道径流量比模型模拟结果偏高，有助于污染物稀释扩散，因此，水动力模型存在误差，致使 5 月灌溉期以及 6—8 月汛期的污染物模拟结果高于实测值。

③实际监测数据的粗略性和不确定性。污染物在水体中进行迁移、转化、衰减，其浓度值随时都在发生变化，因此对于每月一次的水质监测，无法系统地描述河道水质的变化，只能看出一个大致平均的状况。2005 年 2 月，在二焦监测断面分别取了左、中、右 3 个点进行水质监测，其值分别为 29.90 mg/L、1.08 mg/L、1.54 mg/L。可以看出在同一个断面污染物浓度相差都很大。因此，与水量模拟相比，水质模拟存在较大的不确定性。

④污染物入河在时空上具有波动性，本书将入河排污概化处理为连续均匀排放也对水质的模拟产生了一定的影响。

⑤ 2005 年 4 月水质监测值，COD 质量浓度为 159.40 mg/L、氨氮质量浓度为 29.90 mg/L，与模拟结果的 COD 质量浓度（35.16 mg/L）、氨氮质量浓度（2.25 mg/L）相距甚远，这可能是监测时段内企业偷排所致。

污染物在水体中受各方面因素制约导致衰减扩散过程不稳定，对于机理如此复杂的水质扩散衰减过程研究来说，水质模拟仍存在较大的困难。总体来说，本研究中的扩散系数是在经验公式计算结果的基础上进行修改率定，衰减系数参考了生态环境部环境规划院在《全国地表水水环境容量核定技术复核要点》(2004) 中对一般河道水质衰减系数提出的参考值，结合研究河段纬度较高、气温低的特点和由上游至下游依次属于Ⅱ-Ⅴ-Ⅱ类的整体水体水质状况，分段率定了河道和水库的衰减系数，所得值与要点推荐的参考值相差不大，说明成果具有一定的合理性。因此，认为模拟参数值能较好地反映河道水质扩散衰减的特征，模拟结果可以接受。

4.3.4 现状年太子河水量水质模拟

4.3.4.1 现状年的选取

统计观音阁水库1995—2013年天然来水量资料，并用皮尔逊Ⅲ型曲线进行频率分析，2011 年是“十二五”开局之年，属于正常偏枯水年，水质监测资料齐全、排污口的数据完整。此外，为了与浑河大伙房、浑河大闸进行水质水量联合调度，两河都将 2011 年定为现状年，数据具有代表性和时效性。

4.3.4.2 水动力模拟结果分析

将建立的水量水质模型应用于现状年。以年径流量为目标值，将模拟值与实际监测值进行对比，结果见表 4-16。

表 4-16 太子河各监测站年径流量对比 单位：亿 m^3

	本溪站	二焦站	辽阳站	唐马寨站
实际值	13.47	13.95	18.01	34.81
模拟值	11.46	12.01	15.23	28.11

由表 4-16 可知，本溪站、二焦站、辽阳站、唐马寨站的年径流总量误差分别为 14.92%、13.91%、15.43%、19.46%，模拟效果良好。其中唐马寨站径流误差较大，分析可知，有如下三点原因：

1）实际监测数据每两个月记录一次，不能代表月均河流流量；

2）河网水系概化处理过程中，只对太子河干流进行概化，没有考虑区间来水与取水，造成水量误差；

3）对葠窝水库进行概化处理过程中，受实测资料以及模型计算精度影响较大，导致下游唐马寨站误差累计。

径流模拟总体效果良好，可为水质模拟提供动力学基础。

4.3.4.3 水质模拟结果分析

分析2011—2014年水质监测数据可知，二焦站、辽阳站均存在水体污染严重现象，应作为重点水质改善断面进行分析。2011年二焦站、辽阳站污染物月均浓度模拟值与实测值对比如图4-32～图4-35所示。

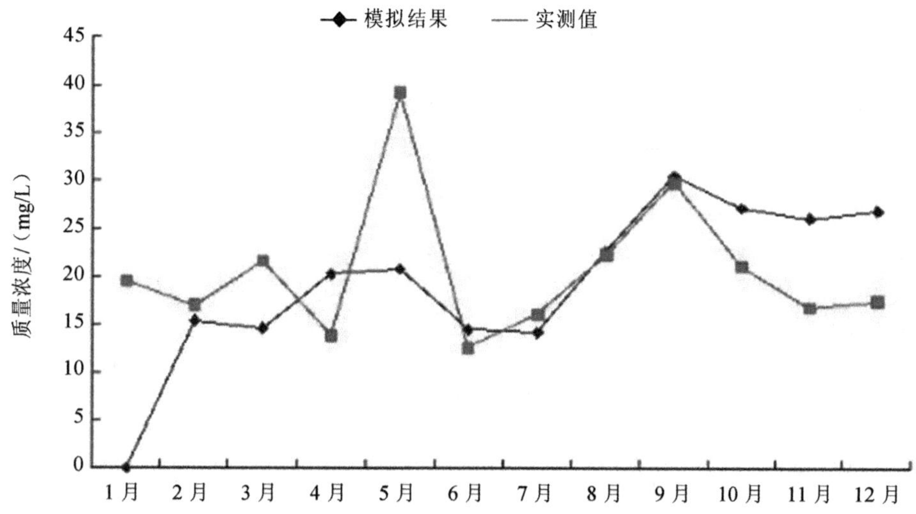

图4-32 2011年二焦站COD质量浓度模拟结果与实测值对比

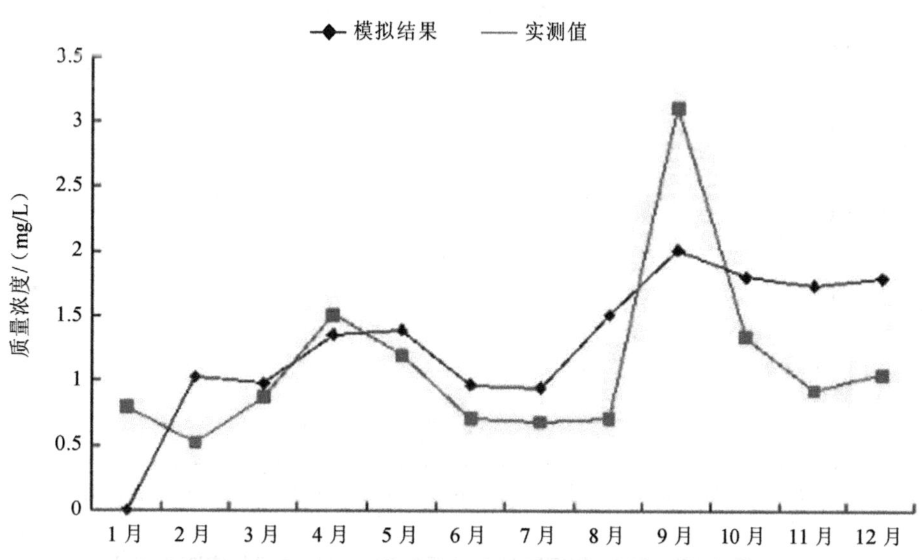

图4-33 2011年二焦站氨氮质量浓度模拟结果与实测值对比

由图 4-32、图 4-33 可知，二焦站两种特征污染物模拟结果均存在一定误差，并且误差出现时段与程度不同，主要是因为两种污染物的扩散衰减机理不同，故无法达到模拟趋势一致的效果。模拟结果与实测值变化趋势一致，数值误差小，模拟效果良好，可以看出丰水期（6—8 月）水质较好，枯水期（10—12 月）水质较差；年初 1 月模拟值为 0，由于模型计算起始值计算存在误差，这部分值可忽略。

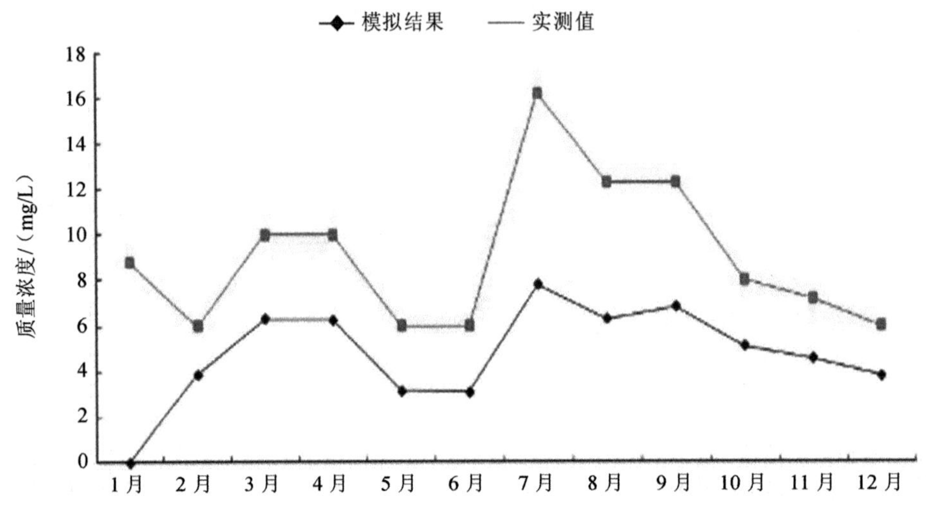

图 4-34　2011 年辽阳站 COD 质量浓度模拟结果与实测值对比

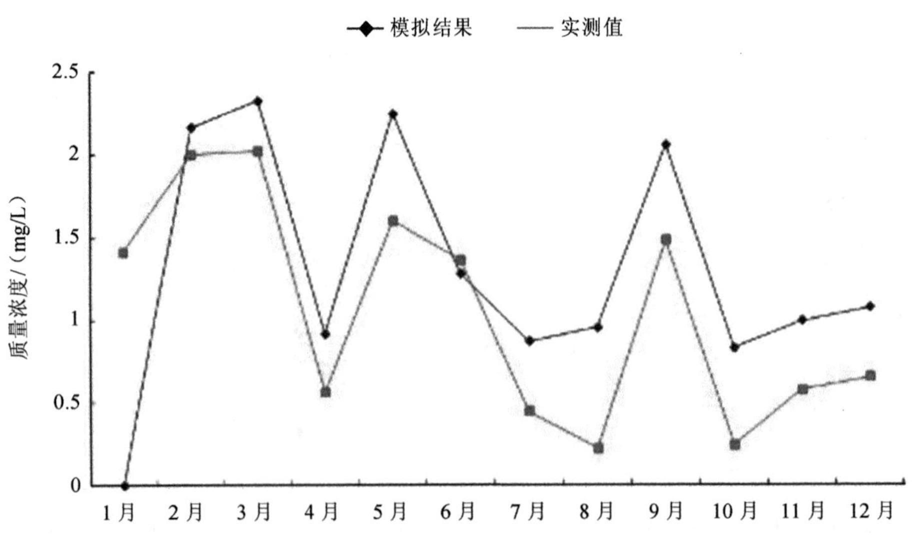

图 4-35　2011 年辽阳站氨氮质量浓度模拟结果与实测值对比

由图 4-34、图 4-35 可知，辽阳站两种特征污染物模拟结果依然存在一定误差，但总体变化趋势与实测值保持一致。COD 质量浓度实测值在汛期明显偏高，可能是监测时间内有污水集中排放所致，氨氮丰水期质量浓度低于枯水期浓度，与河流水质总体变化过程接近，模拟效果良好。

图 4-36、图 4-37 为污染物质量浓度分别在枯水期（4 月、10 月）和丰水期（7 月）的纵断面沿程变化曲线。葠窝入库最大污染物浓度出现在 10 月，最高值分别是氨氮质量浓度为 1.34 mg/L，COD 为 26.58 mg/L。可见河道径流量是制约枯水期水质提高的重要原因。

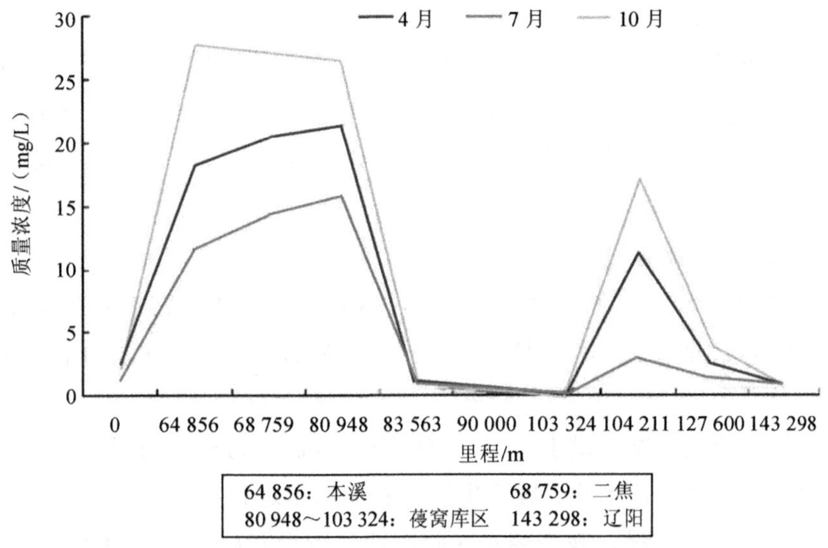

图 4-36 2011 年 COD 质量浓度沿程变化

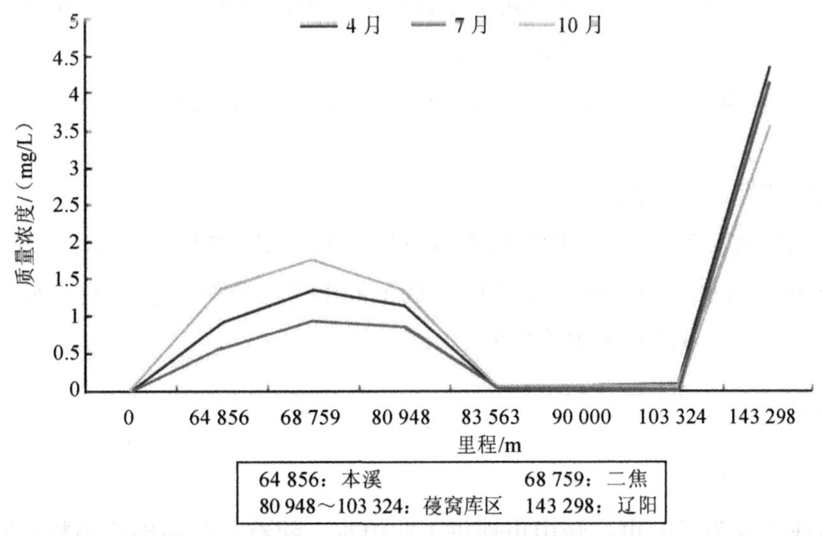

图 4-37 2011 年氨氮质量浓度沿程变化

4.4 浑太水系农业供用水规律分析

4.4.1 基本资料

4.4.1.1 观音阁水库

（1）城市生活与工业用水

观音阁水库通过河道为下游本溪市提供城市生活和工业用水，运行中没有进行单独区分，合并为一项供水。根据调查，同时考虑河道输水过程中的蒸发、渗漏损失，水库每年实际供水量约为 $1.60\times10^8\,m^3$。因此，对观音阁水库的工业及生活用水量按 $1.60\times10^8\,m^3$ 进行计算。

（2）农业与发电用水量

太子河流域的灌区分布在葠窝水库下游，观音阁水库本身没有直接供给农业用水量，当葠窝水库的农业用水量不足时，通过补充葠窝水库的水量间接为下游灌区提供农业用水。

观音阁水库以防洪和城市供水为主，兼顾发电效益。为充分利用水资源，水库放流主要通过发电机组，即结合工业、城市生活和农业用水进行发电。为了提高电站的发电效益，减少不必要下泄水量，观音阁水库除汛期外较少开启发电机组以外的泄流设备。当葠窝水库的农业用水不足时，观音阁水库补充葠窝水库的农业用水尽量不超过机组满负荷运行所需的水量。观音阁水库共有 4 台发电机组，装机容量 2.08×10^4 kW。其中，一台小机组全年运行，发电引水流量为 4.0～5.0 m^3/s，机组满负荷运行时最大引水流量约 50.0 m^3/s，即为了照顾电站的发电效益，观音阁水库的出库流量一般要求为 5.0～50.0 m^3/s。

（3）水库蒸发、渗漏损失

观音阁水库地质条件较好，库区没有永久性裂缝，水库渗漏量按每年损失 1.0 m 水头计算。根据观音阁水库的实际运行资料，水库多年平均蒸发、渗漏损失水量之和约为 $0.65\times10^8\,m^3$，以此作为计算采用的数据。

4.4.1.2 葠窝水库

（1）工业用水量

葠窝水库主要为辽阳市、鞍山市提供工业用水，随着产业结构的调整和发展规模的变化，不同的年份工业用水量略有变动。由于近期的工业用水量代表了该地区工业发展的现状，因此，葠窝水库的工业用水量采用近年工业用水的平均值。实际运行资料显示，葠窝水库近期工业用水总量约为 $1.12\times10^8\,m^3$。

（2）农业用水量

太子河流域内共有浑沙、灯塔、辽阳以及盘锦营口等13个大、中型灌区。灌区分布在辽阳、鞍山、营口等城市，灌溉水量主要来自上游水库放水和地下水井取水。可以看出，太子河流域的农业灌溉不再简单地以流域为界，灌溉水量的大小应结合其他流域综合考虑。当太子河流域的水库蓄水量不能满足农业用水要求时，需要从流域外（主要为大伙房水库）引水进行灌溉；当其他流域的农业用水紧张时，亦可从太子河流域进行引水。

太子河流域的灌区分布在葠窝水库下游，观音阁水库本身没有直接供给农业的水量，而处于支流上的汤河水库自1998年蓄水量全部用于工业和城镇生活，不再为农业供水。因此，太子河流域的农业灌溉用水主要通过葠窝进行下放，即太子河流域的农业用水也为葠窝水库的农业用水。

1995年观音阁水库建成后，葠窝水库的蓄水量已不能满足农业用水需求。观音阁水库每年需要向葠窝水库补充大量的农业用水，实际为观音阁和葠窝水库的联合供水调度。观音阁水库为补偿水库，具有多年调节能力，兴利库容 $13.85\times10^8\,m^3$；葠窝水库为被补偿水库，具有不完全年调节能力，兴利库容 $5.08\times10^8\,m^3$。从多年运行资料可知，观音阁水库的蓄水量很大程度上决定了葠窝水库农业供水量的大小。葠窝水库年灌溉水量在 7.30×10^8～$11.90\times10^8\,m^3$，变动范围较大，多年平均农业用水量为 $9.40\times10^8\,m^3$。

（3）发电用水量

葠窝水库以防洪和工农业供水为主，放水主要通过发电机组，并结合工业、农业用水进行发电。但在每年农田灌溉用水高峰时段（5月），需要加开溢洪道或底孔放流，以满足农业灌溉用水的需要。葠窝水库共安装5台发电机组，装机容量 4.46×10^4 kW，2台小机组全年运行，发电引水流量为4.0～5.0 m^3/s。

（4）水库蒸发、渗漏损失

由于库区存在节理裂缝，葠窝水库建成初期渗漏较为严重，经过处理后，水库的渗漏损失量大大降低。根据实际运行资料，葠窝水库近年来年蒸发、渗漏损失水量之和约为 $0.32\times10^8\,m^3$。

4.4.1.3 大伙房水库

（1）城市生活与工业用水

大伙房水库通过河道为下游的抚顺市、沈阳市提供城市生活和工业用水，运行中没有进行单独区分，合并为一项供水。根据调查，同时考虑河道输水过程中的蒸发、渗漏损失，水库每年实际供水量约为 $5.13\times10^8\ m^3$，因此，对大伙房水库的工业及生活用水量按 $5.13\times10^8\ m^3$ 进行计算。

（2）农业与发电用水量

大伙房水库主要为浑太河水系下游浑蒲、浑沙、盘锦、营口灌区提供农业用水，分别为浑沙、浑北等灌区提供农业用水 $2.96\times10^8\ m^3$，为盘锦、营口灌区提供农业用水 $2.24\times10^8\ m^3$。灌区分布在沈阳、营口、盘锦等城市，灌溉水量主要来自上游水库放水、浑河大闸引水和地下水井取水。可以看出，浑太河水系的农业灌溉不再简单地以流域为界，灌溉水量的大小应结合其他流域综合考虑。当太子河流域的水库蓄水量不能满足农业用水需求时，需要从大伙房水库引水进行灌溉；当本流域的农业用水紧张时，也可从其他流域（如太子河流域）进行引水。大伙房水库装机容量为 3.20×10^4 kW，设计年发电量为 6 940.0×10^4 kW·h，发电引水流量为 3.0～4.0 m^3/s。

（3）水库蒸发、渗漏损失

根据 1959—2013 年实际运行资料，大伙房水库近年来年蒸发、渗漏损失水量之和约为 $0.68\times10^8\ m^3$。

4.4.1.4 浑河闸

浑河闸位于浑河中下游，坐落于沈阳市铁西区和苏家屯区交界的后谟家堡村。浑河闸工程主体由拦河闸、浑沙和浑蒲灌区进水闸三大部分组成。其中拦河闸和浑蒲进水闸于 1958 年 9 月—1959 年 9 月建成，浑沙进水闸于 1963 年 9 月—1964 年 10 月建成。1998 年 9 月，对拦河闸消能工进行改建，闸基进行灌浆处理，改建工程于 1999 年 12 月完成。2005 年 4 月—2006 年 7 月，对拦河闸消能工进行二次改建，增加跌水两级消力池及钢筋混凝土防淘齿墙。

拦河闸为宽顶堰，孔高 8.2 m、宽 10.0 m，共 22 孔拦河闸。闸底板高程为 31.5 m，闸总宽 257.4 m。闸门为弧形钢闸门，高 4.0 m，宽 10.0 m，单扇闸门重量 7.7 t。其中拦河闸为一门一机固定卷扬式启闭机，启闭力为 2×50.0 kN。

浑沙、浑蒲进水闸为胸墙式，闸门高 2.0 m，宽 4.5 m，各 5 孔，闸底板高程为 33.0 m。浑沙、浑蒲进水闸配置固定卷扬式启闭机 10 台，单扇闸门重量 2.2 t，启闭力为 2×50.0 kN。

浑河闸既是大伙房水库下游灌溉用水控制骨干工程，也是沈阳城市防洪的出口控制节点，是浑河沈阳城市防洪体系的一个重要组成部分，制约着沈阳城市的防洪安全，担负着下游 80 余万亩农田的灌溉任务。因此，在进行浑太河流域水质水量联合调度工作时，需要将浑河闸作为重要考虑因素。

4.4.1.5 浑太水系

浑河水系和太子河流域（简称浑太水系）由浑河及太子河两大水系组成，多年平均降水量为750.0 mm，多集中在6—9月，占全年降水量的75.0%左右。流域内有观音阁、葠窝、汤河、大伙房4座大型水库，共同为抚顺、本溪、辽阳、沈阳、鞍山等5座城市提供城市生活及工业用水，并为辽宁省中部灌区提供农灌用水。

浑太水系流经的区域是辽宁省重要的粮食生产基地，水田面积达26万 hm^2，灌区主要分布在浑太河流域的中下游，如图4-38所示。浑河上建有大伙房水库，与观音阁水库和葠窝水库均为省属大型水利工程，由辽宁省水资源管理集团联合其他省属水库（清河水库、柴河水库等）管理者实施统一调度。流域内浑沙、盘锦、营口灌区由大伙房水库与葠窝水库分别进行农业供水，联合调度后可由两座水库联合供水，水量相互调剂余缺，实现水资源的优化配置，浑太河流域水库群、闸坝联合供水系统如图4-39所示。

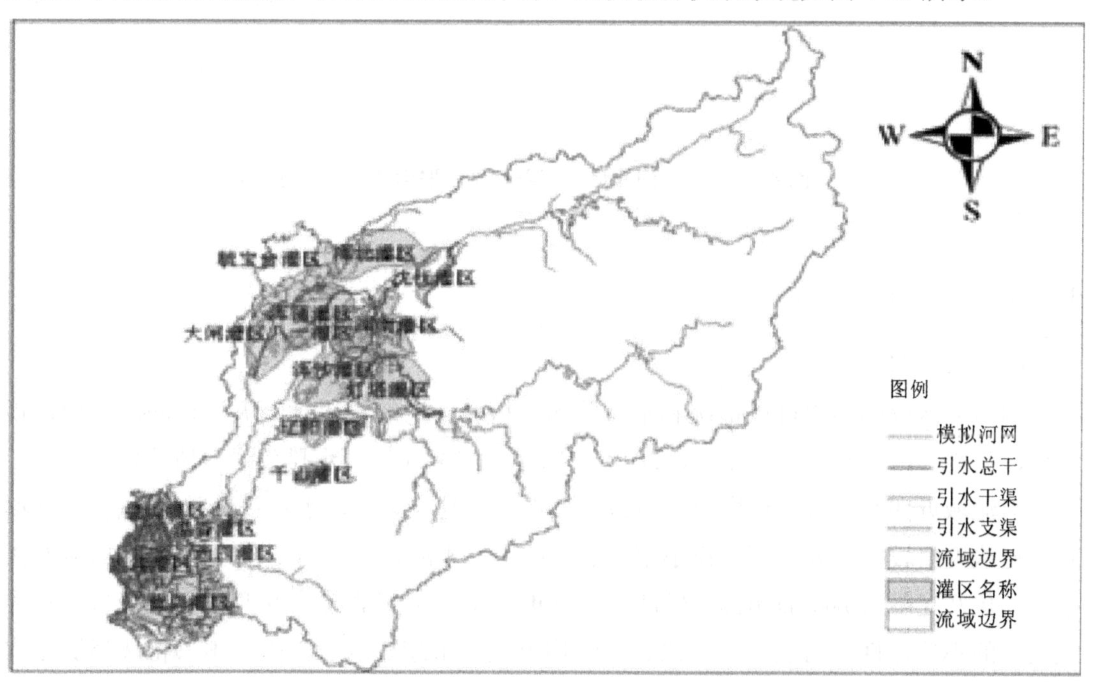

图4-38 浑太河流域主要灌区分布

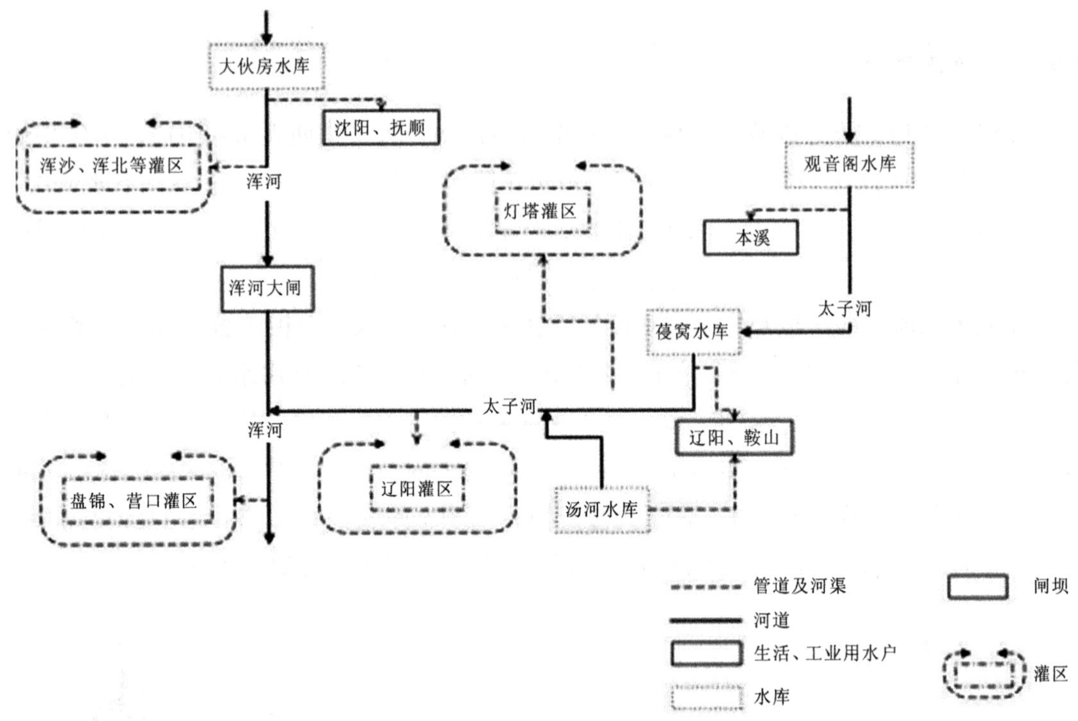

图 4-39 浑太河流域水库群、闸坝联合供水系统示意图

4.4.1.6 排污量

（1）太子河

由研究区内的污水排放情况和水质监测资料可知，经过“十一五”期间的专项治理工作，从废（污）水排放总量看，2010 年以后入河废（污）水排放量有所降低，体现了太子河流域近期水污染治理取得的成效。从水质监测成果看，水质评价常用指标中 COD 和氨氮浓度值较大，太子河所设小市、老官砬子、本溪、二焦、辽阳 5 个水质监测断面中，二焦及辽阳监测断面超标比较严重，COD 仅在二焦监测断面出现严重超标现象，存在较大的不确定性，而氨氮在二焦、本溪均出现严重超标现象，因此本书将选择氨氮作为主要特征污染物进行计算。经过统计分析，2011 年为“十二五”研究规划期间正常偏枯年份，综合以上各方面因素，选取 2011 年污水排放量和氨氮排放量作为本书污染物的基准值，可以较好地代表研究河段近期的污染状况。

（2）浑河

辽浑太水系的 4 条主干河流中，浑河水质污染比较严重，根据研究区内的污水排放情况和水质监测资料可知，各年度 COD 和氨氮排放量位居前列。通过“十一五”河流水质治理工作，浑河水体质量明显提高，2007 年、2008 年污染物浓度保持在较低水平。统计分析 2010 年之后水质监测成果，水质评价常用指标中 COD 和氨氮浓度值仍较大，浑河所设置的大伙房、东洲、抚顺、沈阳等水质监测断面超标严重，因此本书选择氨氮、COD 作为主要特征污染物进行计算。经过统计分析，2011 年为“十二五”期间正常偏枯年份，且现状年的选取应与太子河一致，为后期浑太水系水库群与闸坝水质水量联合调度提供研究对象，综合以上各方面因素，选取 2011 年污水排放量和氨氮、COD 排放量作为本书污染物的基准值，可以较好地代表研究河段近期的污染状况。

4.4.2 浑太水系农业用水量分析

一定地区一定农作物在生长期的总需水量可以认为是不变的，但不同年份由于降水量不同，灌溉定额也不一样。一般来说，年降水量越大，年径流量越丰，则灌溉定额就越小，即灌溉定额与年径流量存在负相关关系。从供水角度分析，水库灌溉期的蓄水量越大，则农业供水能力越强。另外，水库运行后兴利任务也会发生相应改变，因此，应结合水库的实际运行资料，深入研究水库的农业供水规律，充分发挥观音阁水库和葠窝水库以及大伙房水库的供水能力，进而实现库群联合的综合供水效益。

4.4.2.1 葠窝水库农业用水规律

太子河流域的灌区分布在葠窝水库下游，观音阁水库并不直接为下游提供农业用水。此外，汤河水库的蓄水量全部用于工业和城镇生活，不再为农业供水，则葠窝水库的农业用水量即为太子河流域下游灌区的农业用水量，以下统称葠窝水库的农业用水。

1995 年观音阁水库建成后，葠窝水库的自身蓄水已不能满足农业用水需求，需要观音阁水库予以补充。因此，应根据观音阁水库建成后的 2001—2014 年资料分析葠窝水库的农业供水规律。由于葠窝水库的农业用水与其他省属水库（主要为浑河的大伙房水库）实施联合调度，不再以流域为界，因此增加了葠窝水库农业用水量确定的复杂性。在分析太子河流域内水库农业用水的基础上，应进一步结合浑太河水系大伙房水库的运行资料进行整体分析。

太子河流域内水库年径流量、水库供水初期蓄水量以及下游灌区的降水量对农业用水有较大影响，因此分别分析了这些因素与农业用水量之间的关系，如图 4-40～图 4-42 所示。太子河流域农业灌溉一般从每年 4 月下旬开始，考虑到 4 月份用水量很小，故利用水库 5 月初的蓄水量进行分析。下游灌区的降水量采用具有代表性的辽阳、大东山堡、唐马寨和邢家窝棚 4 个水文站的雨量平均值。

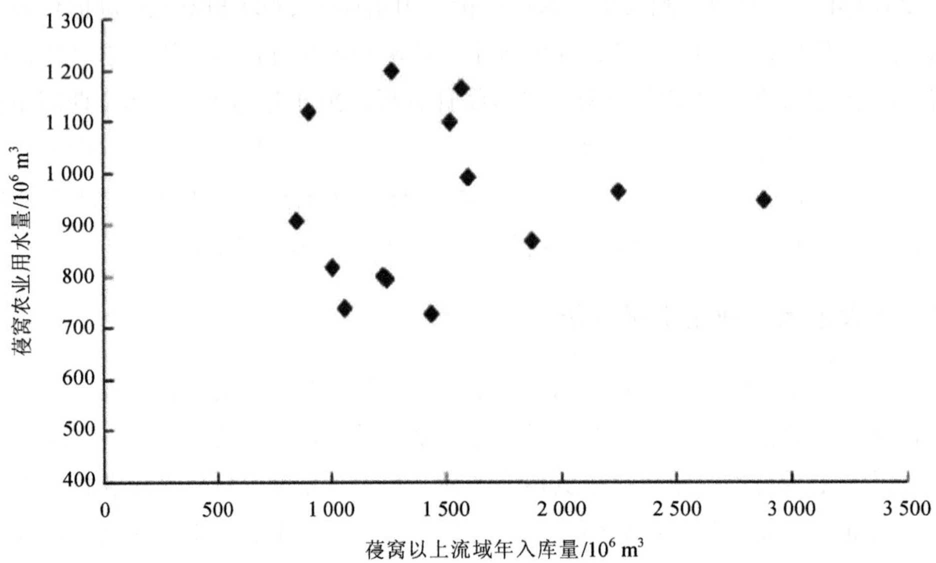

图 4-40　葠窝水库年径流量与农业用水量关系

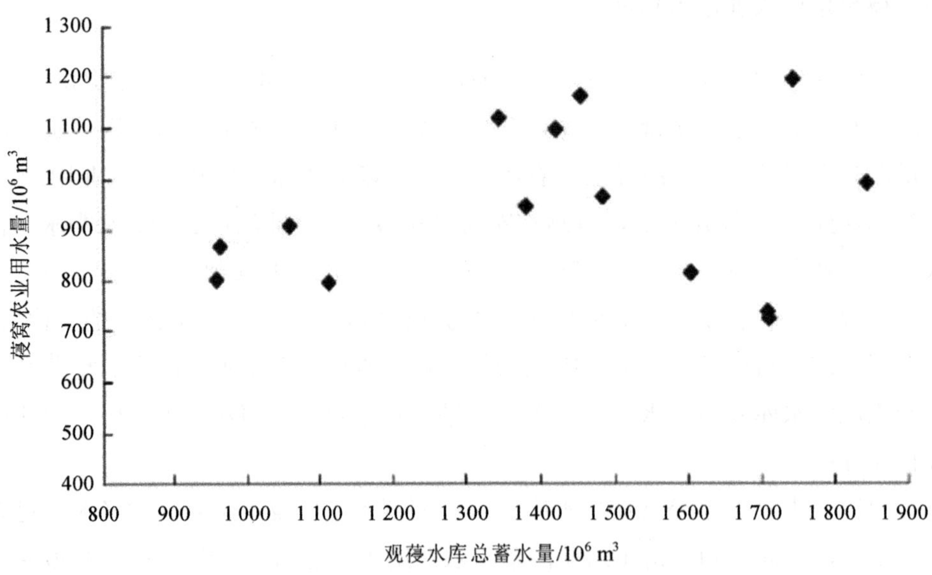

图 4-41　观音阁水库和葠窝水库总蓄水量与农业用水量关系

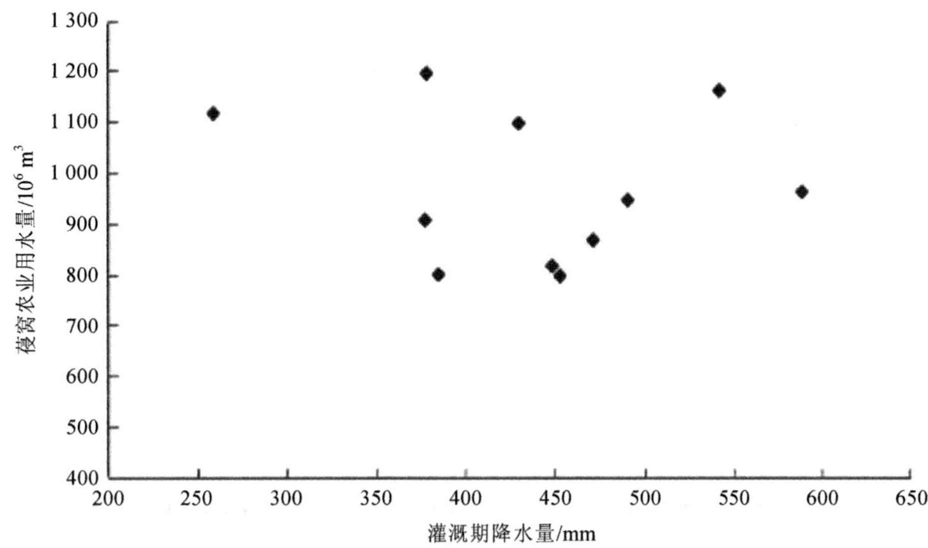

图 4-42 下游灌区灌溉期降水量与农业用水量关系

通过图 4-40～图 4-42 可以看出，单独分析太子河流域水库年径流量、水库蓄水量以及灌区降水量与农业用水量之间的关系，效果并不显著。主要原因是在灌溉期观音阁水库和葠窝水库的农业用水量与浑河大伙房水库实施联合调度，通过流域间的调水相互补充余缺。

4.4.2.2 大伙房水库农业供水规律

浑太水系的灌区分布在大伙房水库下游，区间再无供水水库提供农业用水，因此大伙房水库的农业用水量即为浑太水系下游灌区的农业用水，以下统称大伙房水库的农业用水。

大伙房水库建库时间较长，保留有大量历史资料，本书选取 1990—2013 年资料分析大伙房水库的农业供水规律。分析发现，浑太河流域大伙房水库的农业用水与其他省属水库（主要为葠窝水库）实施联合调度，不再以流域为界，增加了大伙房水库农业用水量确定的复杂性。

由于浑太水系内水库年径流量、水库供水初期蓄水量对农业用水有较大影响，因此分别分析了这些因素与农业用水量之间的关系，如图 4-43、图 4-44 所示。浑太水系农业灌溉一般从每年 5 月初开始，故利用水库 5 月初的蓄水量进行分析。下游灌区的降水量采用具有代表性的小林子、大东山堡、唐马寨和邢家窝棚 4 个水文站的雨量平均值。

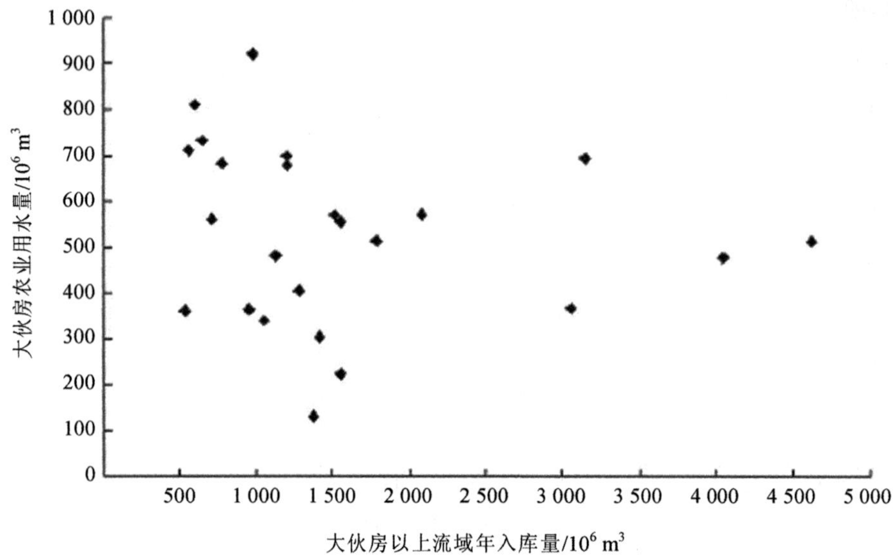

图 4-43 大伙房水库年径流量与农业用水量关系

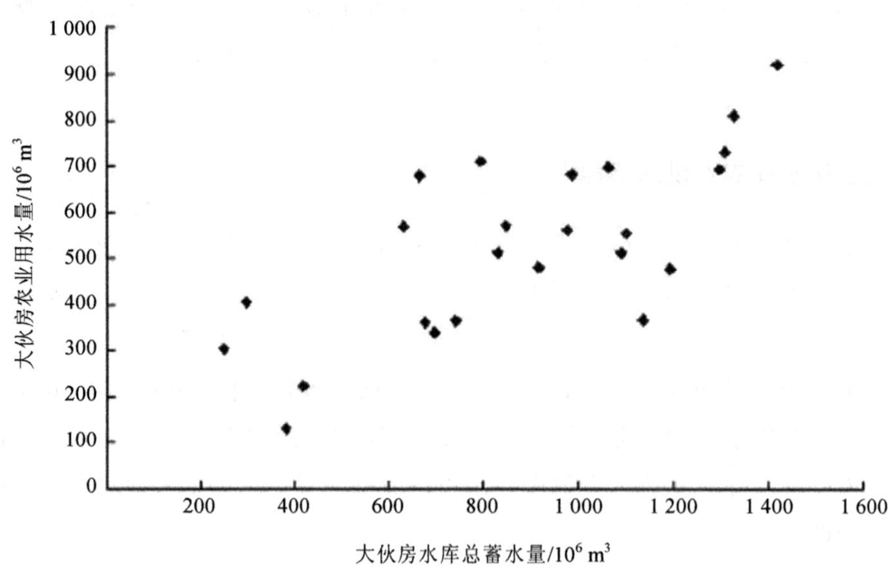

图 4-44 大伙房水库总蓄水量与农业用水量关系

通过图 4-43、图 4-44 可以看出，单独分析浑太水系水库年径流量、水库蓄水量的关系，效果并不显著。主要原因与上一节相同，在灌溉期大伙房水库的农业用水与太子河观音阁水库和葠窝水库实施联合调度，通过流域间的调水相互补充余缺。

4.4.2.3 浑太水系内农业用水总量分析

由以上研究成果可知，大伙房水库与葠窝水库单独进行分析时农业供水规律不明显，因为在实际供水过程中两座水库实施联合调度实现水资源优化配置，因此，应对浑太水系内的农业用水量进行整体分析。

浑太河流域观音阁水库、葠窝水库和大伙房水库的农业用水总量与水库蓄水量以及年径流量之间的关系分别如图 4-45、图 4-46 所示。

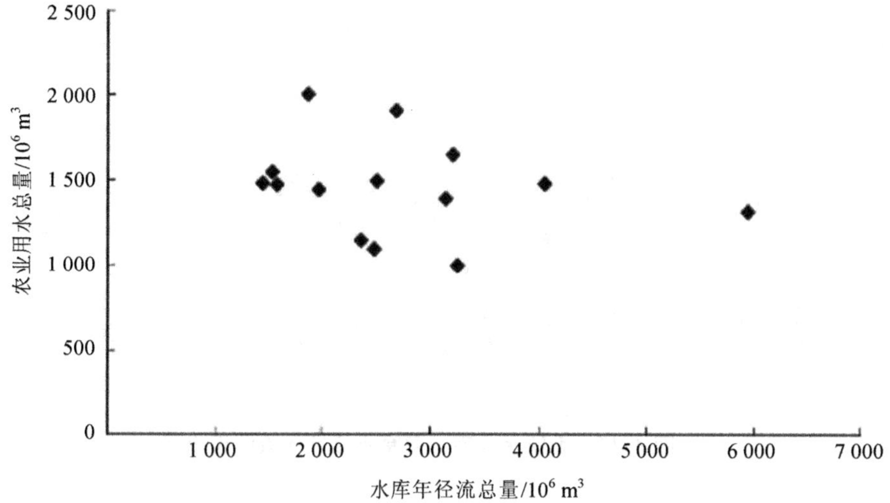

图 4-45 浑太河流域水库总蓄水量与农业用水总量关系

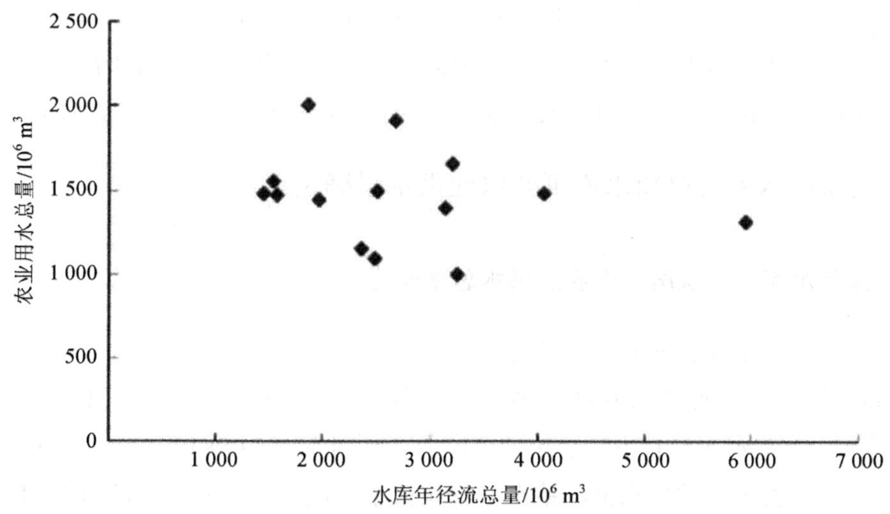

图 4-46 浑太河流域水库年径流总量与农业用水总量关系

从图 4-45、图 4-46 可以看出，对观音阁水库、葠窝水库和大伙房水库 3 座水库进行整体分析，浑太河流域的农业用水量与水库灌溉期初的蓄水量呈正相关，并且相关关系比较显著；与水库年径流量呈负相关趋势，符合以灌溉为主的综合利用水库的一般规律。

1996—2009 年葠窝水库和大伙房水库的农业用水过程如图 4-47 所示。

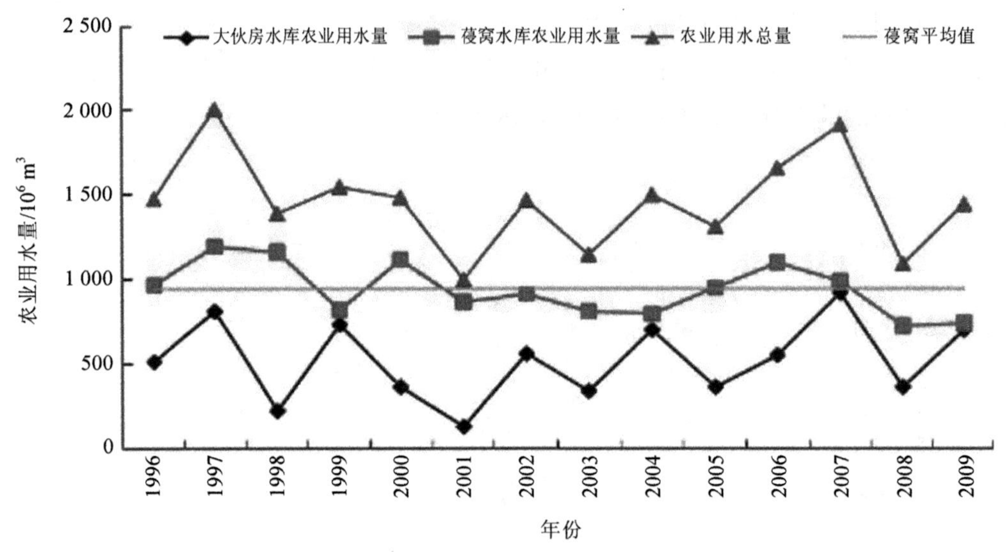

图 4-47 大伙房水库、葠窝水库逐年农业用水量

从图 4-47 可以看出，大伙房水库的农业用水量变化幅度较大，与浑太河流域的农业用水总量趋势一致；而葠窝水库的农业用水量比较稳定，在多年平均值附近变化。通过对资料的进一步分析发现，葠窝水库农业用水量在平均值附近的波动（即水库加大或减少供水）主要受观音阁水库和大伙房水库灌溉期初蓄水量的影响。当观音阁水库蓄水少时，葠窝水库减少农业供水；当大伙房水库蓄水少时，葠窝水库相应加大农业供水。

4.4.3 大伙房水库与葠窝水库可变农业供水量确定

4.4.3.1 葠窝水库、大伙房水库农业供水总量确定

（1）葠窝水库年农业供水总量确定

观音阁水库和大伙房水库具有多年调节能力，兴利库容分别为 13.85×10^8 m^3 和 12.96×10^8 m^3。葠窝水库具有不完全年调节能力，兴利库容 5.08×10^8 m^3。由于葠窝水库在灌溉初期一般可蓄至正常高水位，蓄水量变化很小，因此，葠窝水库的农业用水量受观音阁水库和大伙房水库当前蓄水量的影响较大。按照相关文献中划分年径流等级的方法，对观音阁水库和大伙房水库的蓄水量进行三级划分，见表 4-17。

表 4-17 观音阁水库和大伙房水库蓄水量等级划分 单位：$10^6 m^3$

级别	分级标准	观音阁	大伙房
偏多	$V>\bar{V}+0.7S$	V>1 100	V>1 150
正常	$\bar{V}-0.7S\leqslant V\leqslant\bar{V}+0.7S$	600≤V≤1 100	700≤V≤1 150
偏少	$V<\bar{V}-0.7S$	V<600	V<700

表 4-17 中，V 为水库灌溉期初的蓄水量；$\bar{V}$ 为水库灌溉初期多年平均蓄水量，观音阁水库和大伙房水库的平均蓄水量分别为 $8.7\times10^8 m^3$ 和 $9.5\times10^8 m^3$；S 为水库蓄水量系列均值的无偏估计。

在保证葠窝水库多年平均农业用水量不变的前提下，根据观音阁水库和大伙房水库灌溉期初的实际蓄水状况，可以确定葠窝水库的农业供水量大小，具体过程见表 4-18。

表 4-18 葠窝水库农业供水量确定方式

观音阁库容	大伙房库容		
	>1 150	[700，1 150]	<700
>1 100	+1.5	$\bar{X}$	+1.5
[600，1 100]	−1.2	$\bar{X}$	+1.5
<600	−1.2	−1.2	−1.2

表 4-18 中，$\bar{X}$ 为葠窝水库多年平均农业用水量 $9.4\times10^8 m^3$；+1.5 表示水库比平均值加大供水 $1.5\times10^8 m^3$；−1.2 表示水库比平均值减少供水 $1.2\times10^8 m^3$。

从表 4-18 可以看到，当观音阁水库蓄水偏多而大伙房水库为正常水平时，观音阁水库并没有增加农业用水量，即充分利用大伙房水库为下游提供农业用水，与实际情况一致；当观音阁水库和大伙房水库的蓄水量都偏多时，观音阁水库加大供水量，表明具有为下游或其他地区加大供水的能力。根据以上方式确定的葠窝水库农业供水量如图 4-48 和表 4-19 所示。

从图 4-48 和表 4-19 可以看出，在综合考虑观音阁水库和大伙房水库灌溉期初蓄水量的基础上，确定的葠窝水库供水量与实际基本一致，仅 2008 年和 2009 年比实际值偏大，约为 $2.0\times10^8 m^3$，偏于安全。2008 年观音阁水库和大伙房水库的蓄水量分别为偏多和正常水平，同时径流量偏少，但农业用水总量却很小，接近 2001 年的最小值。2009 年大伙房水库的农业供水量相对较大，导致葠窝水库的农业供水量有所降低。

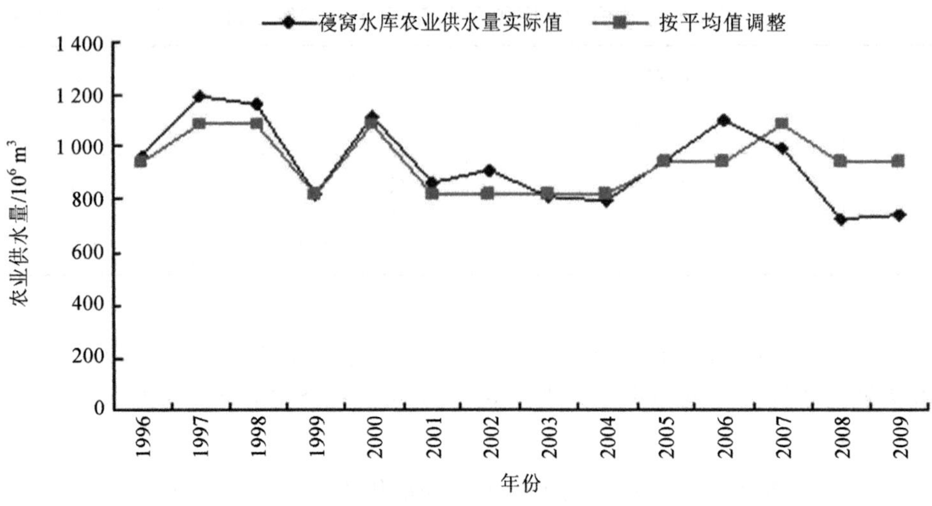

图 4-48 葠窝水库农业供水过程比较

表 4-19 葠窝水库农业供水量与实际值比较 单位：10^6 m^3

年份	实际农业供水	按平均值调整	差值
1996	965	940	−25
1997	1 196	1 090	−106
1998	1 164	1 090	−74
1999	817	820	3
2000	1 119	1 090	−29
2001	867	820	−47
2002	908	820	−88
2003	808	820	12
2004	798	820	22
2005	947	940	−7
2006	1 099	940	−159
2007	992	1 090	98
2008	728	940	212
2009	741	940	199

（2）大伙房水库年农业供水总量确定

浑太河流域大伙房水库与葠窝水库联合调度进行农业供水，相互补充盈缺。根据葠窝水库变动灌溉水量确定大伙房水库供水量，表 4-19 中，$\bar{X}$ 为葠窝水库多年平均农业用水量 9.4×10^8 m^3；+1.5 表示葠窝水库比平均值加大供水 1.5×10^8 m^3，相应的大伙房水库比

平均值减少供水 $1.5\times10^8\,m^3$；同理，−1.2 表示葠窝水库比平均值减少供水 $1.2\times10^8\,m^3$，相应的大伙房水库比平均值加大供水 $1.2\times10^8\,m^3$。

根据以上方式确定的大伙房水库农业供水量见表 4-20。

表 4-20 大伙房水库农业供水量与实际值比较 单位：$10^6\,m^3$

年份	实际农业供水	按平均值调整	差值
1996	512.96	537.96	25.0
1997	810.26	916.27	106.0
1998	222.66	296.66	74.0
1999	732.24	729.24	−3.0
2000	360.88	389.88	29.0
2001	130.73	177.73	47.0
2002	561.16	649.16	88.0
2003	339.25	327.25	−12.0
2004	698.21	676.21	−22.0
2005	366.80	373.80	7.0
2006	555.11	714.11	159.0
2007	920.35	822.35	−98.0
2008	364.18	152.18	−212.0
2009	682.64	483.64	−199.0

从表 4-20 可以看出，在满足葠窝水库农业变动供水的基础上，确定的大伙房水库供水量与实际基本一致，仅 2008 年和 2009 年比实际值偏小，约 $2.0\times10^8\,m^3$，偏于安全。

4.4.3.2 灌溉期农业用水过程确定

（1）葠窝水库

葠窝水库灌溉期各时段的农业用水量，按照近期农业用水比例的平均值确定，见表 4-21。可见，5 月、6 月泡田和分蘖时期为农业用水的高峰期，需要水库为下游提供充足的灌溉水量。

表 4-21 葠窝水库近年各时段农业用水比例平均情况 单位：%

4 月下旬	5 月	6 月	7 月上旬	7 月中旬	7 月下旬	8 月上旬	8 月中旬	8 月下旬	9 月上旬
0.69	61.76	24.63	6.73	1.52	1.75	0	1.03	1.64	0.24

（2）大伙房水库

大伙房水库灌溉期各时段的农业用水量，按照近期农业用水比例的平均值确定，见表 4-22。可见，5 月、6 月泡田和分蘖时期为农业用水的高峰期，需要水库为下游提供充足的灌溉水量。

表 4-22 大伙房水库近年各时段农业用水比例平均情况 单位：%

4 月下旬	5 月	6 月	7 月上旬	7 月中旬	7 月下旬	8 月上旬	8 月中旬	8 月下旬	9 月上旬
0.69	61.76	24.63	6.73	1.52	1.75	0	1.03	1.64	0.24

4.5 基于环境流量保障的浑太水系水库群与水闸联合调度研究

4.5.1 河道最小生态需水量

最小生态流量即为维持河流基本形态和基本生态功能分区、分期的最小生态需水量。“十一五”期间确定的浑河、太子河分区、分期河流最小生态需水量合理可靠，可作为本研究提供基础数据支撑，见表 4-23、表 4-24。

表 4-23 “十一五”时期太子河干流最小生态需水量成果 单位：m^3/s

月份	小市	本溪	葠窝	辽阳	唐马寨
1	2.96	4.34	6.13	6.13	9.36
2	2.96	4.34	6.13	6.13	8.76
3	4.74	5.88	8.87	8.87	11.75
4	12.10	16.11	16.36	16.36	18.41
5	14.43	21.52	28.64	28.64	36.08
6	12.97	21.57	28.00	28.00	35.59
7	15.17	27.15	30.11	30.11	44.03
8	19.01	30.59	36.34	36.34	49.56
9	11.99	19.20	24.44	24.44	34.66
10	9.39	13.89	14.95	15.75	21.75
11	8.27	10.56	11.07	12.16	16.61
12	4.16	4.97	4.55	5.09	14.94
平均	9.86	15.01	17.97	18.17	25.13
生态需水量/亿 m^3	3.06	4.67	5.59	5.65	7.81

表 4-24 “十一五”时期浑河干流最小生态需水量成果 单位：m^3/s

月份	抚顺	沈阳	邢家窝棚
1	5.77	6.41	7.96
2	5.77	6.41	7.96
3	5.77	6.41	7.96
4	8.58	9.76	11.85
5	6.36	7.0	8.78
6	16.25	11.96	14.51
7	16.45	36.22	45.41
8	22.10	48.67	61.03
9	14.59	16.60	20.14
10	9.51	14.00	10.50
11	7.50	10.38	6.39
12	5.77	6.41	7.96
平均	10.37	15.02	17.54
生态需水量/亿 m^3	3.27	4.74	5.53

4.5.2 浑太河流域生态供水联合调度方案

（1）研究目标

在大伙房水库、观音阁水库以及葠窝水库设计供水量已全部为城市生活及工业用水分配完毕的情况下，充分利用现有水库及跨流域调水工程，利用现阶段水库设计供水能力与实际供水量的差值，在农业供水耦合调度的基础上供应浑河、太子河干流河道生态用水。

（2）水库群联合调度技术路线

首先，选取现状年作为研究对象，按照本书第 4.4.2 节中浑太水系农业用水规律相关内容，同时依据第 4.5.1 节浑太河干流河道最小生态流量的原则，将大伙房水库与葠窝水库农业供水量重新进行分配；其次，按照河流水质污染状况，确定 3—4 月和 10—11 月的枯水期为水质重点改善期。由此，确定水库群联合调度方案。

1）现状年的选取。统计大伙房水库 1959—2014 年天然来水量资料，并用皮尔逊III型曲线进行频率分析，认为本方案经略微调整后可适用于浑太河流域一般年份。

2）水库农业供水量的确定。2011 年大伙房水库、观音阁水库和葠窝水库天然来水量分别为 $11.25\times10^8\,m^3$、$8.03\times10^8\,m^3$ 和 $20.56\times10^8\,m^3$，大伙房水库、观音阁水库和葠窝水库农业计划供水量分别为 $4.80\times10^8\,m^3$、$2.62\times10^8\,m^3$ 和 $6.59\times10^8\,m^3$，其中浑太河流域下游的营口、盘锦灌区由大伙房水库和葠窝水库联合调度补给。

3）水库农业供水量逐时段分配过程。依据第 4.4.2 节农业用水过程确定成果，结合灌区实际插秧时间以及水库机组满发流量限制，确定大伙房水库、观音阁水库和葠窝水库农业供水过程，见表 4-25。

表 4-25 浑太水系水库农业供水过程

水库名称	供水信息	4 月	5 月	6 月	7 月	8 月	9 月
大伙房水库	分配系数/%	0.25	62.76	24.63	10.00	2.67	0.12
	供水流量/（m^3/s）	0.46	112.40	45.61	17.92	4.78	0.22
观音阁水库	分配系数/%	1.65	45.31	27.90	16.20	8.10	0.93
	供水流量/（m^3/s）	1.67	44.32	28.20	15.84	7.92	0.94
葠窝水库	分配系数/%	1.65	45.31	27.90	16.20	8.10	0.93
	供水流量/（m^3/s）	1.09	37.86	13.39	7.68	1.33	0.61

（3）水库群联合调度规则

通过浑太水系农灌耦合，建立水库群联合调度规则，在枯水期（3 月上旬至 4 月下旬；9 月下旬至 11 月下旬）和冰冻期（12 月上旬至次年 2 月下旬）补充河道生态用水；5 月上旬至 7 月上旬为灌溉期，水库通过河道为农业灌溉供水的同时补充河道生态用水；7 月中旬至 9 月中旬为汛期，河道天然径流量大于生态用水量，不需要水库补充生态用水。

（4）调度方案

调度运行中，遵循“在满足水库防洪要求基础上，保障工业与生活用水，合理配置水资源，尽可能减小弃水”的原则。在 2011 年年初水库蓄水量以及天然来水量基础上进行水量重新分配，保持水库工业及生活供水量不变，提出建立在农业供水耦合基础上的最小生态泄流方案，使得 2012 年年初水库蓄水量与实际值趋于一致。

1）大伙房水库调度方案。遵循“蓄丰补枯”的原则，合理调节水库年水量分配过程，在保障水库水位要求的前提下，减少 1—2 月冰冻期下泄水量，保障 3—4 月河流解冻时期污水团稀释所需的下泄水量；9 月汛后期蓄水至水库正常蓄水位后开闸放水，满足 10—11 月枯水期河流生态需水量。大伙房水库调度方案与月均实际下泄水量见表 4-26。

表 4-26 大伙房水库调度方案——泄水量 单位：m^3/s

月份	1	2	3	4	5	6	7	8	9	10	11	12
实际	61	109	4	31	173	61	76	34	65	19	25	31
方案	40	55	45	45	190	65	60	45	46	30	30	30

由表 4-26 可知，调度方案中水库出库水量为 $17.97\times10^8\,m^3$，实际出库水量为 $18.01\times10^8\,m^3$，2012 年年初水库蓄水量基本保持不变。与现状调度方式相比，枯水期增加补充生态用水量约为 $2.0\times10^8\,m^3$。

2）观音阁水库调度方案。太子河流域的灌区分布在葠窝水库下游，观音阁水库本身没有直接供给农业的水量，当葠窝水库的农业用水量不足时，需通过补充葠窝水库的水量间接为下游灌区提供农业用水。

对观音阁水库进行生态调度，主要是改善观葠区间河流水质，在 5 月为葠窝水库补充农业用水的同时也为河道补充生态水量，6—8 月下旬汛期河道天然径流量大于生态用水量，因此枯水期为重点改善时段，由此确定的观音阁水库调度方案见表 4-27。

表 4-27 观音阁水库调度方案——泄水量 单位：m^3/s

月份	1	2	3	4	5	6	7	8	9	10	11	12
实际	31	43	46	26	25	47	48	20	8	14	15	18
方案	32	32	44	44	43	27	35	15	15	20	20	20

由表 4-27 可知，调度方案中水库出库水量为 $8.87\times10^8\ m^3$，实际出库水量为 $8.88\times10^8\ m^3$，2012 年年初水库蓄水量基本保持不变。

3）葠窝水库调度方案。减少冰冻期 1—2 月泄水量，用以增加 3—4 月泄水量，满足枯水期稀释水量要求，葠窝水库调度方案与月均实际下泄水量见表 4-28。

表 4-28 葠窝水库调度方案——泄水量 单位：m^3/s

月份	1	2	3	4	5	6	7	8	9	10	11	12
实际	61	109	8	35	172	61	76	87	65	20	25	30
方案	32	32	60	60	180	63	110	47	47	49	40	31

由表 4-28 可知，调度方案中水库出库水量为 $19.83\times10^8\ m^3$，实际出库水量为 $19.61\times10^8\ m^3$，2012 年年初水库蓄水量基本保持不变。

4.5.3 水库群与闸坝联合调度方案

4.5.3.1 闸坝调度技术路线

（1）浑河闸现状调度方式

浑河闸既是大伙房水库下游灌溉用水控制骨干工程，也是沈阳城市防洪的出口控制节点，是浑河沈阳城市防洪体系的一个重要组成部分，制约着沈阳城市的防洪安全，担负着下游 80 余万亩农田灌溉任务。浑河闸汛期（6 月中旬至 9 月中旬）依照第 4.2.2 节表 4-5 执行防洪调度；4 月下旬为保证灌溉供水量，拦河闸闸门关闭，阻断下泄水量；其他月份闸门全开，保持天然河道。浑河闸现存调度方式仅考虑防洪及农业供水，4 月下旬闸门关闭，仅依靠降水为河道补充生态水量；9 月中旬闸门全开，河道恢复天然河道，汛末期大量水资源没有得以充分利用。

（2）调度技术路线

研究证实，以大流量开闸泄流时，流量的增大对水污染物浓度降低的改善效果并不明显，污染物衰减稀释对低流量更为敏感，因此闸坝调度的技术路线应是蓄丰补枯。冰冻期 12 月上旬至次年 2 月下旬，闸坝闸门开启，恢复天然河道；3 月上旬至 4 月下旬，保证下游河段最小生态需水量的基础上进行灌溉前期蓄水；5 月按照灌溉供水要求大开闸门泄水，最大泄水流量不超过 300 m^3/s；6 月上旬至 8 月中旬进行防洪调度；8 月下旬至 9 月中旬在满足水库防洪蓄水量的前提下减小闸门开度，为生态用水提供水量保障；9 月下旬至 11 月下旬闸门开启，为枯水期河流生态用水提供水量保障。

（3）调度结果分析

由图 4-49 可知，1—2 月保持天然河道状态；3—4 月逐渐关闭闸门，在保持河道最小生态流量基础上进行蓄水；5 月为农业供水，闸门完全开启，最大泄量为 160 m^3/s；6—8 月执行防洪调度，8 月下旬至 9 月上旬闸门逐渐关闭，为 10—12 月枯水期提供更多河道稀释水量。以上模拟结果与调度方案基本保持一致，模拟效果良好。

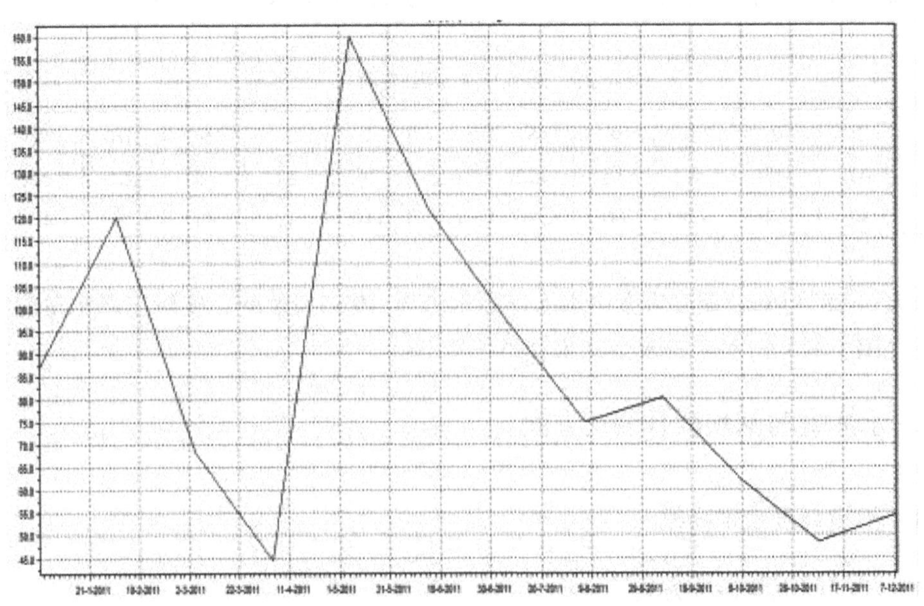

图 4-49　浑河闸下游调度方案径流模拟结果

（4）葠窝水库拟合效果

葠窝水库闸门开启方式按照泄流方案进行，以时间控制下泄流量，拟合效果如图 4-50 所示，该泄流方案下闸门下游水质拟合情况如图 4-51 所示。

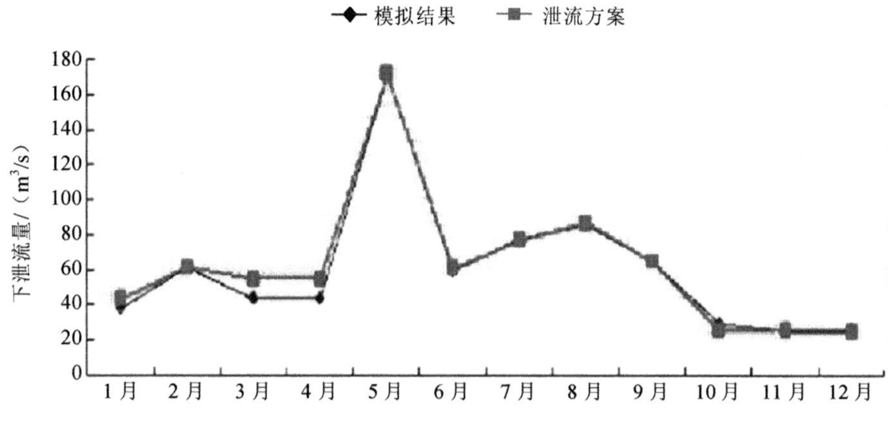

图 4-50 2011 年葠窝水库出库水量拟合效果

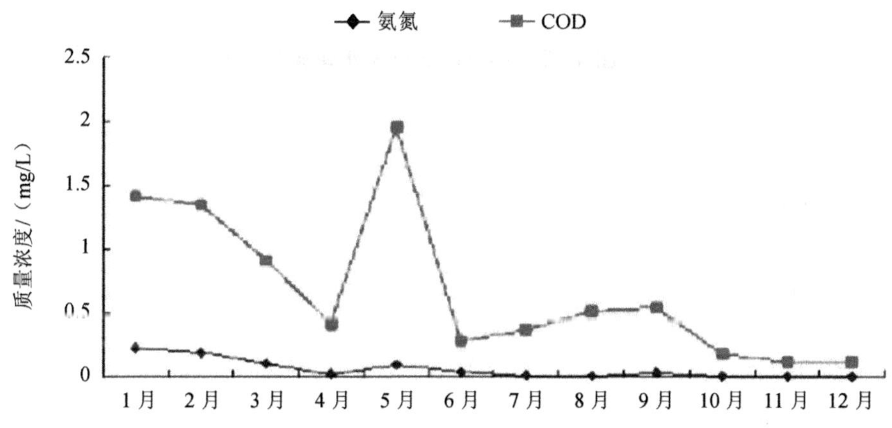

图 4-51 2011 年葠窝水库坝下水质拟合效果

由图 4-50、图 4-51 可知，水动力模型模拟过程中，以时间控制下泄水量的调度方式模拟值接近实际泄流方案，效果良好；在此泄流方案下，葠窝水库坝下下游枯水期水质改善效果明显，枯水期水质类别为 II 类水质标准。

4.5.3.2 联合调度方案

在浑河闸坝调度的基础上，将大伙房水库纳入研究范围，用于增加河道枯水期流量，满足浑河干流下游邢家窝棚站非冰冻期的河道生态用水流量不少于 18.0 m³/s；在与大伙房水库联合为营口、盘锦灌区提供农业用水的基础上，将观音阁水库、葠窝水库纳入研究范围，满足太子河干流辽阳、唐马寨水文站非冰冻期河道生态用水流量分别不少于 18.0 m^3/s、25.0 m^3/s。

大伙房水库、浑河闸、观音阁水库和葠窝水库的调度方式具体如图 4-52～图 4-55 所示。

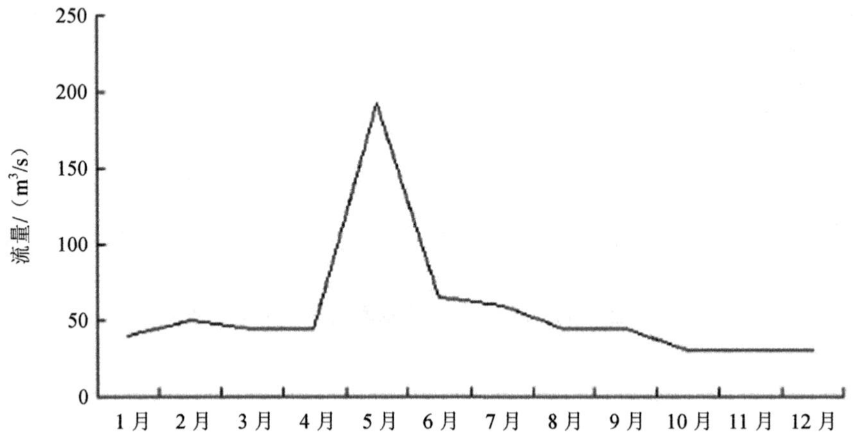

图 4-52 2011 年大伙房水库调度方式

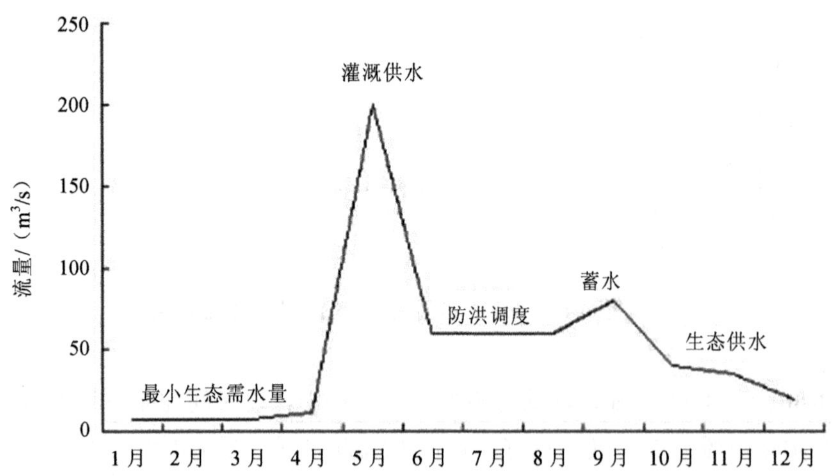

图 4-53 2011 年浑河闸调度方式

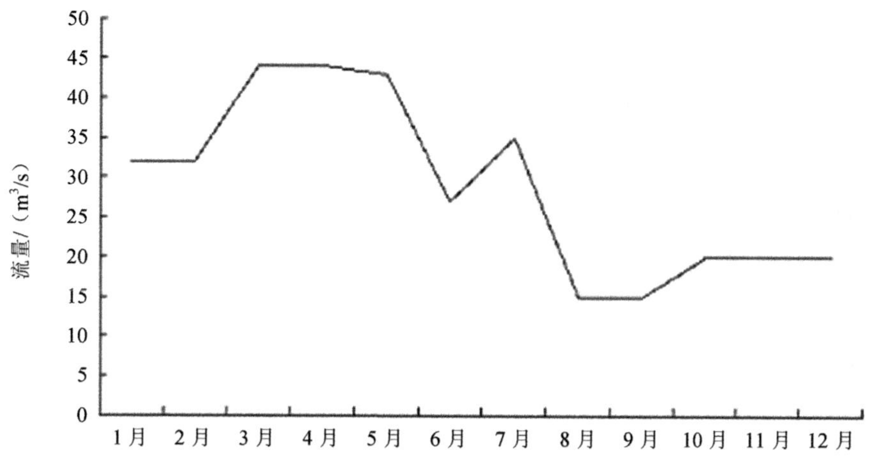

图 4-54 2011 年观音阁水库调度方式

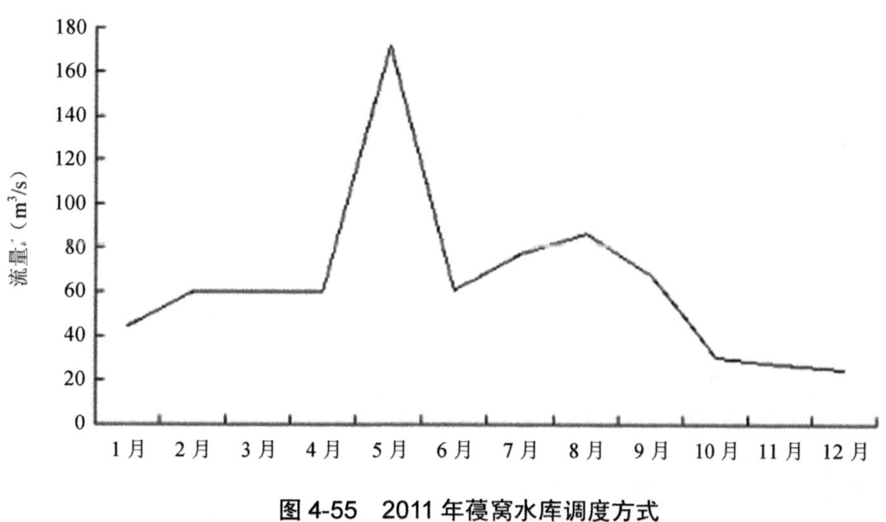

图 4-55 2011 年葠窝水库调度方式

4.5.3.3 调度方案水质响应分析

（1）浑河

依照第 4.2.2 节中大伙房水库调度方案进行初始边界条件输入，应用 MIKE 11 水动力水质模型进行模拟验证，选取具有代表性的浑河干流主要河段上游抚顺监测断面、中游沈阳浑河闸监测断面、下游邢家窝棚监测断面进行联合调度方案的水质响应分析，现状年 2011 年逐月特征污染物（COD、氨氮）浓度与现状值对比结果如图 4-56～图 4-58 所示。

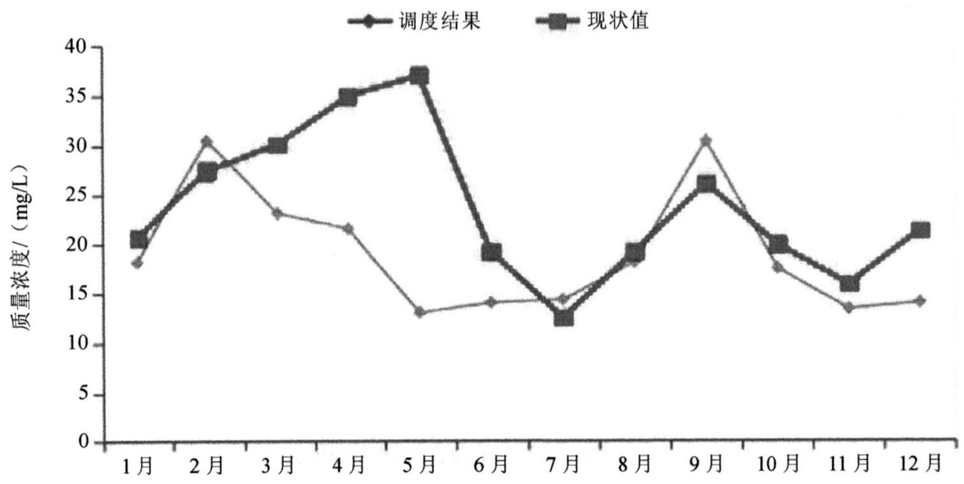

（a）抚顺站 COD 质量浓度调度方案与实测值对比

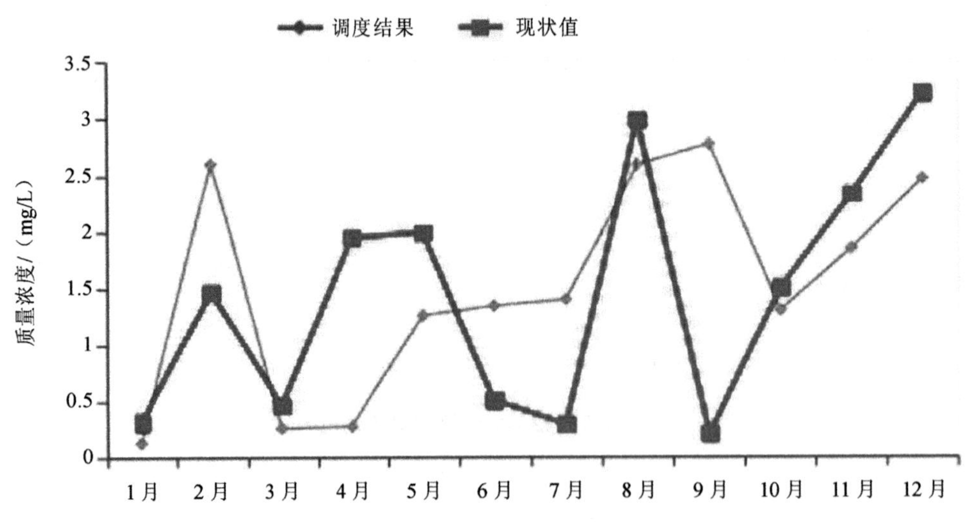

（b）抚顺站氨氮质量浓度调度方案与实测值对比

图 4-56 2011 年抚顺站特征污染物浓度调度方案与实测值对比

抚顺站水质改善情况如图 4-56 所示。通过水库闸坝联合调度方案的模拟实验，发现抚顺控制断面枯水期 COD 平均质量浓度为 19.43 mg/L，与现状值相比降低了 19.74%，水质类别由Ⅳ类提高到Ⅲ类，3—4 月降低较为明显；氨氮枯水期平均质量浓度为 1.44 mg/L；与现状值相比降低了 7.33%，水质类别维持在Ⅳ类。

由上述分析可知，氨氮浓度超标是制约浑河上游水质达标的关键因素，通过增加河道流量的稀释作用与闸坝的冲刷动力作用，都无法使其降低至目标浓度，这与抚顺市浑河区段内分布大量入河排污口有关，因此，浑河上游水质的改善研究还需要结合控源措施进行。

沈阳浑河闸站水质改善情况如图 4-57 所示。对水库闸坝联合调度方案进行模拟实验，发现沈阳浑河闸控制断面枯水期特征污染物浓度减小趋势较为明显。枯水期 COD 平均质量浓度为 31.89 mg/L，与现状实测值相比降低了 11.58%；枯水期氨氮平均质量浓度为 5.28 mg/L；与现状实测值相比降低了 7.12%。

按照 COD 浓度划分水质类别，浑河中游沈阳段为Ⅳ类，以氨氮浓度划分水质类别，浑河中游沈阳段水质为劣Ⅴ类。COD 及氨氮浓度超标是制约浑河上游水质达标的关键因素，通过增加河道流量的稀释作用与闸坝的冲刷动力作用，都无法使其降低至目标浓度，这与抚顺市至沈阳市浑河区段内分布大量入河排污口有关，因此，浑河中游水质的改善研究还需要结合控源措施进行。

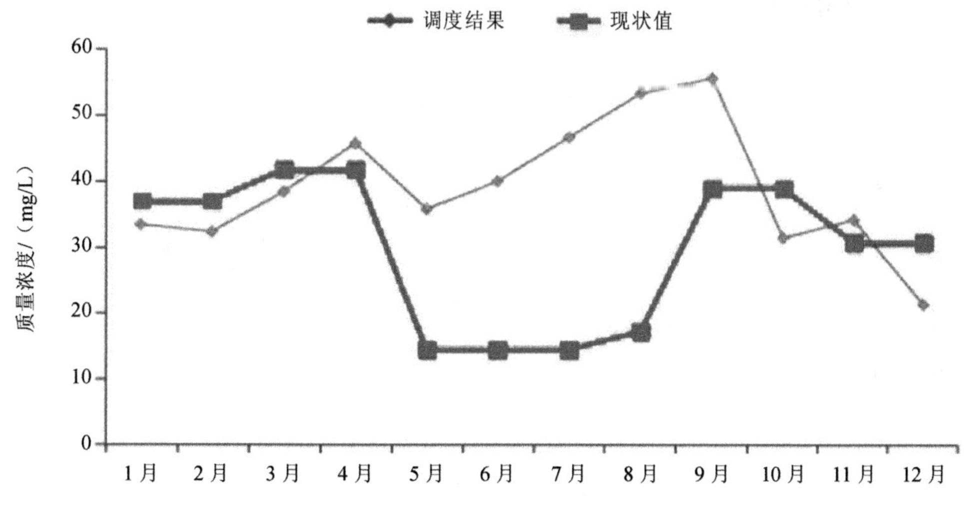

（a）沈阳浑河闸站 COD 质量浓度调度方案与实测值对比

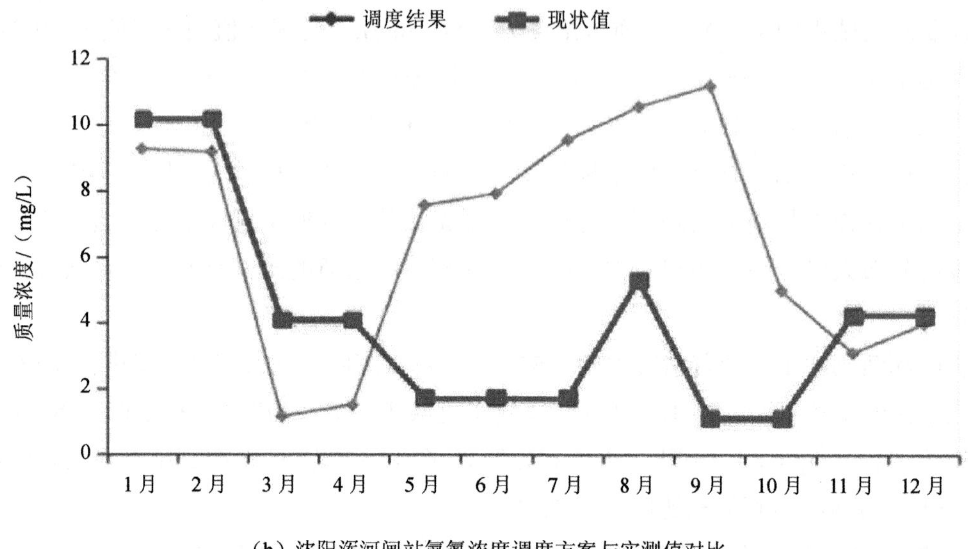

（b）沈阳浑河闸站氨氮浓度调度方案与实测值对比

图 4-57　2011 年沈阳浑河闸站特征污染物质量浓度调度方案与实测值对比

邢家窝棚站水质改善情况如图 4-58 所示。对水库闸坝联合调度方案进行模拟试验，发现邢家窝棚控制断面枯水期 COD 平均质量浓度为 12.98 mg/L，氨氮为 5.34 mg/L，分别降低了 16.04%和 16.09%，COD 水质类别维持在Ⅰ类，氨氮污染物质量浓度虽有降低，但水质类别仍为劣Ⅴ类。

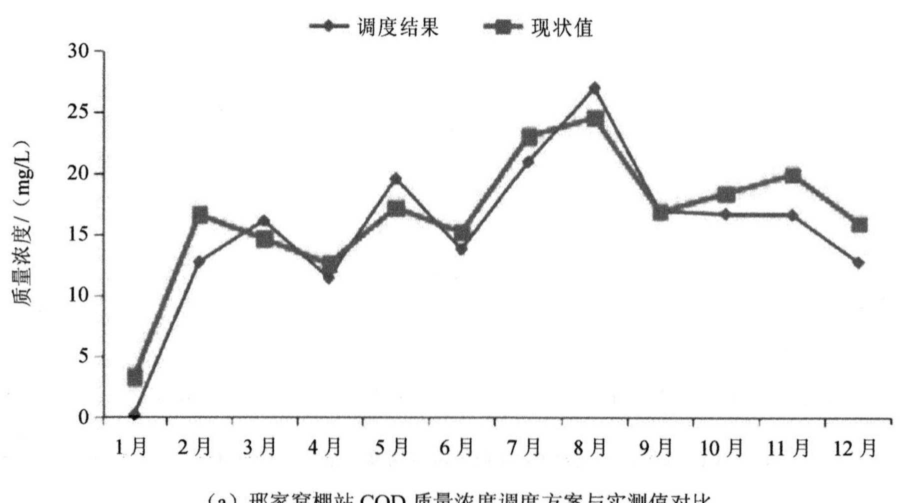

（a）邢家窝棚站 COD 质量浓度调度方案与实测值对比

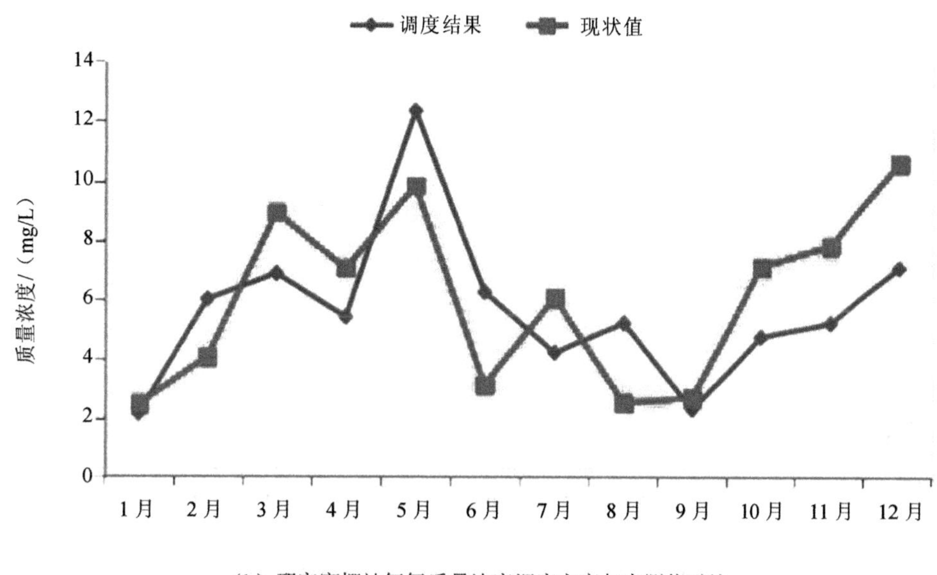

（b）邢家窝棚站氨氮质量浓度调度方案与实测值对比

图 4-58 2011 年邢家窝棚站特征污染物质量浓度调度方案与实测值对比

由上述分析可知，氨氮质量浓度的超标是制约河道水质达标的关键因素，通过增加河道流量的稀释作用与闸坝的冲刷动力作用，都无法使其降低至目标质量浓度，因此，浑河整体研究河段的水生态环境改善研究需要结合控源措施进行，同时将氨氮作为主要控制对象。

（2）太子河

依照上述调度方式对观音阁水库、葠窝水库进行初始边界条件输入，应用 MIKE 11 水动力水质模型进行模拟验证，选取具有代表性的太子河干流主要河段上游本溪监测断面、中游辽阳监测断面、下游唐马寨监测断面进行联合调度方案的水质响应分析，现状年 2011 年逐月特征污染物（COD、氨氮）质量浓度与现状值对比结果如图 4-59～图 4-61 所示。

本溪站水质改善情况如图 4-59 所示。观音阁水库与葠窝水库实施联合调度方案后的数值模拟结果显示，本溪站控制断面枯水期 COD 平均污染物质量浓度为 8.13 mg/L，与实测值相比，降低了 22.13%；氨氮为 0.05 mg/L，与实测值相比增加了 20.56%，但水质类别均维持在Ⅰ类。

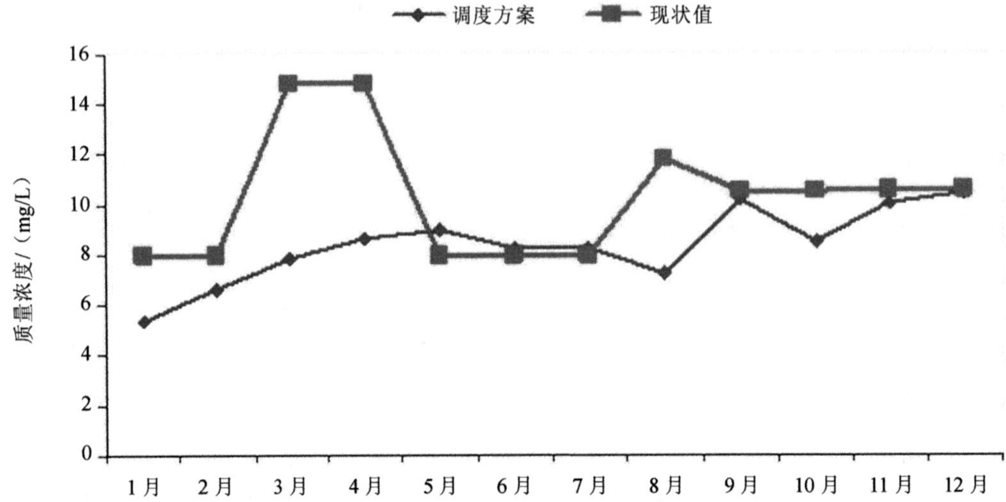

（a）本溪站 COD 质量浓度调度方案与实测值对比

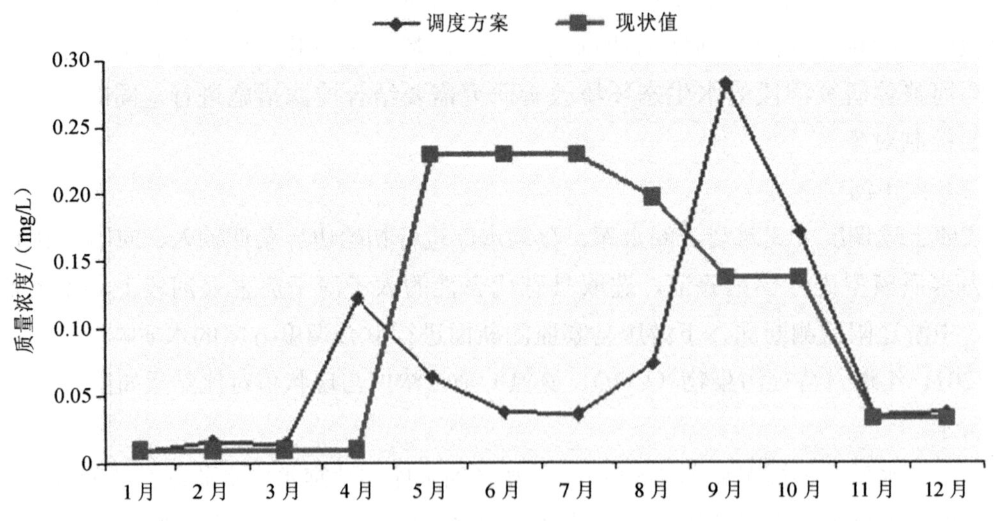

（b）本溪站氨氮质量浓度调度方案与实测值对比

图 4-59　2011 年本溪站特征污染物质量浓度调度方案与实测值对比

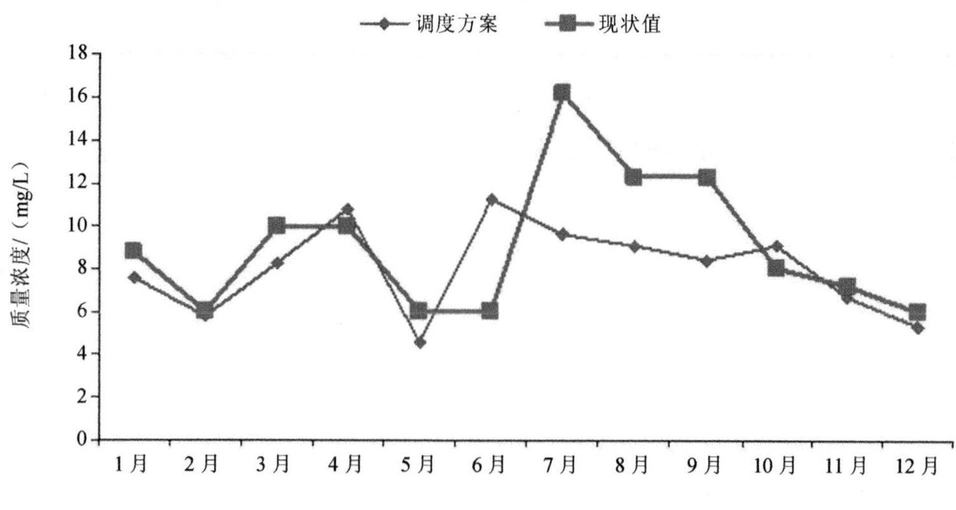

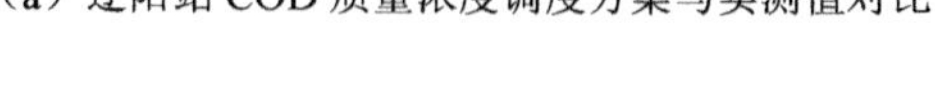
（a）辽阳站COD质量浓度调度方案与实测值对比

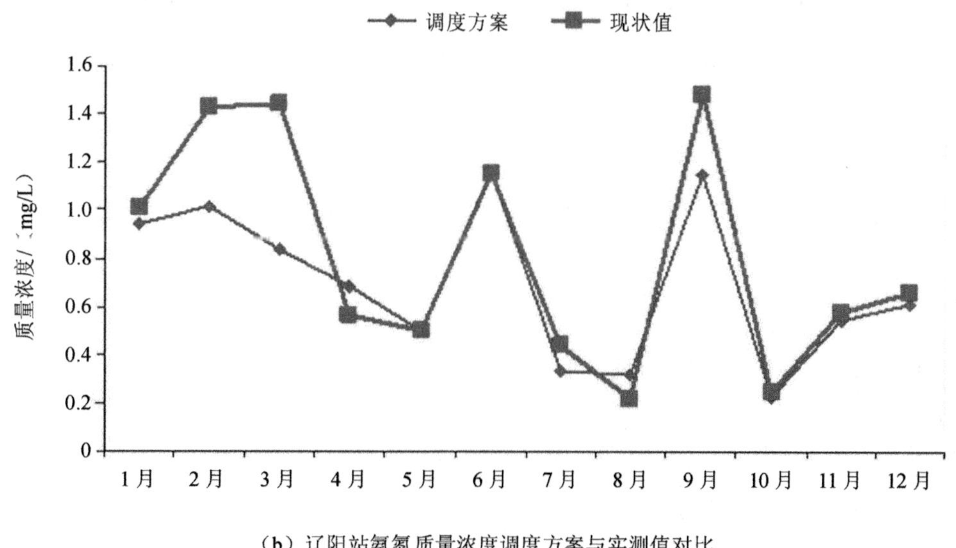

（b）辽阳站氨氮质量浓度调度方案与实测值对比

图4-60 2011年辽阳站特征污染物质量浓度调度方案与实测值对比

辽阳站水质改善情况如图4-60所示。对观音阁水库与葠窝水库实施联合调度方案进行模拟试验，发现全年辽阳控制断面水质状况基本与现状保持一致，与丰水期相比，枯水期改善效果较为明显。

实施联合调度方案后，辽阳监测断面COD浓度全年变化趋势与现状值基本保持一致，年平均质量浓度为 8.03 mg/L，水质类别维持在Ⅰ类；氨氮质量浓度在枯水期有较明显降低，枯水期平均质量浓度为 0.69 mg/L，与现状值相比降低了 14.29%，水质类别维持在Ⅲ类。

由上述分析可知，辽阳控制断面氨氮质量浓度的超标是制约河道水质（枯水期）达标的关键因素，通过增加枯水期河道流量，稀释作用效果明显，生态调度方案可行。

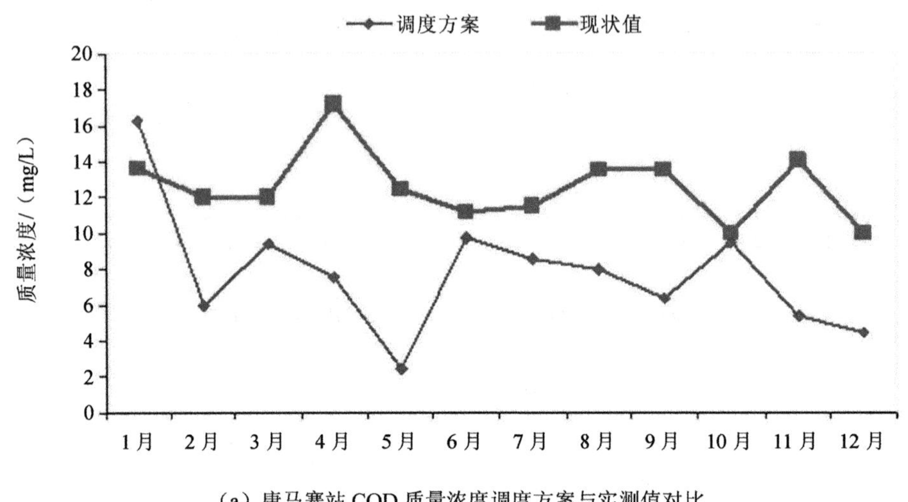

（a）唐马寨站 COD 质量浓度调度方案与实测值对比

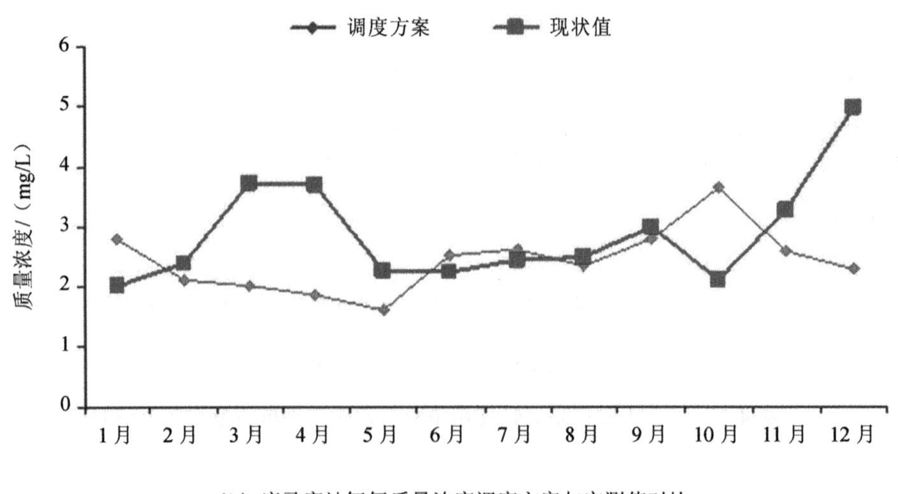

（b）唐马寨站氨氮质量浓度调度方案与实测值对比

图 4-61　2011 年唐马寨站特征污染物质量浓度调度方案与实测值对比

唐马寨站水质改善情况如图 4-61 所示。经过观音阁水库与葠窝水库联合调度方案实施的模拟试验，唐马寨站控制断面水质状况得以明显改善。

实施联合调度方案后，唐马寨监测断面各月水质特征污染物质量浓度均基本小于现状实测值。COD 浓度降低程度较大，年内平均质量浓度为 7.81 mg/L，降低了 38.21%，除 1 月以外，水质类别基本维持在 I 类；氨氮浓度枯水期下降较为明显，平均质量浓度为 2.57 mg/L，降低了 16.43%，丰水期特征污染物质量浓度与现状值基本保持一致。

由上述分析可知，唐马寨控制断面氨氮质量浓度超标是制约河道水质（枯水期）达标的关键因素，通过增加河道流量，稀释作用效果明显，生态调度方案可行；但要彻底改善水生态环境，还需从控源措施入手。

4.6 联合调度方案制定与评估

研究结果表明，制定及实施流域水库群与闸坝联合调度方案，可有效促进河流水质改善。通过数值模拟软件验证，现状年 2011 年浑河、太子河研究河段水质均得以改善，枯水期水质改善效果尤为明显。随着经济社会发展与“十一五”水专项研究治理工作的开展，浑太水系河流水体质量与特征发生变化，研究应结合“十二五”期间河流水体情况及流域现状调度方案对现状年 2011 年联合调度方案进行修正，以适应今后浑太水系水工程调度运行特征及流域水质改善需要，为流域水生态环境治理等相关工作提供参考。

4.6.1 “十二五”期间浑太水系水质变化分析

经由“十一五”水专项对河流水体污染治理，浑太水系水体质量改善已初见成效。其中太子河观—葠区间水质类别基本达到Ⅲ类以上，葠窝水库入库水质改善效果明显；浑河大伙房水库下游段水质基本维持在Ⅴ类以上。

浑太水系工业企业类型较为齐全，城市密集程度高，流域内重工业发达，“十二五”期间流域面临老工业基地全面振兴发展的大好发展时机，工业快速发展必然加重水体治理工作负担，因此，水生态环境改善工作除依靠水工程合理调度外，还应结合控源措施，使河流重新焕发生机。

4.6.2 流域现状调度运行方式评价

对近年浑太水系 3 座大型水库——大伙房水库、观音阁水库、葠窝水库现状调度运行方式进行统计分析，为联合调度方案制定提供现实参考依据。

（1）浑河流域

大伙房水库主要为浑太河水系提供农业及生态水，对 2012 年、2013 年水库农业、生态供水统计分析如下：

1）2012 年大伙房水库纯生态供水量为 3.42 亿 m^3，结合农业供生态水 5.70 亿 m^3，共计 9.12 亿 m^3。供水过程为：1—3 月不供生态水，4—5 月供水流量为 23 m^3/s，6 月供水流量为 35 m^3/s，7—9 月为农灌供水及汛期、不单独为生态供水，10—11 月供水流量为 20 m^3/s，12 月不供水。

2）2013 年大伙房水库纯生态供水量为 1.31 亿 m^3，结合农业供生态水 6.89 亿 m^3，共计 8.20 亿 m^3。供水过程为：1—3 月不供生态水，4 月上旬供水流量为 45 m^3/s，4 月 25—27 日供水流量为 110 m^3/s，4 月 27 日—5 月 5 日供水流量为 55 m^3/s，5—6 月为农灌供水，7—9 月汛期不单独为生态供水，10 月不供水，11—12 月供水流量为 12 m^3/s。

2012 年、2013 年大伙房水库农业及生态供水总量与年初蓄水量、天然来水量、水库总供水量见表 4-29。

表 4-29　2012 年、2013 年大伙房水库供水分类统计　　单位：亿 m^3

年份	生态供水量	农业供水量	总计	年初蓄水量	天然来水量	水库总供水量
2012	1.49	5.70	7.19	13.42	20.87	17.97
2013	1.31	6.89	8.20	12.38	31.46	12.44

分析可知，大伙房水库调度运行过程中结合农灌及汛期，为下游浑河河道提供部分生态供水，但 1—3 月、10—12 月枯水期生态供水量较小，对枯水期河流水质改善不利。

（2）太子河流域

观音阁水库主要为太子河观—葠区间提供生态水，同时配合葠窝水库为太子河流域下游提供农灌水；葠窝水库主要为太子河下游提供生态及农灌用水。对 2012 年、2013 年水库农业、生态供水统计分析如下：

1）2012 年观音阁水库纯生态供水量为 3.10 亿 m^3，结合农业供生态水 0.035 亿 m^3，共计 3.24 亿 m^3。供水过程为：1—3 月不供生态水，4—6 月供水流量为 15 m^3/s，7—9 月为汛期，不单独生态供水，10—11 月供水流量为 17 m^3/s，12 月不供水。

2）2013 年观音阁水库纯生态供水量为 1.14 亿 m^3，结合农业供生态水 0.23 亿 m^3，共计 1.37 亿 m^3。供水过程为：1—3 月不供生态水，4 月供水流量为 50 m^3/s，5—6 月为农灌供水，7—8 月汛期不单独为生态供水，9—10 月不供水，11—12 月供水流量为 15 m^3/s。

3）2012 年葠窝水库纯生态供水量为 4.35 亿 m^3，结合农业供生态水 5.72 亿 m^3，共计 10.07 亿 m^3。供水过程为：1—3 月不供生态水，4 月供水流量为 9 m^3/s，5—6 月为农灌供水，7—9 月为汛期，不单独生态供水，10—11 月供水流量为 8 m^3/s，12 月不供水。

4）2013 年观音阁水库纯生态供水量为 2.34 亿 m^3，结合农业供生态水 6.13 亿 m^3，共计 8.47 亿 m^3。供水过程为：1—3 月不供生态水，4 月供水流量为 42 m^3/s，5 月为农灌供水，6 月供水流量为 50 m^3/s，7—8 月汛期不单独为生态供水，9—10 月不供水，11—12 月供水流量为 15 m^3/s。

2012 年、2013 年大伙房水库农业及生态供水总量与年初蓄水量、天然来水量、水库总供水量见表 4-30。

表 4-30 2012 年、2013 年观音阁水库、葠窝水库供水分类统计 单位：亿 m^3

水库名称	年份	生态供水量	农业供水量	总计	年初蓄水量	天然来水量	水库总供水量
观音阁水库	2012	3.10	0.14	3.24	11.77	15.69	4.00
	2013	1.14	0.23	1.37	13.22	13.03	1.83
葠窝水库	2012	4.35	5.72	10.07	5.14	31.57	10.85
	2013	2.34	6.13	8.47	3.98	27.34	9.08

分析可知，观音阁水库、葠窝水库调度运行过程中结合农灌及汛期，为下游河道提供部分生态供水，但 1—3 月枯水期基本不为河道提供生态水，对枯水期河流水质改善不利。

4.6.3 流域水库群与闸坝联合调度方案修正

以 2014 年作为现状年，对浑太水系 3 座大型水库——大伙房水库、观音阁水库、葠窝水库调度方案进行修正；浑河闸调度方案与本书第 4.2.2 节内容一致，无须修正。首先依据年初水库蓄水量及天然来水量对水库年调度方案进行初步预判，按照本研究技术路线，制定基于生态与流域农业供水耦合的浑太水系水质水量联合调度方案。

（1）大伙房水库 2014 年调度方案

2014 年大伙房水库年初蓄水量为 12.4 亿 m^3，略低于历年平均水平，预计天然来水量也低于历年平均值。依据本书第 4.4.2 节浑太水系农业供水规律及时程分配过程研究内容，结合浑太水系实际情况，经与省供水部门协商，确定大伙房水库调度方案为：2014 年纯生态供水量为 1.15 亿 m^3，结合农业供水量 5.83 亿 m^3，共计 6.98 亿 m^3。1—3 月生态供水流量为 5 m^3/s；4 月生态供水流量为 25 m^3/s；5—6 月执行农业供水；7—8 月下旬汛期不供生态水；9 月水库蓄水，为枯水期生态供水做准备；10—12 月生态供水流量为 3 m^3/s。

2014 年大伙房水库生态供水量、年初蓄水量、天然来水量、年供水总量汇总见表 4-31 和图 4-62（a）（b）（c）。

表 4-31 2014 年大伙房水库年供水分类统计

供水类型	供水量/亿 m³	年初蓄水量/亿 m³	与年初蓄水量比值	天然来水量/亿 m³	与天然来水量比值	总供水量/亿 m³	与总供水量比值
生态	1.15	12.40	0.09	7.51	0.15	10.55	0.07
农业	5.83		0.47		0.78		0.37
总计	6.98		0.56		0.93		0.44

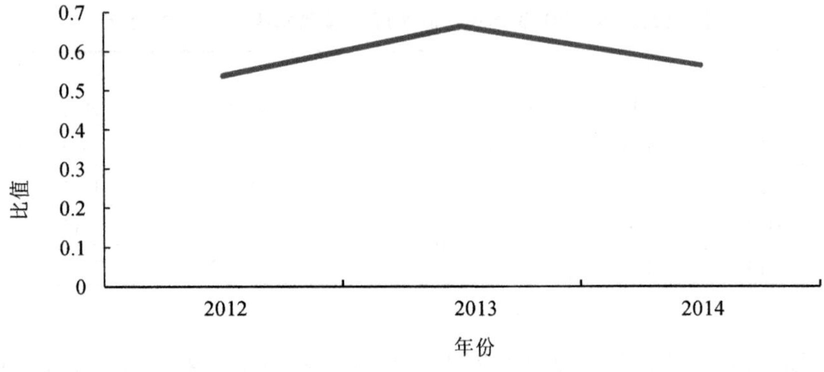

（a）生态供水总量与年初蓄水量比值

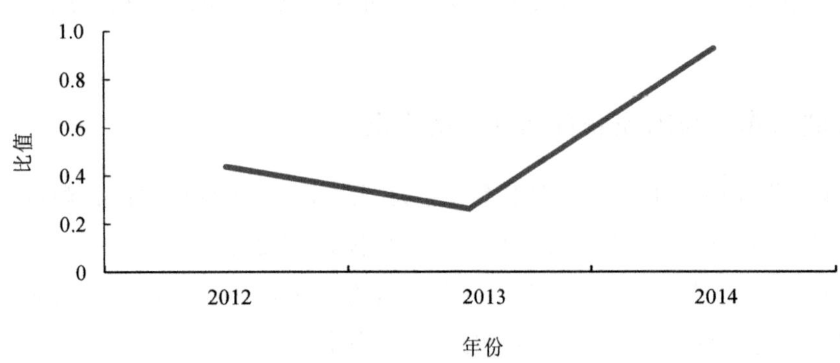

（b）生态供水总量与天然来水量比值

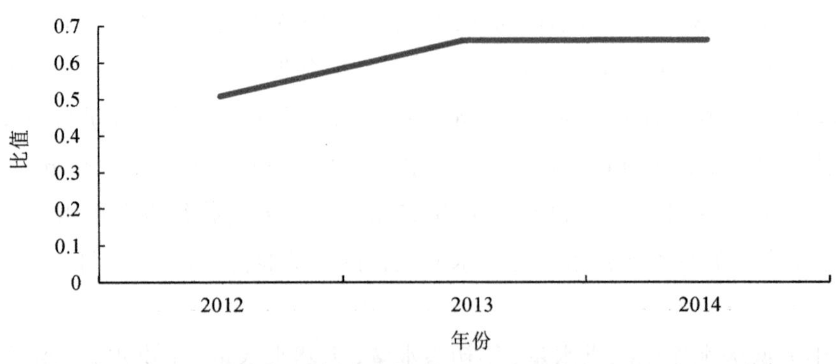

（c）生态供水总量与水库总供水量比值

图 4-62 2012—2014 年大伙房水库生态供水总量所占比例变化情况

由图可知，经过对“十二五”期间大伙房水库现状调度方案进行修正，2014 年生态供水总量占天然来水比例及占总供水量比例均高于 2012 年、2013 年，对水库下游河流生态环境改善具有有效促进作用。由于 2014 年辽宁省遭遇特殊干旱极端天气，根据年初蓄水量及天然来水量预判，为保证农业及生产生活供水保证率，水库生态供水占水库年初蓄水量略低于 2013 年。修正的联合调度方案中，枯水期 1—4 月在尽量保证水库正常蓄水量的情况下，以小流量下泄生态水，冲刷河道，为水环境治理、水生态恢复提供一定程度的水量保障；8 月下旬至 9 月，在保障水库防洪安全的基础上积蓄生态水，可为 10—12 月枯水期生态供水提供支持。

（2）观音阁水库 2014 年调度方案

2014 年观音阁水库年初蓄水量为 11.15 亿 m^3，略低于历年平均水平，预计天然来水量也低于历年平均值。依据本书第 4.4.2 节浑太水系农业供水规律及时程分配过程研究内容，结合浑太水系实际情况，经与省供水部门协商，确定观音阁水库调度方案为：2014 年纯生态供水量为 3.39 亿 m^3，由葠窝水库单独为下游灌区提供农业用水。1—2 月生态供水流量为 20 m^3/s；3—5 月生态供水流量为 20 m^3/s；6—8 月下旬汛期不供生态水；9 月水库蓄水，为枯水期生态供水做准备；10—12 月生态供水流量为 10 m^3/s。

2014 年观音阁水库生态供水量、年初蓄水量、天然来水量、年供水总量汇总见表 4-32 和图 4-63（a）（b）（c）。

表 4-32 2014 年观音阁水库年供水分类统计

供水类型	供水量/亿 m^3	年初蓄水量/亿 m^3	与年初蓄水量比值	天然来水量/亿 m^3	与天然来水量比值	总供水量/亿 m^3	与总供水量比值
生态	3.39	11.15	0.30	4.14	0.82	3.98	0.85
农业	0		0		0		0
总计	3.39		0.30		0.82		0.85

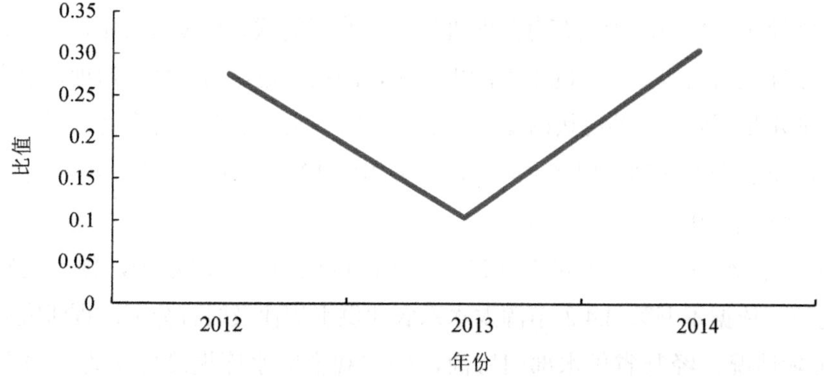

（a）生态供水总量与年初蓄水量比值

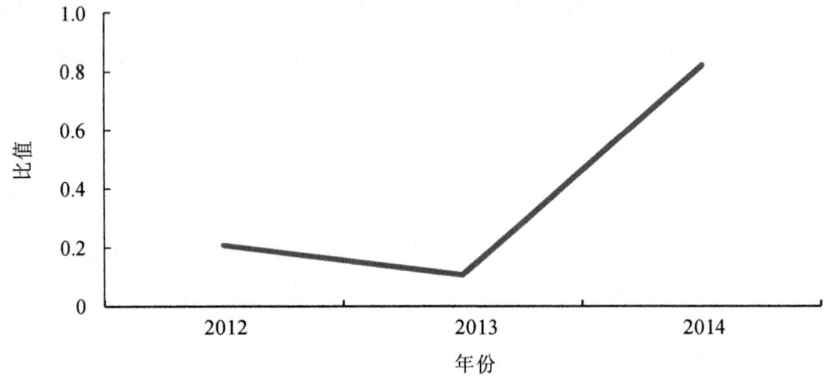

（b）生态供水总量与天然来水量比值

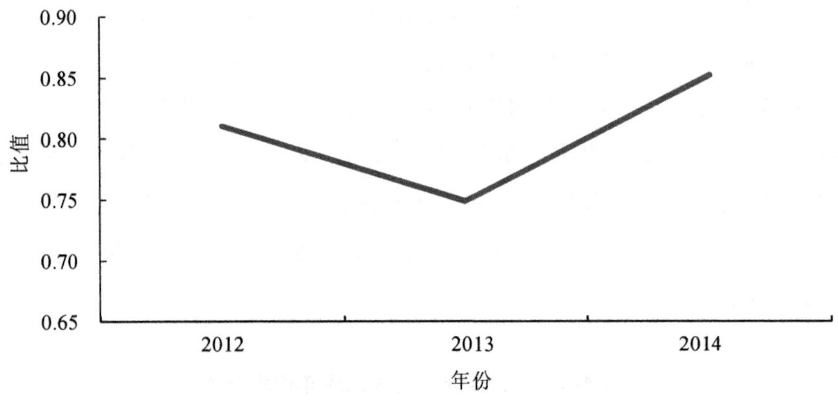

（c）生态供水总量与水库总供水量比值

图 4-63　2012—2014 年观音阁水库生态供水总量所占比例变化情况

由图可知，经过对“十二五”期间观音阁水库现状调度方案进行修正，2014 年生态供水总量占水库年初蓄水量比例、占天然来水比例及占总供水量比例均高于 2012 年、2013 年，对水库下游河流生态环境改善具有有效促进作用。修正的联合调度方案中，枯水期 1—4 月在尽量保证水库正常蓄水量的情况下下泄生态水，冲刷河道，为水环境治理、水生态恢复提供一定程度的水量保障，弥补现状调度方案中枯水期不能生态供水的不足；8 月下旬至 9 月，在保障水库防洪安全的基础上积蓄生态水，可为 10—12 月枯水期生态供水提供支持。

（3）葠窝水库 2014 年调度方案

2014 年葠窝水库年初蓄水量为 4.27 亿 m^3，接近历年平均水平，预计天然来水量低于历年平均值。依据本书第 4.4.2 节浑太水系农业供水规律及时程分配过程研究内容，结合浑太水系实际情况，经与省供水部门协商，确定观音阁水库调度方案为：结合上游观音阁水库，葠窝水库 2014 年纯生态供水量为 2.90 亿 m^3，由葠窝水库单独为下游灌区提供农业供水量 7.82 亿 m^3，共计生态供水量 10.72 亿 m^3。1—2 月生态供水流量为 55 m^3/s；3—4 月生态供水流量为 50 m^3/s；5—6 月执行农业灌溉供水；7—8 月下旬汛期不供生态水；9 月水库蓄水，为枯水期生态供水做准备；10 月生态供水流量为 10 m^3/s；11—12 月生态供水流量为 10 m^3/s。

2014 年葠窝水库生态供水量、年初蓄水量、天然来水量、年供水总量汇总见表 4-33 和图 4-64（a）（b）（c）。

表 4-33 2014 年葠窝水库年供水分类统计

供水类型	供水量/亿 m^3	年初蓄水量/亿 m^3	与年初蓄水量比值	天然来水量/亿 m^3	与天然来水量比值	总供水量/亿 m^3	与总供水量比值
生态	2.90	4.27	0.68	11.42	0.25	11.36	0.26
农业	7.82		1.83		0.68		0.69
总计	10.72		2.51		0.94		0.94

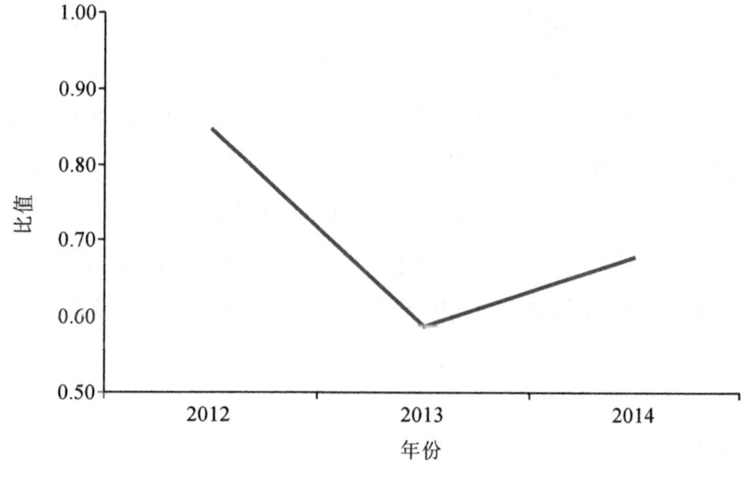

（a）生态供水总量与年初蓄水量比值

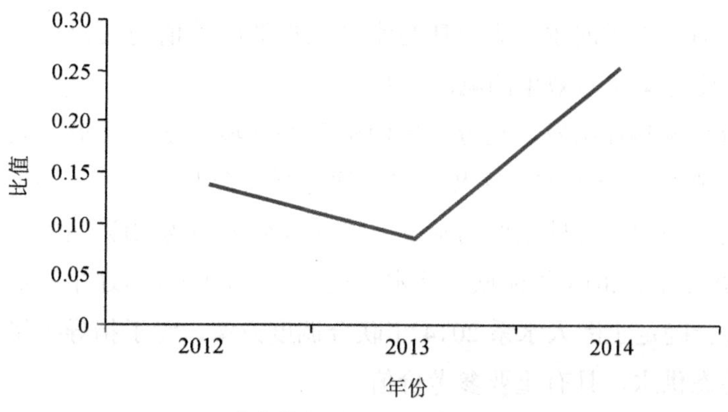

（b）生态供水总量与天然来水量比值

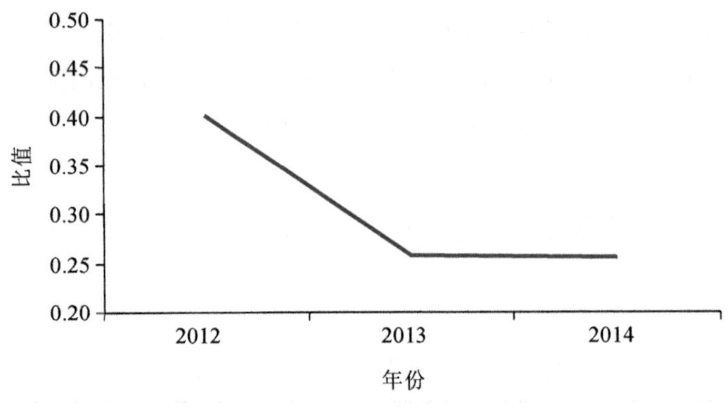

（c）生态供水总量与水库总供水量比值

图 4-64 2012—2014 年葠窝水库生态供水总量所占比例变化情况

由图可知，通过对“十二五”期间葠窝水库现状调度方案进行修正，2014 年生态供水总量占水库年初蓄水量比例、占天然来水比例及占总供水量比例均高于 2012 年、2013 年，对水库下游河流生态环境改善具有有效促进作用。修正的联合调度方案中，枯水期 1—4 月在尽量保证水库正常蓄水量的情况下下泄生态水，冲刷河道，为水环境治理、水生态恢复提供一定程度的水量保障，弥补现状调度方案中枯水期不能为生态供水的不足；8 月下旬至 9 月，在保障水库防洪安全的基础上积蓄生态水，可为 10—12 月枯水期生态供水提供支持。此外，由于太子河下游主要由汤河水库配合葠窝水库提供工业及生活用水，因此，类似 2014 年干旱年份，葠窝水库也可为太子河下游提供适量生态水。

综上所述，修正后的流域水库群联合调度方案可为枯水期流域水质改善提供一定水量保证，对于指导今后水库调度运行具有借鉴意义。

4.7 本章小结

（1）构建浑河、太子河水动力水质与水利工程调度数值仿真模型，可作为评价流域水质水量联合调度方案实施效果的响应工具。

（2）从河流系统整体出发，充分考虑河流生态环境需水量要求，通过农业供水建立调度联系，对流域内 3 座大型水库及浑河大闸进行联合调度，可在满足防洪、工农业用水要求的基础上，增加河道枯水期的水量，降低特征污染物浓度，改善水生态环境。

（3）分析 2012 年、2013 年流域现状水库调度方案，经过与辽宁省供水局的沟通协调及实地考察，综合确定了浑太水系 2014 年联合调度方案，对于指导干旱年份流域水库群联合调度以及生态供水，具有重要参考价值。

5　生态水时空优化调度研究

针对辽河保护区生态流量不足、水生态损害、“三生用水”矛盾等关键问题，本章以辽河干流及保护区内大型水库及重要闸坝工程为研究对象，开展水库闸坝联合调度方案的研究，以保障下游河道健康为目标，以满足防洪安全为前提，在保证水库城市生活、工业、农业各项供水指标不变的基础上，通过优化水库闸坝联合调度过程，对天然来水和跨流域引水进行合理调配，最大限度地保证下游河道的生态需水，达到改善下游河道水生态环境的目的。

5.1　辽河水系各项用水规律分析

研究辽河水系水库群水质水量联合调度，首先应明确各水库“三生用水”的供水过程，通过对历年水库供水资料进行梳理、分析，并结合辽河下游河道的生态需水过程，最终确定满足各项用水需求的水库合理供水过程，将其作为水库群及闸坝联合调度方案制定的依据。

5.1.1　农业供水分析

5.1.1.1　农业供水规律分析

辽河水系是辽宁省重要的粮食生产基地，流域内灌区较多，主要包括开原、盘山、大洼 3 处大型灌区以及部分中小型灌区，灌区的大部分农业用水基本上由辽河干流上游支流上的清河水库、柴河水库供给，两座水库的农业供水将直接影响下游灌区的农作物产量，清河水库、柴河水库均为省直水库，由辽宁省水资源管理集团联合其他省属水库实施统一调度。因此有必要研究上述两座水库的农业供水规律，制定合理的农业工程过程，更好地满足下游灌区的农业用水需求，清河水库、柴河水库历年农业供水过程如图 5-1 所示。

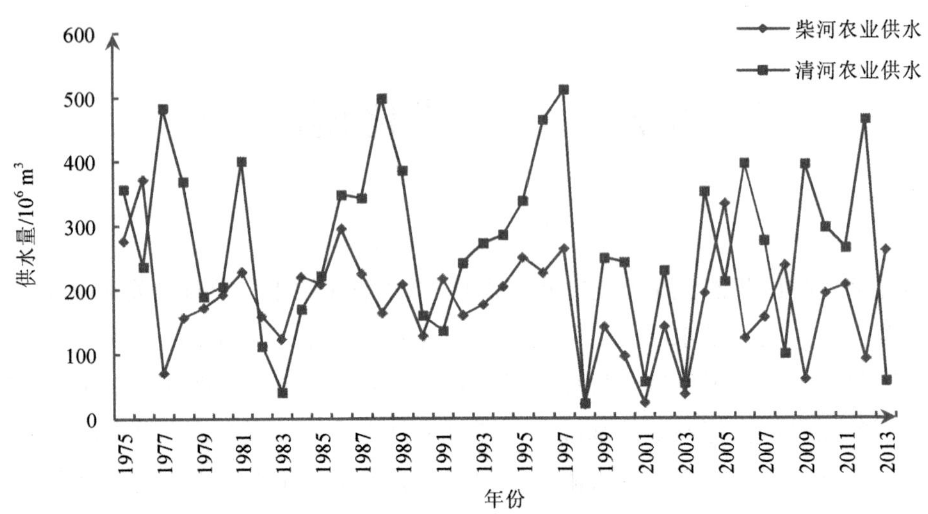

图 5-1　清河水库、柴河水库历年农业供水过程

从图 5-1 可以看出，两座水库历年农业供水量波动剧烈，随机性较大，其中，清河水库年最大农业供水量高达 512.55×10^6 m^3，年最小农业供水量仅为 23.79×10^6 m^3，最小供水出现在 1998 年；柴河水库在连续 39 年的农业供水过程中，年最大供水量为 372.36×10^6 m^3，年最小农业供水量为 22.81×10^6 m^3，最小供水年份同样出现在 1998 年，可见，清河水库、柴河水库的农业供水量基本上根据当年的天然来水量进行供给，来水多则多供，来水少则少供，目前的农业供水方式对两座多年调节水库的兴利库容利用程度较低，并没有充分发挥并联水库间的库容补偿作用，农业供水的随机性对下游灌区农作物的生长较为不利。

（1）辽河水系内水库农业供水量分析

影响水库农业供水的因素主要包括水库年径流量、水库供水期初兴利蓄水量、下游灌区的降水量等，由于各因素间存在一定的相关性，因此，本研究仅考虑水库供水期初兴利蓄水量单方面因素与水库农业年供水量之间的关系。鉴于历年农业供水的高峰期主要出现在 5 月之后，故将 5 月 1 日暂设为供水期初，清河水库、柴河水库供水期初兴利蓄水量与农业年供水量关系如图 5-2、图 5-3 所示。

从图 5-2 和图 5-3 可以看出，两座水库供水期初兴利蓄水量与农业年供水量整体上存在正相关的趋势，但图中点位发散较为严重，规律不是很明显，因此，单独分析辽河水系各水库供水期初兴利蓄水量和农业年供水量的关系效果并不显著，主要是由于清河水库、柴河水库各自负责的下游灌区边界模糊，年内各时段的农业供水量并不明确，在实际运行中根据下游灌区的农业需水量实施了一定的联合补偿供给。因此，应对辽河水系的农业供水进行整体分析。

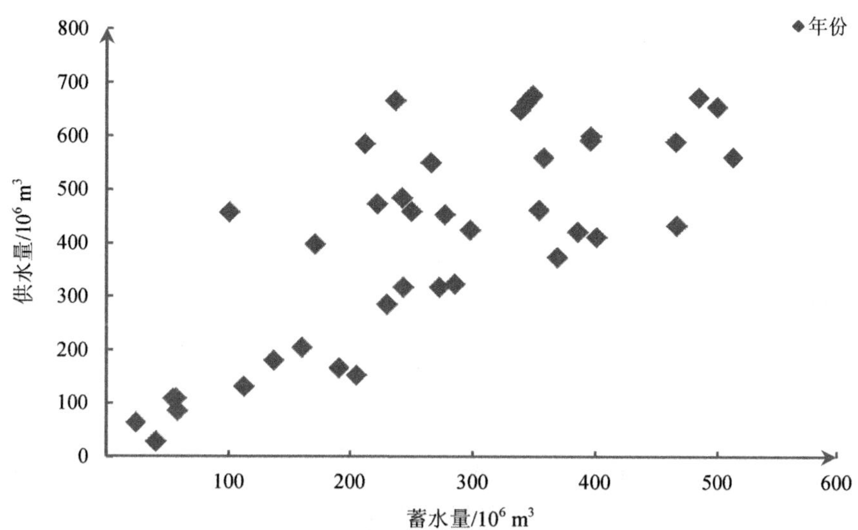

图 5-2 清河水库 5 月初兴利蓄水量与农业年供水量关系

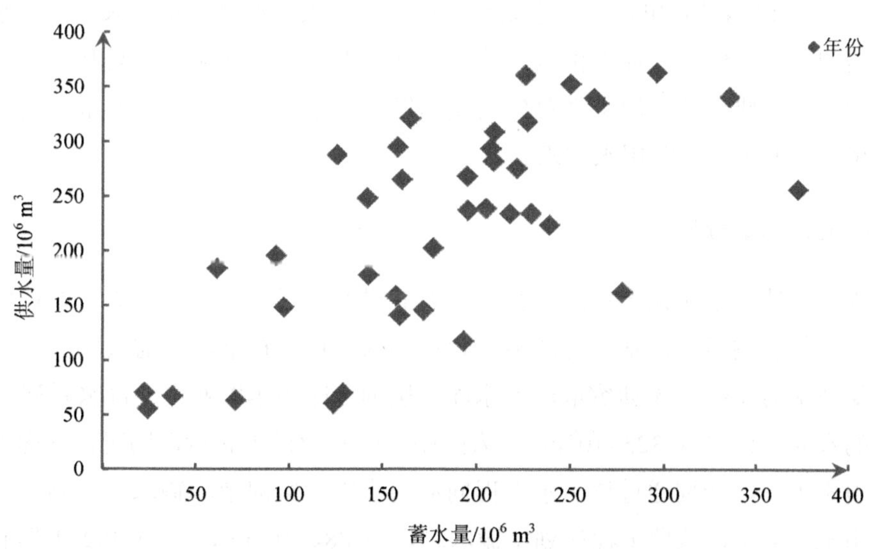

图 5-3 柴河水库 5 月初兴利蓄水量与农业年供水量关系

（2）辽河水系农业供水总量分析

辽河水系清河水库、柴河水库 5 月初兴利蓄水总量与农业年供水总量关系如图 5-4 所示。

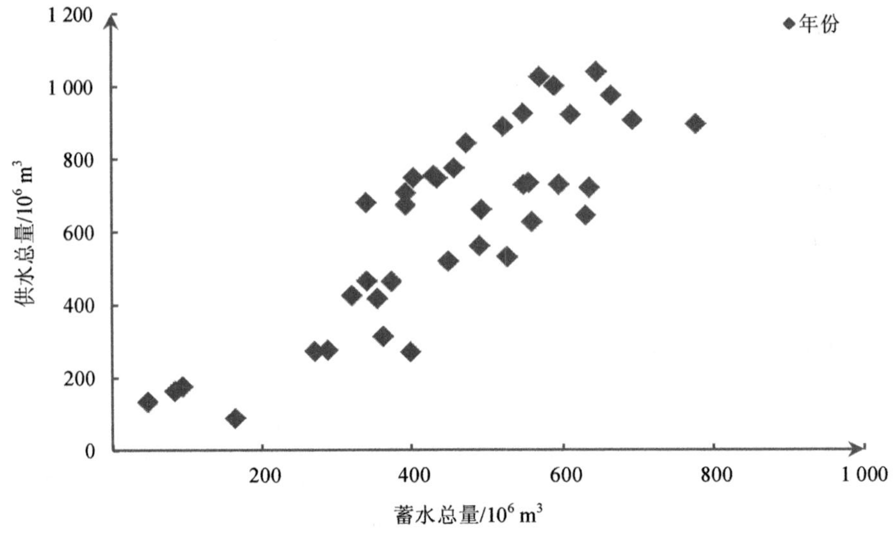

图 5-4 水库 5 月初兴利蓄水总量和农业年供水总量关系

从图 5-4 可以明显看出，辽河水系水库供水期初兴利蓄水总量和农业年供水总量之间存在明显的正相关性，农业年供水量的大小基本上由供水期初水库兴利蓄水总量的多少决定，因此，本研究从辽河水系总体角度出发，通过清河水库、柴河水库的联合供给来满足下游灌区的整体农业用水需求。

5.1.1.2 农业供水量分析

清河水库、柴河水库在多年的运行中，农业供水总量年间变化较大，农业供水受当年来水丰枯变化影响显著，基本上达不到设计的农业供水标准，考虑我国大部分水库的农业供水保证率为 75%，本研究取清河水库、柴河水库历年农业实际供水系列中 75%保证率对应的农业年供水量 325×10^6 m^3 作为两座水库农业供水总量，同时，考虑近期规划中的相关引水工程，计划通过该引水工程向清河水库、柴河水库输水，来满足辽河水系的“三生用水”需求，该项工程计划年输水总量为 884×10^6 m^3，其中 382×10^6 m^3 用于增加生活及工业用水，325×10^6 m^3 用于改善农业供水，145×10^6 m^3 用于改善生态，因此，最终确定实施引水后，清河水库、柴河水库年农业供水总量为 650×10^6 m^3，年内供水过程按历年逐月（旬）供水比例的平均值进行等比例放大，多年平均年内农业供水比例见表 5-1，可见，农业供水的高峰期集中于 5 月、6 月，正是灌区农作物的泡田和分蘖时期，需要水库提供充足的灌溉用水。

表 5-1 水库群年内各时段农业供水比例

月份	4	5	6	7	8	9
比例/%	0.5	53.9	23.1	10.6	10.5	1.4

5.1.2 生态环境需水分析

随着社会经济的快速发展，水资源短缺问题日益严重，在以往的水库运行中，并没有考虑生态方面的供水，导致建库后下游河道非汛期缺水严重，河流水质水量得不到保证，出现了诸多生态环境问题，致使流域生态系统受到威胁。近些年，人们逐渐意识到生态环境的重要性，开始尝试通过水库泄流为下游河道提供一定的生态需水，来维持河流基本的生态功能，但目前，辽河水系各水库并没有制定合理的生态供水方案，生态供水过程较为随意，缺乏科学有效的生态供水过程。

铁岭水文站位于辽河干流上游，其流量变化过程基本能够反映上游水库调度对下游河流水势的影响，近年来，随着辽河水系水资源利用程度的加剧，上游水库的陆续兴建和不合理的调度运行改变了河流的自然节律，使下游河流的生态环境遭到了严重破坏，尤其是在每年 11 月到次年的 4 月，由于枯水期本身来水量少，再加上上游水库的截流作用，大大削减了下游河道中的水量，导致枯水期河流水量严重不足，生态环境破坏程度较重，如遇枯水年，很容易产生河流断流、水体大面积污染等现象，情况不容乐观。影响铁岭水文站流量的因素除了上游和区间来水情况外，还涉及清河、柴河两座大型水库的调度运行，由于两座水库均属多年调节水库，因此有必要通过改变水库的调度运行为下游提供合理的生态用水，满足河流各个时期的生态用水需求。

5.1.2.1 生态流量计算资料选择

由于铁岭水文站上游陆续修建大中型水库，加之不同程度的人类活动影响，导致铁岭水文站水文情势改变较大，多年的长系列实测径流资料并不能全部反映河流原始的水文过程，因此，需要对铁岭站长系列年径流过程进行分析，找出能够真实反映河流原始水文情势的时段，应用于河流生态流量的计算。

Mann-Kendall（M-K）非参数突变检验法是由世界气象组织推荐的应用于环境数据时间序列趋势分析的方法，已经广泛应用于检验水文气象资料的趋势，包括水质、流量和降雨序列等。非参数突变检验方法的实质是通过对数据序列的秩来判断两个变量的相关程度，从而避免了水文研究中特大和特小值对结果的影响，可以比较客观地确定数据序列是否具有变化趋势，该检验方法不需要样本遵从一定的分布，也不受少数异常值的干扰，适用于水文、气象等非正态分布的数据，突变点检验原理如下：

对于具有 n 个样本量的时间序列 x_1，x_2，…，x_n，构建一秩序列：

$$S_k = \sum_{i=1}^{k} r_i \qquad (k = 2,3,\cdots,n) \tag{5-1}$$

式中，当 $x_i > x_j$ 时，r_i=1；当 $x_i < x_j$ 时，r_i =0（j=1，2，…，i）。

在时间序列随机独立的假定下，定义统计量为：

$$UF_k = \frac{S_k - \overline{S_k}}{\sqrt{\mathrm{Var}(S_k)}} \qquad (k = 1,2,\cdots,n) \tag{5-2}$$

式中，UF_k=0，Var（S_k）、$\overline{S_k}$ 是累积量 S_k 的方差和均值，当 x_1，x_2，…，x_n 相互独立，且有相同连续分布时，可由下式算出：

$$\overline{S}_k = \frac{n\,(n-1)}{4} \tag{5-3}$$

$$\mathrm{Var}(S_k) = \frac{n\,(n-1)\,(2n-5)}{2} \tag{5-4}$$

UF_k 为标准正态分布，是按时间序列 x_1，x_2，…，x_n 计算出的统计量序列，给定显著性水平 α，若 $|UF_k| > \alpha$，则表明序列有明显的趋势变化。按时间序列 x 逆序 x_n，…，x_2，x_1，再重复上述过程，同时使 $UF_k = -UB_k$，（k=n，n−1，…，1），UB_1=0，分析绘制出的 UF_k、UB_k 曲线，当 UF_k 或 UB_k 的值大于 0 时，表明序列呈上升趋势，小于 0 时表明呈下降趋势；当 UF_k 或 UB_k 的值超过临界线时，表明上升或下降趋势显著；如果 UF_k、UB_k 两条曲线出现交点，且交点在临界线之间，那么交点对应的值便是突变开始的时间。

结合上述原理，本研究采用 M-K 非参数突变检验方法，对 1956—2012 年铁岭站实测年径流过程进行突变点检验分析，检验结果如图 5-5 所示。

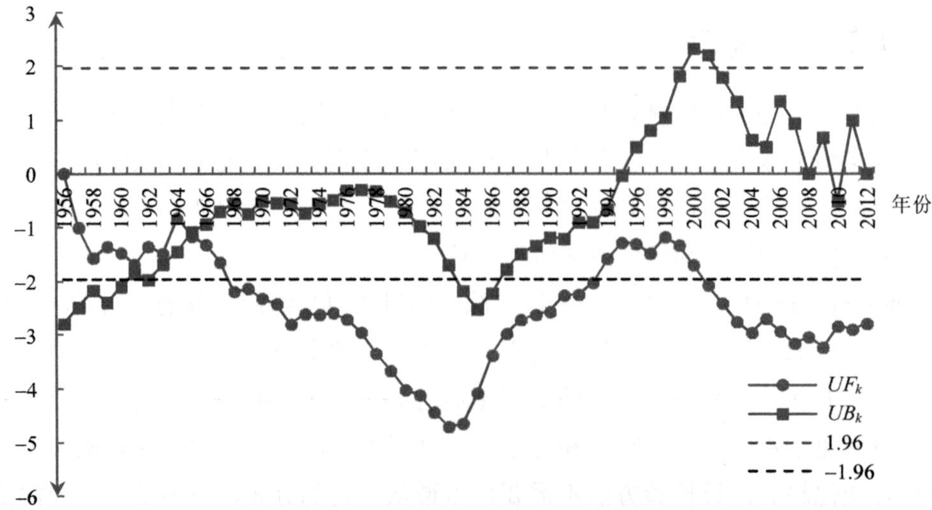

图 5-5 1956—2012 年铁岭水文站径流量 M-K 突变检验结果

从图 5-5 可以看出，UF_k一直为负值，说明铁岭站年径流量整体上呈逐年下降趋势，尤其是在 1968—1983 年、2002—2005 年下降程度较为明显，UF_k值超过了显著性水平α（α本研究取 0.05）对应的统计量值下线-1.96，铁岭水文站实际的年径流量系列中，1968—1983 年、2001—2005 年均为连续枯水年，因此检验结果与实际相符。曲线 UF_k和 UB_k的交点出现在 1965 年，且位于 95%信度检验线之间，因此 1965 年为突变点，说明铁岭站年径流系列从 1965 年开始产生突变，事实上，近年来，随着上游大中型水库的陆续修建（南城子水库于 1965 年建成，柴河水库于 1974 年建成，榛子岭水库于 1979 年建成）以及人类对水资源利用程度的加剧，导致 1965 年以后水库下游河流水文情势开始改变，突变点计算结果基本符合实际情况，因此，将 1965 年定为铁岭站径流量改变的转折点，认为 1956—1965 年能够代表没有受到人类活动影响的自然水文情势，并将其应用于铁岭站生态流量的计算。

5.1.2.2 河道最小、适宜生态流量确定

目前，随着生态环境需水理论研究的不断深入，国内外学者相继提出了多种生态需水量的计算方法，大致可以分为水文学法、水力学法、生境模拟法和整体分析法 4 类，其中，水文学法计算简单、方便，被广泛采用，具有代表性的方法有 Tennant 法、多年月平均最小流量法、逐月频率法等，由于本研究能够用于铁岭水文站生态需水量计算的资料系列较短，仅为 10 年（1956—1965 年），鉴于此，结合 Tennant 法和逐月频率法的计算思想，取各月平均流量的 30%作为维持铁岭站基本生态环境的最小生态流量，以各月平均流量的 60%作为铁岭水文站适宜生态流量，计算结果见表 5-2。

表 5-2 铁岭水文站生态需水量计算结果 单位：万 m^3

月份	最小生态径流量	适宜生态径流量
1	542.5	1 085
2	390.9	781.8
3	3 329	6 659
4	7 818	15 636
5	4 534	9 068
6	8 545	17 091
7	27 529	55 057
8	53 126	106 251
9	7 987	15 974
10	9 083	18 165
11	4 213	8 426
12	1 415	2 830

从表 5-2 可以看出，河道的生态需水过程体现了河川径流的年内丰枯变化特征，因此，计算结果基本上能够反映河流原始的水文情势。

5.1.2.3 水库生态供水过程确定

铁岭水文站位于清河、柴河两座省直水库之下，其河道总水量主要包括上游清河、柴河水库泄放水量、上游自身来水量和区间来水量，由于枯水期上游和区间来水量较少，水库为了保证农业灌溉、城市供水，枯水期基本不放水，汛期上游和区间来水量较多，再加上水库的泄流，基本上能够保证下游铁岭水文站的生态需水量，因此，认为汛期（7月、8 月）下游铁岭水文站的生态流量能够自然满足，不需要水库额外提供生态供水，故重点研究枯水期水库的生态供水过程。首先需要确定枯水期上游和区间来水情况。为了反映目前河流水势现状，采用 1966—2012 年水文资料进行上游和区间来水过程分析，由于丰水年、平水年来水量较多，即便是当年的枯水期流量也能够基本满足河道的生态需水量，本研究采用适线法拟合 1966—2012 年径流量系列资料，如图 5-6 所示，将 90%保证率对应的年径流量 856.483×10^6 m^3 作为枯水年年径流量上限，找出 47 年中年径流量小于 90%保证率径流量的特枯年份（1982—1983 年、2000—2003 年），计算在这 6 个特枯年中铁岭站的各月平均流量以及清河水库、柴河水库实际各月相应的平均下泄流量，将其差值作为枯水期上游和区间来水的最不利情况，最后从表 5-2 计算的铁岭站生态需水过程中扣除最不利枯水期上游和区间来水过程，得到较为保守的水库群联合生态供水过程（汛期除外），见表 5-3。

从表 5-3 可以看出，水库群在 4—10 月（7 月、8 月除外）对下游河道的生态供水量较多，其间部分时段处于农业灌溉时期，可以考虑农业供水的复用性，结合农业灌溉供水满足下游河道的生态需水量。

5.1.3 城市生活及工业供水分析

清河、柴河两座水库分别承担部分城市生活及工业供水，从水库多年的实际供水情况可以看出，城市生活及工业供水保证率较高，供水量相对固定，年间变化甚微，因此，本研究认为清河、柴河两座水库城市生活及工业供水多年平均值能够代表目前城市生活及工业用水实际水平，经计算，清河水库多年城市生活及工业供水平均值为 0.60 亿 m^3，柴河水库为 0.31 亿 m^3，城市生活及工业供水过程按年内均匀分配。

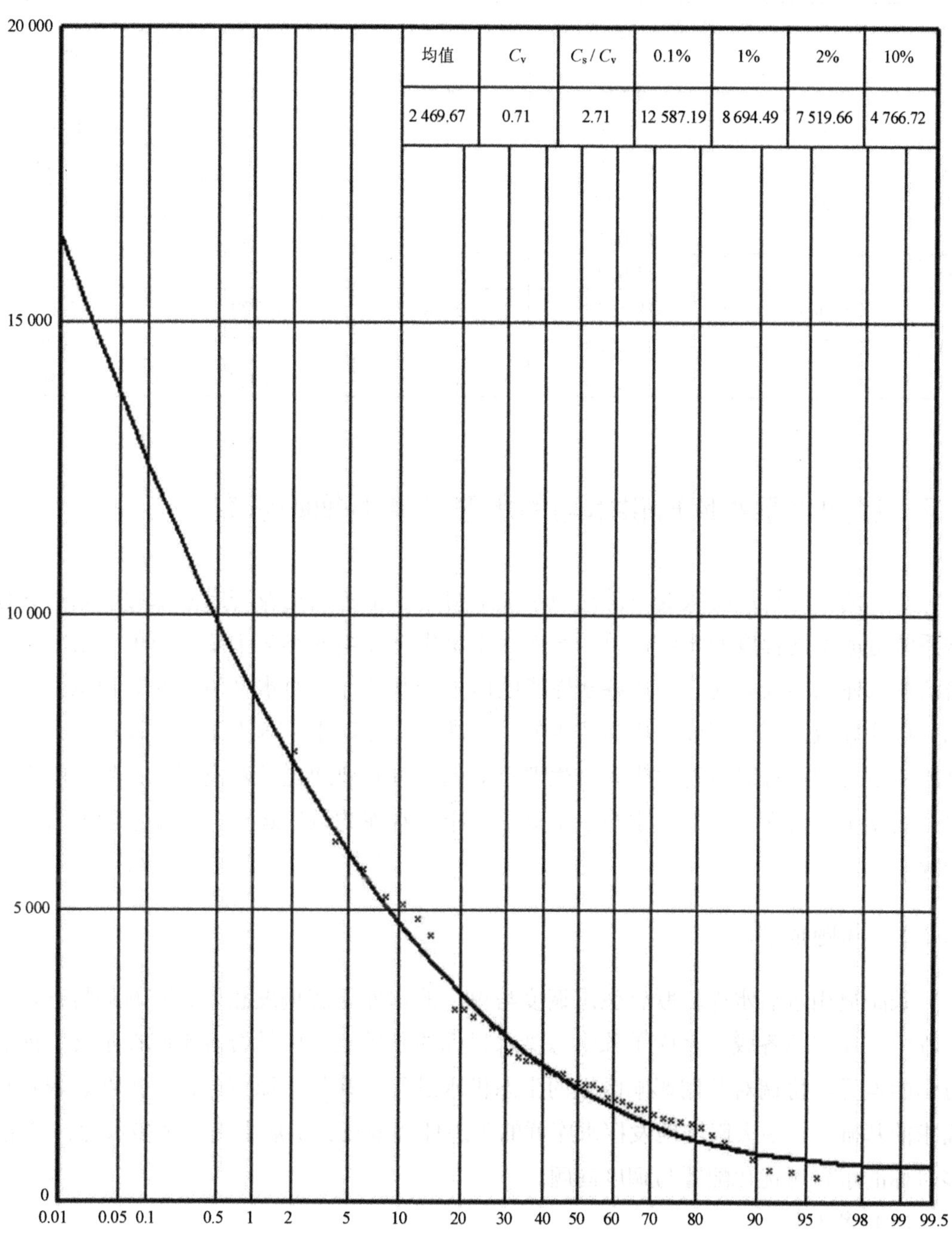

图 5-6 1966—2012 年铁岭站径流量频率分析曲线

表 5-3　水库群生态供水计算结果　　单位：万 m^3

月份	河道最小生态需水	河道适宜生态需水	枯水年区间来水	水库最小生态供水	水库适宜生态供水
1	542.5	1 085	112.8	429.7	972.3
2	390.9	781.8	99.7	291.2	682.1
3	3 329	6 659	2 294	1 035	4 365
4	7 818	15 636	2 427	5 391	13 209
5	4 534	9 068	0	4 534	9 068
6	8 545	17 091	0	8 545	17 091
9	7 987	15 974	3 178	4 809	12 795
10	9 083	18 165	2 710	6 372	15 456
11	4 213	8 426	1 400	2 813	7 026
12	1 415	2 830	633.3	781.7	2 197

5.2　辽河水系水库群供水与引水联合调度规则研究

水库的修建运用将改变下游河道水文情势，对下游河道及与之有水力联系的其他生态系统造成不同程度的影响，单一水库对下游生态环境的影响主要集中于有限区域，随着流域水库的陆续修建，由于各水库影响区域相互叠加，对水文情势的影响也会相互累加，可能导致范围及程度上更为严重的生态胁迫。辽河水系内上游水库较多，为了避免水库的不合理运行对下游水生态产生严重影响，有必要通过长距离引水、库群联合调度等方式制定出科学合理的供水与引水规则，指导水库的调度运行，保证下游河流的生态健康。

5.2.1　问题描述

长距离引水后水库群联合生态调度与单一的水库生态调度相比具有新的特征，调度过程中，在保障各成员水库单独生态供水目标的基础上，应结合各水库在水文、库容等方面的差异，协调对共同影响区域的生态供水过程，在保证原有城市、工业、农业供水需求的基础上，最大限度地发挥水库群的生态环境效益。实质上是一个多水源、多用户、多目标的水资源优化配置与调度问题。

（1）多水源

多水源主要体现在本地水源以及外调水源两方面，本研究中本地水源涉及清河、柴河两座水库的天然来水，天然来水随机性较大，很难控制；外调水源主要通过相关引水工程，在一定程度上属于可控水源，引水量的多少需要同时考虑受水各库当前的蓄水量、来水量和用户供水量等多方面因素。天然来水的随机性和难以预测性是长距离引水后受水库群生态调度的难点，需要权衡引水与供水之间的关系，达到对长距离引水高效利用的效果。因此，应通过对长系列水文资料进行优化与模拟，制定出科学高效的水库群供水与引水规则，指导水库群联合调度运行。

（2）多用户

原有清河水库、柴河水库仅提供城市生活、工业和农业用水，兼顾少量的发电用水，随着下游水体污染、河道断流等生态环境问题的陆续出现，打破了原来传统的供水模式，要求水库为下游提供一定的生态用水来维持河流的基本生态功能，引水工程的介入和新增的生态供水任务改变了水库原来的供水格局，需要对各项供水任务进行重新梳理，根据各项用水户的重要程度，明确相应的供水保证率、供水优先顺序、破坏深度等一系列指标，保证水库群供水与引水的合理性。

（3）多目标

水库群联合调度应在保证原有城市生活、工业和农业用水，并考虑引水中用于改善农业水量的前提下，通过蓄丰补枯、优化引水过程等方式，最大限度地保障下游河道的生态需水量，因此库群的联合调度首先应满足原有各项供水需求，在此基础上使库群为下游提供生态需水的保证率最大；其次，应考虑长距离引水的高效性，优化年内引水过程，保证年均引水与弃水量最小。

5.2.2 水库群供水与引水规则基本形式

（1）基于生态流量分级控制的库群供水规则研究

水库生态调度的核心任务是协调社会经济与生态环境之间的关系，通过合理调配各项用水最终达到双赢的目的，可以说，水库生态调度是我国坚持“可持续发展”战略的一项重要体现。辽河水系水体污染较重，干流水体水功能区达标率较低，水资源开发利用率较高，生态水量不足，下游河道生态环境亟须改善。

针对辽河水系径流量年内、年间差异显著的特性，应充分利用上游支流清河、柴河两座水库的多年调节库容，蓄丰补枯，合理调配入库径流，达到改善下游河道生态环境的目的。在水库生态调度中，若仅采用单一生态流量进行控泄，对确定生态流量要求较高，若生态流量设定较低，会造成丰水年入库水量不能发挥最大的生态效益；若生态流量设定较高，当遇枯水年时，则不能够保证为下游提供最小的生态流量。因此，为了避免单一生态流量确定的局限性，本研究将水库群生态供水分为两级：最小生态供水、适宜生态供水，以保证在枯水期、平水期水库群能够按照最小生态供水量为下游提供维持河道基本生态功能的生态需水量，在丰水期水库群能够充分发挥来水多的特点，在满足水库防洪要求的基础上，按照适宜生态供水量放泄，使水库的生态效益充分发挥。

调度图是指导水库合理运行的重要工具，包含年内各个时段的调度决策信息，对于供水水库而言，调度图基本形式包括两种：一种是将各成员水库聚合成一个虚拟水库形成聚合水库调度图，并辅以各成员水库相应的供水分配系数；另一种是蕴含水库群联合调度规则的单库调度图，两种调度图虽表现形式存在差异，但其实质与功能是一致的，均能够指导库群的科学合理运行，为决策者提供满意的决策方案。鉴于清河水库、柴河水库间的联系紧密，供水任务存在交叉，从流域总控的角度出发，本研究选择聚合水库调度图的方式指导辽河水系水库群的联合调度。

结合上述思想，并考虑辽河水系水库群目前的兴利目标和生态环境需求，将原有兴利供水与生态供水相结合，最后确定的面向生态的水库群聚合调度规则基本形式为：根据各项用水户的重要程度由上至下设定3条供水限制线（②、③和④），以线①和⑤为边界将调度图划分成4个调度区域，如图5-7所示。

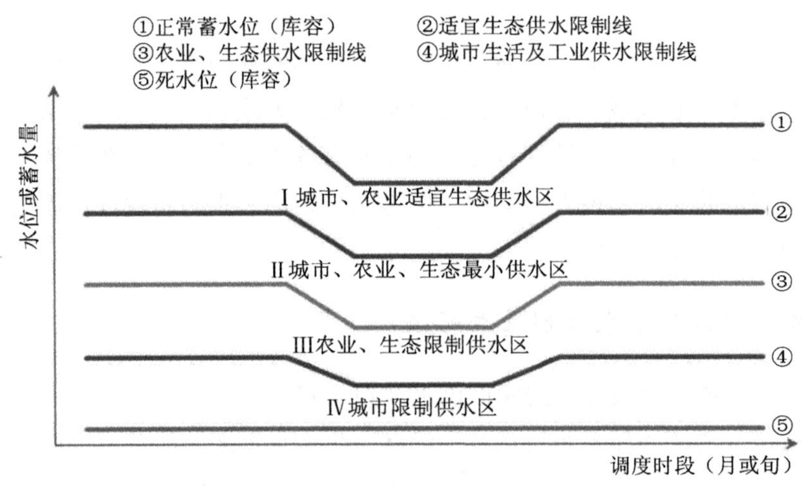

图5-7　生态流量分级控制调度图基本形式

图中，Ⅰ区为城市、农业适宜生态供水区，城市生活及工业、农业均正常供水，生态按适宜生态流量供水；Ⅱ区为城市、农业、生态最小供水区，城市生活及工业、农业均正常供水，生态按最小生态流量供水；Ⅲ区为农业、生态限制供水区；Ⅳ区为城市限制供水区，即城市生活及工业限制供水，农业、生态不供水。其中，各项供水的限制系数根据水库的实际情况进行确定，可见如何合理确定3条限制供水线是制定库群调度图的关键所在。

（2）水库群引水规则研究

跨流域引水主要是针对水资源空间分布不均匀这一特征，将水资源充沛区域的多余水量通过引水工程长距离引入水资源短缺区域，达到水资源高效利用的目的。由于跨流域引水成本较高，受水流域对引水进行高效利用、尽量减少弃水是跨流域引水的核心工作。

引水图是指导水库群高效引水的有力凭借，可以辅助决策者根据水库当前的蓄水状态决定需要引入的水量，与调度图的基本形式相对应水库群引水图同样包括两种形式：一种是将各成员受水水库聚合成一个虚拟水库形成聚合水库引水图，并辅以各成员受水水库相应的引水分配系数；另一种是蕴含水库群联合引水规则的单库引水图，两类引水图的实质和功能基本一致，均能够指导水库群的引水，达到科学高效引水的目的。为了对应聚合水库调度规则，便于水库群的统一管理，本研究采用聚合水库引水规则的形式。

结合上述思想，围绕高效引水、减少弃水，由上至下共设定两条引水控制线（⑦和⑧），以线⑥和⑨为边界将引水图划分成 3 个引水区域，如图 5-8 所示。

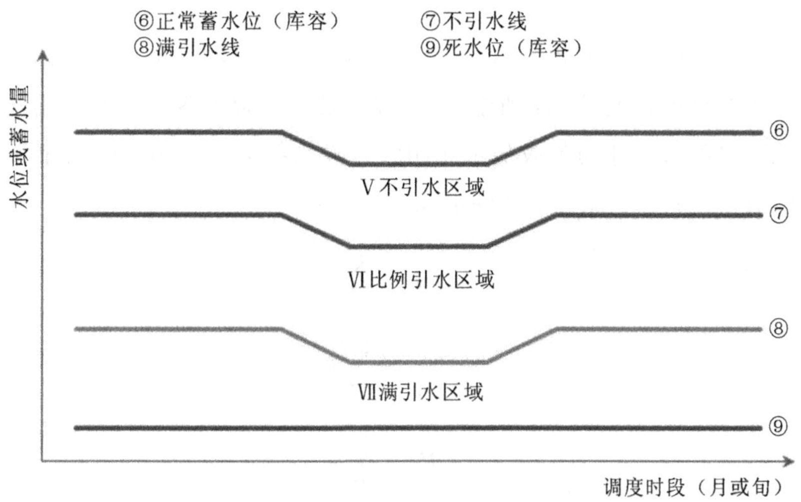

图 5-8 受水库群引水图基本形式

图 5-8 中，Ⅴ区为不引水区域，即水库群本身的兴利蓄水量便能够满足各项供水需求；Ⅵ区为按一定规则引水区域，本研究暂且采用按比例引水的规则，根据面临时段满引水线和不引水线的相对位置，插值确定引水量；Ⅶ区为满引水区域，要求按照引水隧洞的最大引水能力进行引水。

5.2.3 水库群联合生态调度模型构建

（1）水库群供水任务识别与指标确定

辽河水系上游清河、柴河两座水库主要承担的供水任务包括清河水库单独的城市生活及工业供水、柴河水库单独的城市生活及工业供水、下游灌区的农业联合供水和辽河干流铁岭水文站河道的生态联合供水。各项供水过程按照第 2 章的计算成果进行确定。

随着水库生态供水任务的加入，需要协调原有各项供水任务指标，本研究以保证原有水库各项供水指标不变为前提，在满足防洪安全的基础上，明确各项供水指标：城市生活及工业供水保证率为 95%，破坏深度不超过 10%；农业供水保证率为 75%，破坏深度不超过 30%；生态供水考虑与农业供水的重复利用，暂定与农业供水同等重要，保证率没有明确要求，越高越好，破坏深度限制在 20%以内。

（2）水库群供水与引水规则确定

以上已经对水库群供水与引水规则进行了详细的研究阐述，在此不再赘述，本节沿用聚合水库供水与引水规则研究成果，采用聚合水库的形式编制辽河水系清河、柴河两座并联水库的供水与引水规则，为了方便理解，下面对聚合水库的构建及分配系数的确定做简要介绍。

聚合水库是为了整体研究水库群之间的关系而假想出的一座虚拟水库，由各成员水库聚合而成，并不具备真实的物理形态。其蓄水量上下限为各成员水库蓄水量上下限之和，其特定时段的蓄水量亦为各成员水库相应时段的蓄水量之和。设水库群涉及 m 个串联水库，n 个并联水库，库群有 k 项供水任务，则有：

$$V_{t\,\min}^{0}=\sum_{i=1}^{m+n}V_{t\,\min}^{i} \tag{5-5}$$

$$V_{t\,\max}^{0}=\sum_{i=1}^{m+n}V_{t\,\max}^{i} \tag{5-6}$$

$$V_{t}^{0}=\sum_{i=1}^{m+n}V_{t}^{i} \tag{5-7}$$

聚合水库的各时段来水量、引水量、各项供水量及损失量为：

$$I_{t}^{0}=Ic_{t}^{1}+\sum_{i=2}^{m}Ic_{t}^{i}+\sum_{j=1}^{n}Ib_{t}^{j} \tag{5-8}$$

$$R_{t}^{0}=\sum_{i=1}^{m+n}R_{t}^{i} \tag{5-9}$$

$$W_{t}^{0j}=\sum_{i=1}^{m+n}W_{t}^{ij} \tag{5-10}$$

$$L_{t}^{0}=\sum_{i=1}^{m+n}L_{t}^{i} \tag{5-11}$$

引水后聚合水库水量平衡关系为：

$$V_{t+1}^{0}=V_{t}^{0}+I_{t}^{0}+R_{t}^{0}-\sum_{i=1}^{k}W_{t}^{0i}-L_{t}^{0} \tag{5-12}$$

式中：V_{t}^{0}——聚合水库在 t 时段的总蓄水量；

$V_{t\min}^{0}$、$V_{t\max}^{0}$——聚合水库在 t 时段的蓄水量上下限；

$V_{t\min}^{i}$、$V_{t\max}^{i}$——成员水库 i 在 t 时段的蓄水量上下限；

I_t^0、R_t^0、L_t^0——聚合水库 t 时段的总来水量、总引水量和总损失量（包括弃水）；

Ic_t^1——串联水库中最上游成员水库 t 时段的来水量；

Ic_t^i——串联水库 i 与 i–1 之间在 t 时段的区间来水量；

Ib_t^j——并联水库 j 在 t 时段的来水量；

R_t^i、L_t^i——成员水库的引水量和损失量（包括弃水）；

W_t^{0j}——聚合水库在 t 时段的第 j 项供水总量；

W_t^{ij}——成员水库 i 在 t 时段对第 j 项供水任务的供水量。

本研究由于仅存在清河、柴河两座并联水库，故串联水库个数 m=0，并联水库个数 n=2，水库群供水任务 k=4。

在明确了聚合水库总体供水与引水规则后，需要确定各成员水库对各项联合供水任务的供水量以及总引水量在成员水库间的分配，本研究中，联合供水任务包括农业供水、生态供水两项，鉴于水库的实际操作运行特点，确定清河、柴河两座并联水库的供水分配规则为按照两座水库月初兴利蓄水量比例大小进行分配。引水分配方面，考虑清河、柴河两座水库的兴利库容大小，遵循库容越大引水量越多的规律，确定清河、柴河两座并联水库的引水分配规则为按照两座水库月初蓄水量比例大小进行分配。

（3）联合调度模型构建

在以往清河、柴河两座水库的日常运行中，仅注重水库在防洪、城市生活及工业、农业供水方面的效益，忽略了水库的生态效益，水库在枯水期基本不放水，导致枯水期下游水体存在污染严重、河道断流等一系列较为严重的生态环境问题，为了避免不利情况的再次发生，水库生态调度研究被提上日程。由于辽河水系水资源相对短缺，多年平均来水量仅能够维持原有城市生活、工业和农业三方面的供水需求，如遇枯水年，农业供水也会遭到严重的破坏，因此，需要通过相关引水工程实施跨流域引水，以满足辽河水系紧张的农业与生态用水需求。

跨流域引水后受水库群的供水与引水联合调度模型主要研究如何对长距离、高成本引水进行高效利用，面临时刻的决策信息包括供水与引水两类信息，在模型的构建中，需要权衡各项用水指标，因此模型具有多变量、多目标的特点。

1）目标函数。考虑水库群调度的复杂性，围绕如何高效利用长距离引水，将模型目标函数设定为 2 个，首先，目标为在给定的规划引水量基础上，保证原城市生活、工业和农业供水，优化水库群联合调度过程，使最小生态供水与适宜生态供水保证率最大；其次，在满足各项供水保证率的基础上，优化年内引水过程，使多年平均引水量与弃水量之和最小。

①目标函数 1：最小生态供水与适宜生态供水保证率最大。

$$\max f_1 = P_{\text{eco}}^{\min} + \alpha P_{\text{eco}}^{\text{suit}} \tag{5-13}$$

②目标函数 2：年均引水量与弃水量之和最小。

$$\min f_2 = \frac{1}{n}\left[\sum_{i=1}^{n}\sum_{j=1}^{m}R(i,j) + \sum_{i=1}^{n}\sum_{j=1}^{m}SU(i,j)\right] \tag{5-14}$$

式中：$P_{\text{eco}}^{\min}$——最小生态供水月保证率；

$P_{\text{eco}}^{\text{suit}}$——适宜生态供水月保证率；

α——保证率权重系数，本研究取 0.5；

$R(i,j)$、$SU(i,j)$——聚合水库第 i 年第 j 个调度时段的总引水量和弃水量；

n——计算资料系列年限；

m——年内调度时段数。

2）约束条件

①水量平衡约束

$$V_{t+1}^{i} = V_t^{i} + I_t^{i} + R_t^{i} - W_t^{i} - L_t^{i} \tag{5-15}$$

式中：V_{t+1}^{i}、V_t^{i}——第 i 个成员水库 t 时段的末、初库容；

I_t^{i}、R_t^{i}、W_t^{i}、L_t^{i}——第 i 个成员水库 t 时段的来水量、引水量、供水量和损失水量（包括弃水）。

②库容约束

$$V_{t\min}^{i} \leqslant V_t^{i} \leqslant V_{t\max}^{i} \tag{5-16}$$

③引水能力约束

$$0 \leqslant SD_t \leqslant SD_{\max} \tag{5-17}$$

式中：SD_t——聚合水库 t 时段的引水量；

$SD_{\max}$——引水管道的最大引水流量。

由于规划中辽西北引水工程的引水管道最大引水能力为 75 m^3/s，剔除规划引水中用于城市生活及工业的引水量，故最终确定用于改善农业和生态管道最大引水能力为 62.92 m^3/s。

④各项供水保证率约束

$$p_j^{i} \geqslant P_j^{i} \tag{5-18}$$

$$d_j^{i} \leqslant D_j^{i} \tag{5-19}$$

式中：p_j^i、P_j^i——第 i 个成员水库第 j 项供水任务的实际保证率和设计保证率（本研究初定城市生活及工业供水保证率为 95%、农业供水保证率为 75%）；

d_j^i、D_j^i——第 i 个成员水库第 j 项供水任务的实际破坏深度和规定最大破坏深度（初定城市生活及工业供水破坏深度不超过 10%，农业供水破坏深度不超过 30%，生态供水破坏深度不超过 20%）。

5.2.4 基于遗传算法与逐次逼近法耦合的模型求解技术

5.2.4.1 联合调度模型分解

考虑跨流域引水后受水库群多目标联合调度模型的复杂性，结合前述确定的 2 个单目标函数，将模型分解成 2 个阶段单目标模型分别求解。

单目标调度模型Ⅰ：该模型由目标函数 1 和相应的约束条件构成，暂时不考虑引水的高效性，将规划给定的年均引水总量在年内均匀分配（7 月、8 月不引水除外），通过优化算法求出对应生态供水保证率最大的聚合水库供水规则。

单目标调度模型Ⅱ：该模型由目标函数 2 和相应的约束条件构成，在单目标调度模型Ⅰ计算成果的基础上，将其作为约束条件，通过优化年均引水量与引水过程，求解出最优引水规则，提高长距离引水的高效性。

5.2.4.2 模型求解方法

模拟-优化方法是目前求解水库优化调度规则的常用手段，该方法思路清晰、方便灵活，适用于解决库群引水与供水联合优化调度这类复杂的优化调度问题。基于模拟-优化思想，采用长系列模拟优化方法求解辽河水系水库群供水与引水规则。

在优化算法选择方面，随着国内外众多学者在优化算法方面的深入研究，优化算法呈现出百家争鸣的情形，之所以对优化算法的研究仍在继续，其根本原因是每一种优化算法均存在不同程度上的缺陷。遗传算法（GA）是启发式算法中具有代表性的算法，该算法具有全局搜索能力强、收敛性好等优点；但由于在计算中概率机制的引入不可避免存在计算结果不稳定、局部搜索能力较弱等缺陷。逐次逼近法（POA）是传统优化算法中的经典算法，该算法具有局部搜索能力强，计算稳定等优点；但同时也存在着全局搜索能力差、容易陷入局部最优等问题。因此，本研究结合以上两种优化算法，扬长避短，充分利用 GA 全局搜索能力强、POA 局部搜索能力强的优势，将 GA 与 POA 耦合形成混合优化算法，用于求解水库群供水与引水联合调度模型。模型求解步骤如下：

1）水库群来水、各项供水分析。该部分为模型的输入部分，采用流域各项用水规律分析结果。

2）调度时段、状态变量、决策变量确定。根据北方水库来水与供水特点，将汛期（6—9 月）按旬、非汛期按月共划分成 20 个调度时段，状态变量定为水库库容，决策变量包括引水与供水两类决策变量。

3）供水图与引水图线型初设。供水图线型按照本节供水规则基本形式设定，引水图线型在求解模型 I 时按年内均匀引水设定，在求解模型 II 时按满引、比例引水和不引三级模式设定。

4）单目标模型 I 求解。首先采用 GA 算法生成供水规则初始解，在此基础上进行微调，采用 POA 算法生成供水规则最优解。

5）单目标模型 II 求解。在单目标模型 I 计算成果的基础上，保持其供水规则不变，采用 GA 算法生成引水规则初始解，在此基础上进行微调，采用 POA 算法生成引水规则最优解。

模型求解总体流程如图 5-9 所示。

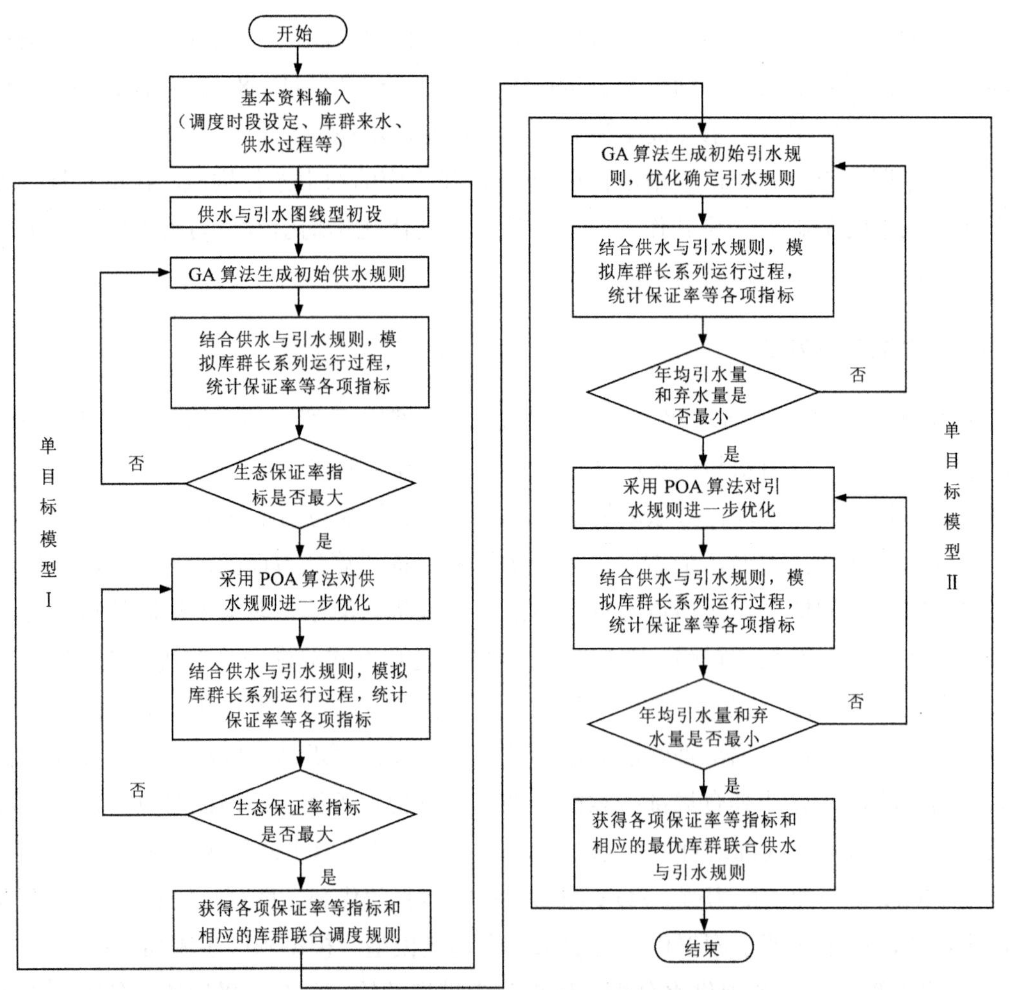

图 5-9 模型求解总体流程

5.2.4.3 优化算法详述

（1）遗传算法生成初始解

在本节 5.2.4.1 和 5.2.4.2 优化模型的基础上，采用模拟自适应遗传算法生成并初次优化联合调度规则。

遗传算法是一种全局搜索进化算法，简单通用、鲁棒性强，适用于并行处理，近年来在水库及库群优化调度研究中应用较广。算法主要包括选择、交叉、变异 3 个遗传算子，其中交叉运算决定算法的全局搜索能力，变异运算决定算法的局部搜索能力。模拟自适应遗传算法包括水库群调度过程模拟、自适应遗传优化两部分内容。首先根据遗传算法思想对聚合水库调度图（供水和引水图）各控制线的节点进行编码，生成若干组初始水库群调度规则，之后结合长系列来水过程及各项需水要求进行水库群模拟调节，并统计各项调度方案优劣的指标，最后将这些指标统合为遗传算法适应度（优化模型的目标函数值），通过选择、交叉、变异的迭代计算实现调度图寻优，算法计算过程如图 5-10 所示。

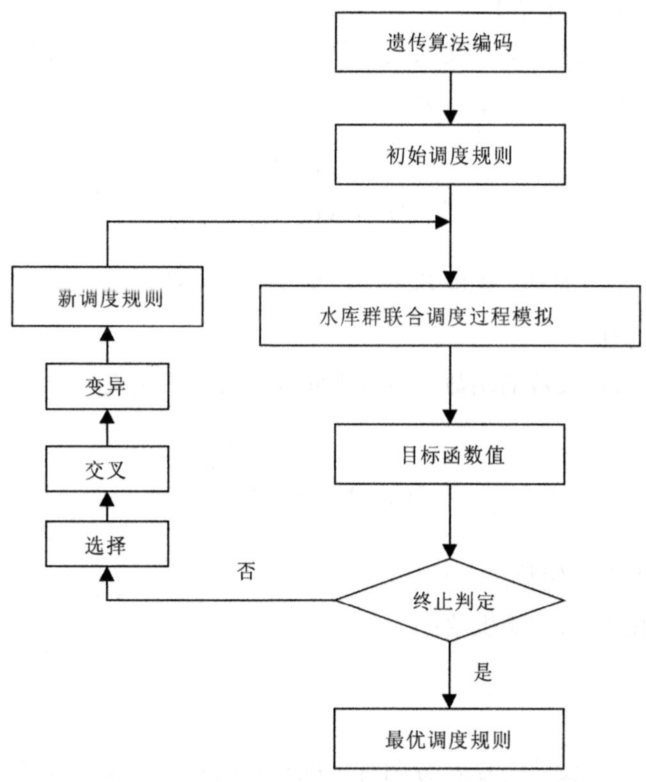

图 5-10 遗传算法计算流程

1）编码方式

研究中采用实数编码方式对聚合水库调度图各控制线节点进行编码。设某一考虑生态需求的供水图从上到下由 L 条不相交的控制线组成，每条控制线有 T 个节点（对应 T 个调度时段），则每条染色体由 $L\times T$ 个基因组成。每一个基因即为供水图各控制线节点的真值，表述为：

$$V_{j,t}=V_{t,\min}+N_{\text{rand}}\times(V_{t,\max}-V_{t,\min}) \tag{5-20}$$

式中：j——控制线条数，j=1，2，…，L；

t——时段，t=1，2，…，T；

$V_{t,\max}$、$V_{t,\min}$——时段 t 水库蓄水量的最大、最小值；

N_{rand}——[0，1]范围内的随机数。

考虑到供水图各供水限制线不能交叉，故要求：

$$V_{1,t}>V_{2,t}>\cdots>V_{L,t} \tag{5-21}$$

2）选择、交叉、变异算子

研究中采用赌盘选择、均匀交叉遗传算子，为保障遗传算法在较高进化代数的局部搜索能力，采用非均匀变异遗传算子：

$$V_t'=\begin{cases}V_t+\Delta(g,V_{t,\max}-V_t)\\V_t+\Delta(g,V_t-V_{t,\min})\end{cases} \tag{5-22}$$

式中：$V_{t,\max}$、$V_{t,\min}$——时段 t 水库蓄水量的最大、最小值；

g——进化代数；

$\Delta(g,y)$——进化代数的函数，研究中此函数按下式定义：

$$\Delta(g,y)=y(1-r^{(1-\frac{g}{gen})b}) \tag{5-23}$$

式中：gen——最大进化代数；

r——[0，1]范围内的随机数；

b——系统参数。

3）自适应法

参照文献的自适应变化方法，分两种情况对遗传算法中的交叉概率和变异概率进行控制，对于适应度越大越优的情况：

$$P_c=\begin{cases}P_{c1}-\dfrac{(P_{c1}-P_{c2})(f'-f_{avg})}{(f_{max}-f_{avg})}, & f'\geqslant f_{avg}\\ P_{c1}, & f'<f_{avg}\end{cases} \tag{5-24}$$

$$P_m=\begin{cases}P_{m1}-\dfrac{(P_{m1}-P_{m2})(f_{max}-f)}{(f_{max}-f_{avg})}, & f\geqslant f_{avg}\\ P_{m1}, & f<f_{avg}\end{cases} \tag{5-25}$$

对于适应度越小越优的情况：

$$P_c=\begin{cases}P_{c1}-\dfrac{(P_{c1}-P_{c2})(f_{avg}-f'')}{(f_{avg}-f_{min})}, & f''\leqslant f_{avg}\\ P_{c1}, & f''>f_{avg}\end{cases} \tag{5-26}$$

$$P_m=\begin{cases}P_{m1}-\dfrac{(P_{m1}-P_{m2})(f_{avg}-f)}{(f_{avg}-f_{min})}, & f\leqslant f_{avg}\\ P_{m1}, & f>f_{avg}\end{cases} \tag{5-27}$$

式中：P_{c1}、P_{c2}、P_{m1}、P_{m2}——各取值 0.9、0.6、0.1、0.01；

f_{avg}——本代种群适应度平均值；

f_{max}——种群最大适应度值；

f_{min}——种群最小适应度值；

f'——要交叉的两个个体中较大的适应度值；

f''——要交叉的两个个体中较小的适应度值；

f——要变异个体的适应度值。

4）最优保存策略

经选择、交叉、变异运算后，下一代的个体最大（最小）适应度值可能小于（大于）上一代最大（最小）适应度，即上一代的优良个体没有遗传到下一代。针对这一问题，本研究中采用稳态精英保存策略，即在每一代计算中，适应度最大（最小）的 N_s 个染色体不参加遗传运算，直接复制到下一代。

（2）逐次逼近法获得精确解

在利用遗传算法对聚合水库供水与引水联合调度图进行初步优化之后，对形成降维处理后的调度规则初始解，结合水库群来水、需水实际特征采用逐次逼近法对调度规则进行细化寻优。

逐次逼近法是求解多维非线性问题的有效方法，它的基本思想是将多阶段决策问题分解成若干个子问题，每个子问题只带有一个决策变量，每个子问题在其他阶段变量不变的条件下仅考虑某个时段的状态，采用离散微分的方法，对该阶段进行迭代寻优，在解决该阶段问题后再考虑下一个阶段，将上次的结果作为下次优化的初始条件，逐个时段进行寻优，反复循环，直到收敛为止。假定遗传算法初始优化生成的调度图（供水或引水图）由 L 条调度线组成，各调度线有 N 个节点，将调度规则概化为 $L \times N$ 个决策变量，则优化过程如图 5-11 所示。

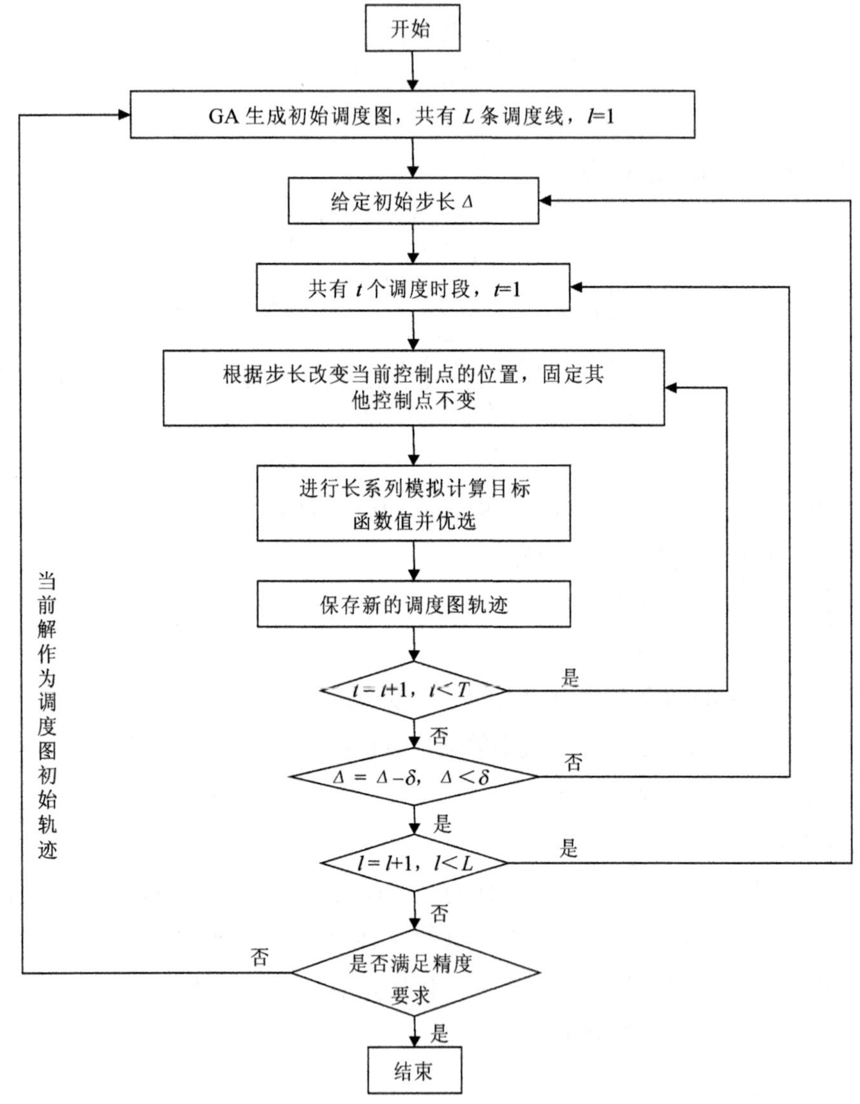

图 5-11 逐次逼近法求解流程

在优化算法的实现上，本研究采用 Fortran 语言编写优化算法计算程序，Fortran 是英文“Formula Translator”的缩写，译为“公式翻译器”，是世界上第一个被正式推广使用的高级语言，于 1954 年被提出，1956 年开始正式使用，至今已有 60 多年的历史，但仍历久不衰，始终是数值计算领域使用的主要语言。该语言以其特有的功能在数值、科学和工程计算领域发挥着重要作用，最大特性是接近数学公式的自然描述，在计算机里具有很高的执行效率，尤其是在处理大量数据方面具有很大优势，在处理复杂水文计算过程中被众多学者采纳。本研究中需要通过优化算法对构建的聚合水库联合调度模型进行寻优来确定最优的联合调度方案，在计算过程中存在模型约束条件复杂、水文长系列模拟数据量大等特点，因此采用数值计算能力强大的 Fortran 语言进行程序编写。

5.3 水库群联合调度方案确定与分析

5.3.1 供水与引水规则优化过程分析

按照图 5-9 的联合调度模型求解流程，对水库群联合调度规则的优化整体上分为两个步骤，首先，在不考虑引水高效性、均匀分配规划总引水量的前提下，优化水库群供水调度规则，使生态供水保证率最大；其次，在水库群供水规则确定的基础上，通过混合优化算法对引水规则进行优化，最终确定水库群供水与引水联合调度规则。

5.3.1.1 均匀引水情况下水库群优化调度结果分析

（1）GA 初始调度结果分析

在不考虑引水高效性的前提下，根据规划年均引水总量均化年内引水过程，得到的水库群初始供水调度图如图 5-12 所示。

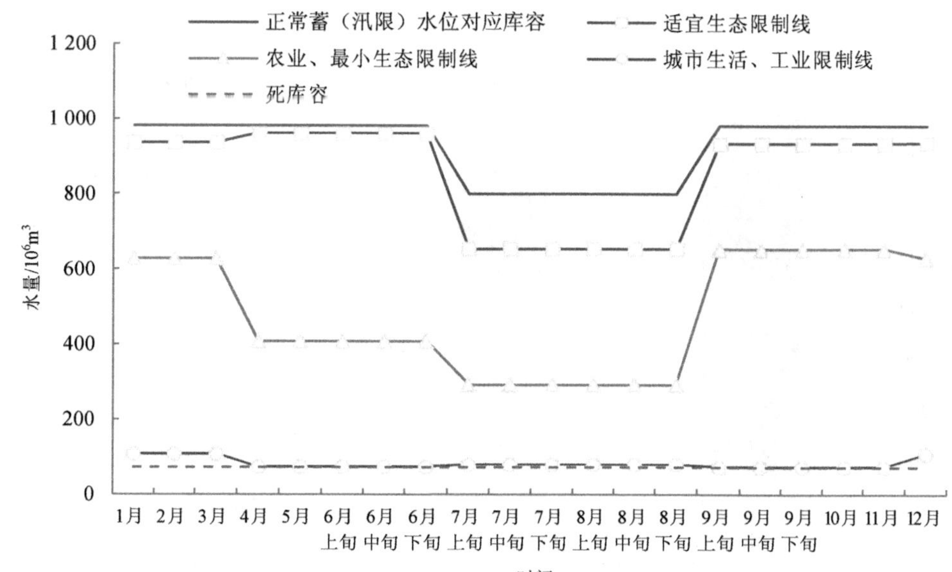

图 5-12 聚合水库供水调度图（GA）

按照图 5-12 确定的供水调度规则进行调度，通过对长系列历史入库径流资料进行模拟，得到两座水库各项供水指标：清河水库城市生活及工业供水保证率为 100%，柴河水库城市生活及工业供水保证率为 100%，联合灌溉区域农业供水保证率为 74.36%，联合生态供水区域最小生态供水保证率为 72.65%，适宜生态供水保证率为 32.26%，年均引水量为规划中的 469.95×10^6 m^3，年均弃水量为 191.43×10^6 m^3，水量平衡见表 5-4 和图 5-13、图 5-14。

表 5-4 清河水库与柴河水库水量平衡表 单位：10^6 m^3

项目		清河水库水量	柴河水库水量	聚合水库水量
入库水量	天然来水	475.09	298.09	773.18
	引水	305.80	164.15	469.95
	合计	780.89	462.24	1 243.13
水库供水	城市生活工业	60.30	31.06	91.36
	农业	397.31	232.42	629.73
	生态	331.84	191.86	523.69
	合计	789.45	455.34	1 244.78
弃水与损失	蒸发渗漏	29.05	3.67	32.72
	弃水	107.94	83.50	191.43
	合计	136.99	87.17	224.15

注：水库供水大于入库水量系农业、生态供水重复利用所致。

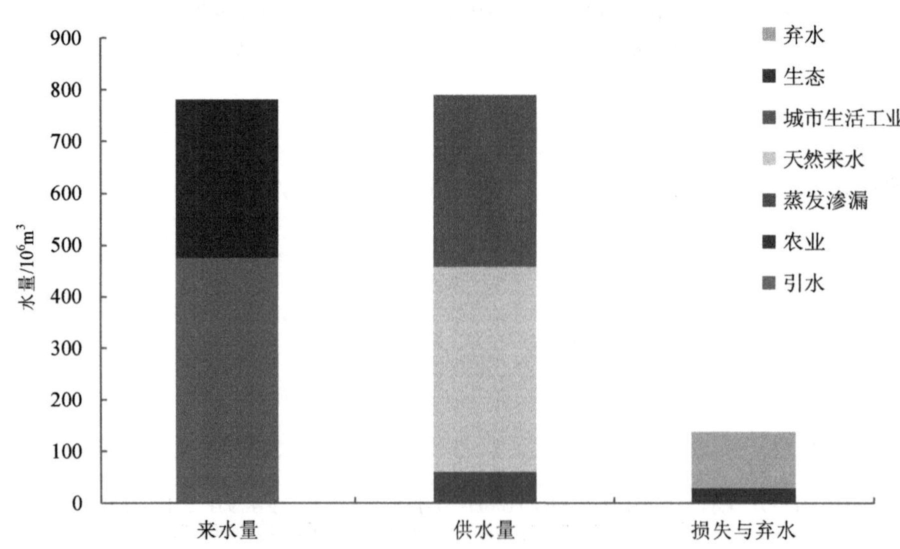

图 5-13 清河水库水量平衡图

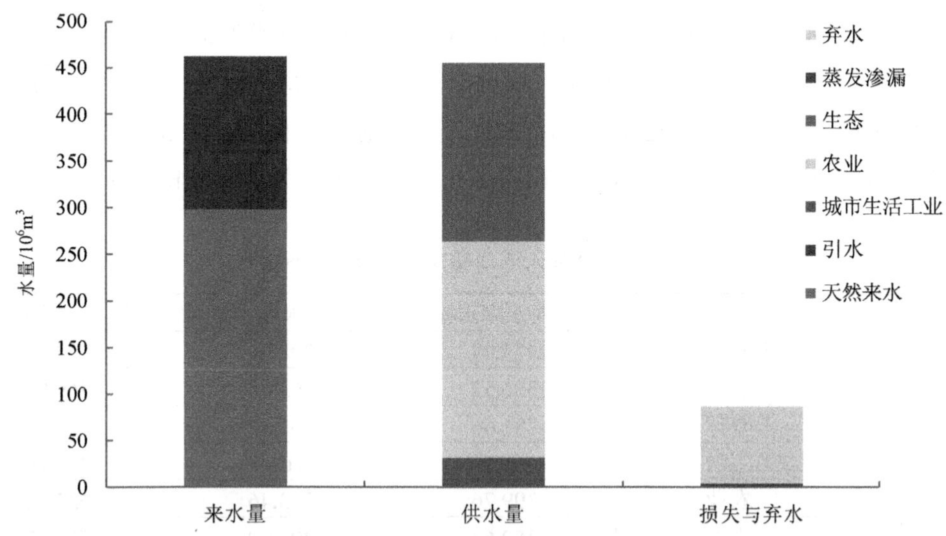

图 5-14 柴河水库水量平衡图

由图、表结果可以看出农业保证率较低，没有达到设计保证率标准 75%，多年平均弃水量较多，因此需要在此基础上对聚合水库供水调度图做进一步优化。

（2）POA 优化后调度结果分析

在 GA 算法计算成果的基础上，采用局部搜索能力较强的 POA 算法得到水库群优化后的供水调度图，如图 5-15 所示。

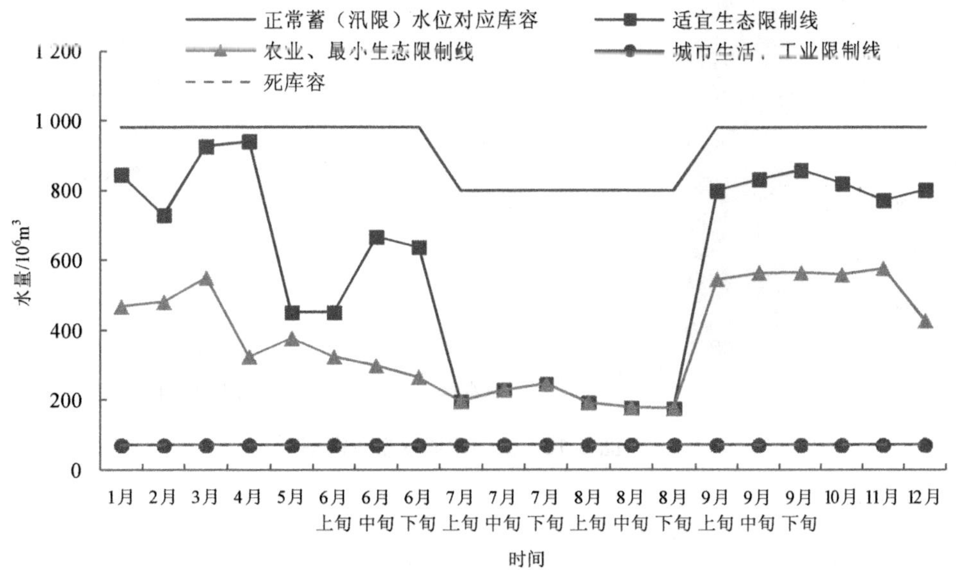

图 5-15 聚合水库供水调度图（POA）

按照图 5-15 确定的供水调度规则进行调度，通过对长系列历史入库径流资料进行模拟，得到两座水库各项供水指标：清河水库城市生活及工业供水保证率为 100%，柴河水库城市生活及工业供水保证率为 100%，联合灌溉区域农业供水保证率为 79.49%，联合生态供水区域最小生态供水保证率为 81.41%，适宜生态供水保证率为 37.82%，年均引水量为 469.95×10^6 m^3，年均弃水量为 163.34×10^6 m^3，水量平衡见表 5-5 和图 5-16、图 5-17。

表 5-5 清河水库与柴河水库水量平衡表 单位：10^6 m^3

项目		清河水库水量	柴河水库水量	联合水库水量
入库水量	天然来水	475.09	298.09	773.18
	引水	306.57	163.38	469.95
	合计	781.66	461.47	1 243.13
水库供水	城市生活工业	60.30	31.06	91.36
	农业	399.76	233.46	633.22
	生态	350.63	201.99	552.62
	合计	810.69	466.51	1 277.20
弃水与损失	蒸发渗漏	29.05	3.67	32.72
	弃水	90.13	73.21	163.34
	合计	119.18	76.88	196.06

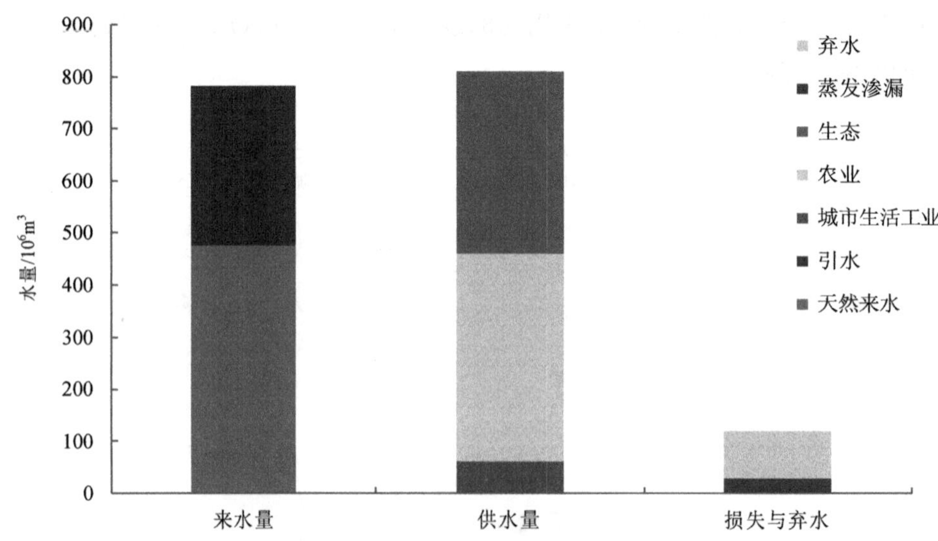

图 5-16 清河水库水量平衡图

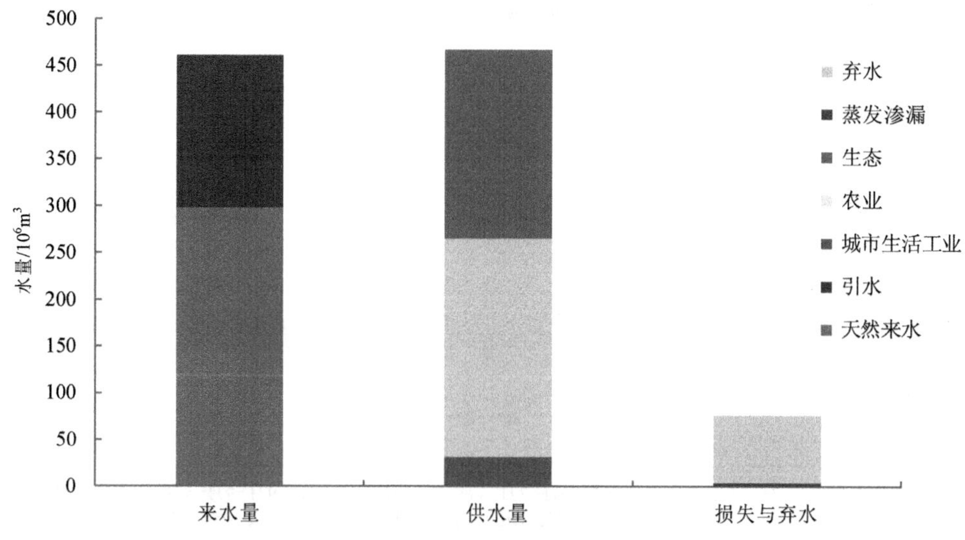

图 5-17 柴河水库水量平衡图

从以上结果可以看出，通过进一步优化供水调度图后，联合农业供水保证率由原来的 74.36%提高到 79.49%，可以满足设计农业供水保证率标准，联合生态供水区域最小生态供水保证率由 72.65%提高到 81.41%，提升幅度较大，年均弃水量由 191.43×10^6 m^3 降至 163.34×10^6 m^3，可见，引水总量不变，减少的弃水量被全部应用在改善农业和生态供水方面，进而提高了农业和生态供水的保证率，对供水调度图优化效果显著；同时，由于均化了年内引水过程，出现部分调度时段引水后产生大量弃水的不合理现象，因此，仍需要对引水过程进行优化，以提高引水的高效利用性。

5.3.1.2 引水规则优化后调度结果分析

（1）GA 初始优化引水规则调度结果分析

本研究对引水规则的优化建立在前述水库群联合供水调度规则固定不变的基础上，通过优化年内引水过程，达到对长距离引水高效利用的目的，GA 优化后的初始联合水库引水调度图如图 5-18 所示。

按照图 5-18 中的联合水库引水调度规则，结合第 5.3.1.1 节求得的聚合水库供水调度规则，对长系列历史入库径流资料进行模拟，得到两座水库各项供水指标：清河水库城市生活及工业供水保证率为 100%，柴河水库城市生活及工业供水保证率为 100%，联合灌溉区域农业供水保证率为 79.49%，联合生态供水区域最小生态供水保证率为 89.32%，适宜生态供水保证率为 37.82%，年均引水量为 392.83×10^6 m^3，年均弃水量为 107.63×10^6 m^3，水量平衡见表 5-6 和图 5-19、图 5-20。

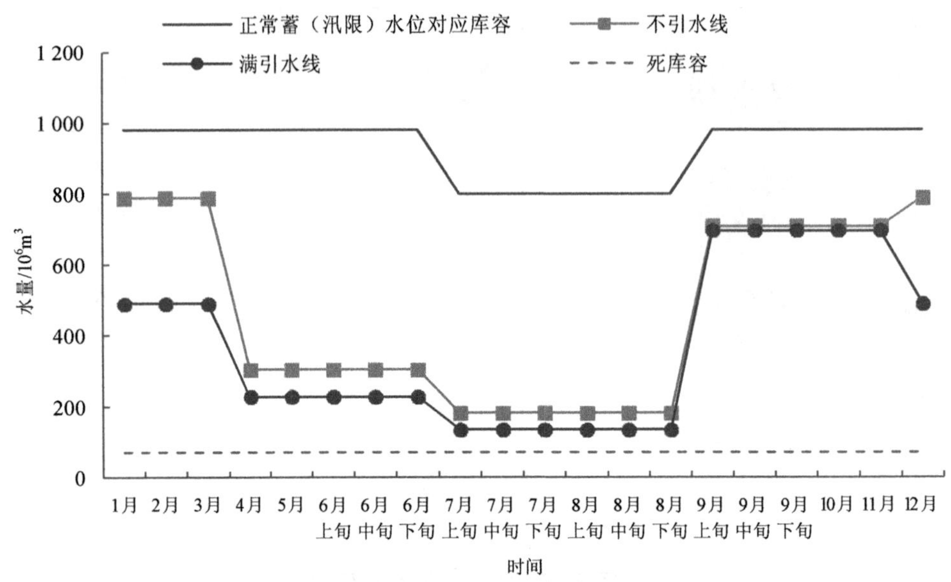

图 5-18 聚合水库引水调度图（GA）

表 5-6 清河水库与柴河水库水量平衡表 单位：10^6 m^3

项目		清河水库水量	柴河水库水量	聚合水库水量
入库水量	天然来水	475.09	298.09	773.18
	引水	259.61	133.22	392.83
	合计	734.70	431.31	1 166.01
水库供水	城市生活工业	60.30	31.06	91.36
	农业	408.32	238.80	647.12
	生态	331.86	190.82	522.67
	合计	800.48	460.68	1 261.15
弃水与损失	蒸发渗漏	29.05	3.67	32.72
	弃水	56.51	51.12	107.63
	合计	85.56	54.79	140.35

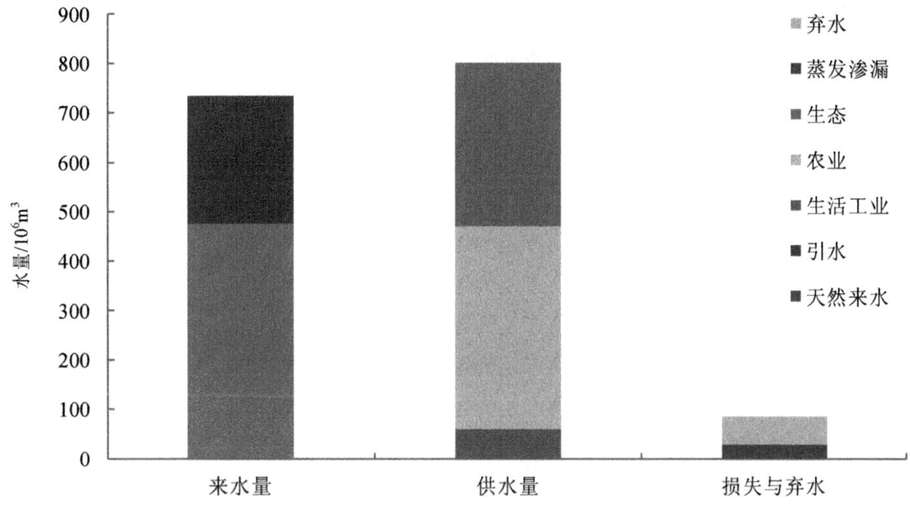

图 5-19 清河水库水量平衡图

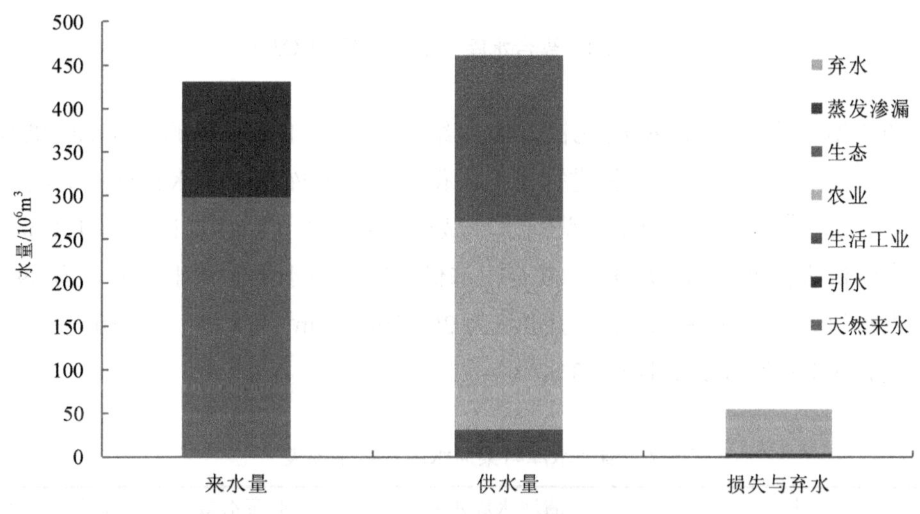

图 5-20 柴河水库水量平衡图

从以上结果可以明显发现，通过对引水规则的初步优化，年均弃水量由 163.34×10^6 m^3 骤降到 107.63×10^6 m^3，年均引水量由 469.95×10^6 m^3 削减到 392.83×10^6 m^3，同时，联合生态供水区域最小生态保证率由 81.41%提高到 89.32%，可见，通过对引水规则进行初步优化，受水水库群对跨流域引水进行了高效利用，避免了“同一调度时段既引水又弃水”情形的发生。为了求得引水规则的精确解，使水库群对跨流域引水进行最合理利用，需要对引水规则进一步优化。

（2）POA 优化引水规则后结果分析

在 GA 算法计算成果的基础上，采用局部搜索能力较强的 POA 算法微调引水过程线，

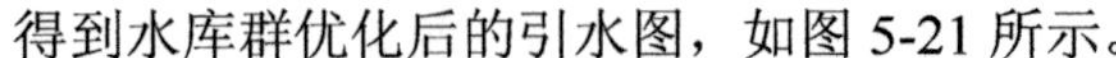

得到水库群优化后的引水图，如图 5-21 所示。

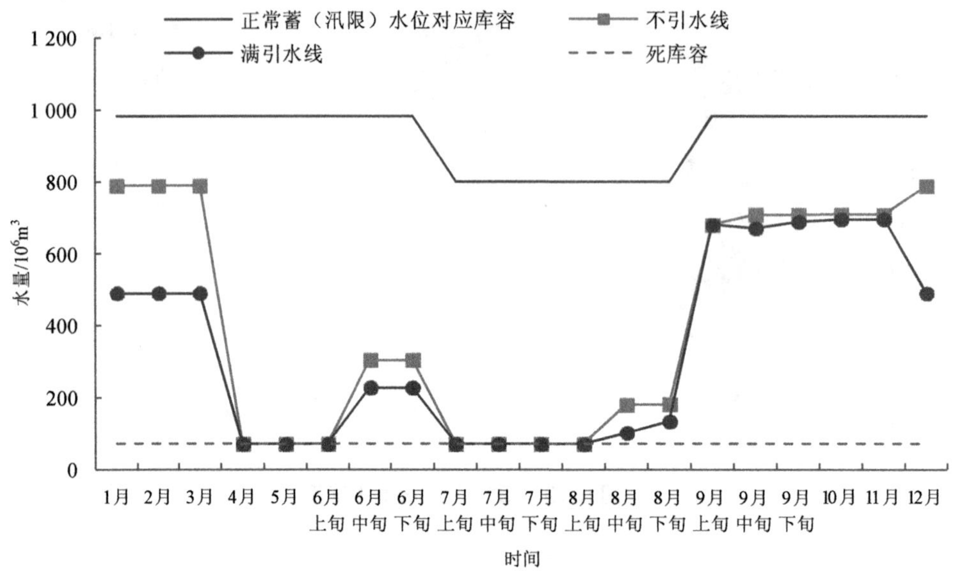

图 5-21　聚合水库引水调度图（POA）

按照图 5-21 中的聚合水库联合引水规则，结合第 5.3.1.1 节求得的聚合水库供水调度规则，对长系列历史入库径流资料进行模拟，得到两座水库各项供水指标：清河水库城市生活及工业供水保证率为 100%，柴河水库城市生活及工业供水保证率为 100%，联合灌溉区域农业供水保证率为 79.49%，联合生态供水区域最小生态供水保证率为 89.32%，适宜生态供水保证率为 37.82%，年均引水量为 392.79×10^6 m^3，年均弃水量 107.59×10^6 m^3，水量平衡见表 5-7 和图 5-22、图 5-23。

表 5-7　清河水库与柴河水库水量平衡表　　单位：10^6 m^3

项目		清河水库水量	柴河水库水量	聚合水库水量
入库水量	天然来水	475.09	298.09	773.18
	引水	259.58	133.20	392.79
	合计	734.67	431.29	1 165.97
水库供水	城市生活工业	60.30	31.06	91.36
	农业	408.31	238.81	647.12
	生态	331.85	190.83	522.67
	合计	800.46	460.70	1 261.15
弃水与损失	蒸发渗漏	29.05	3.67	32.72
	弃水	56.50	51.09	107.59
	合计	85.55	54.76	140.31

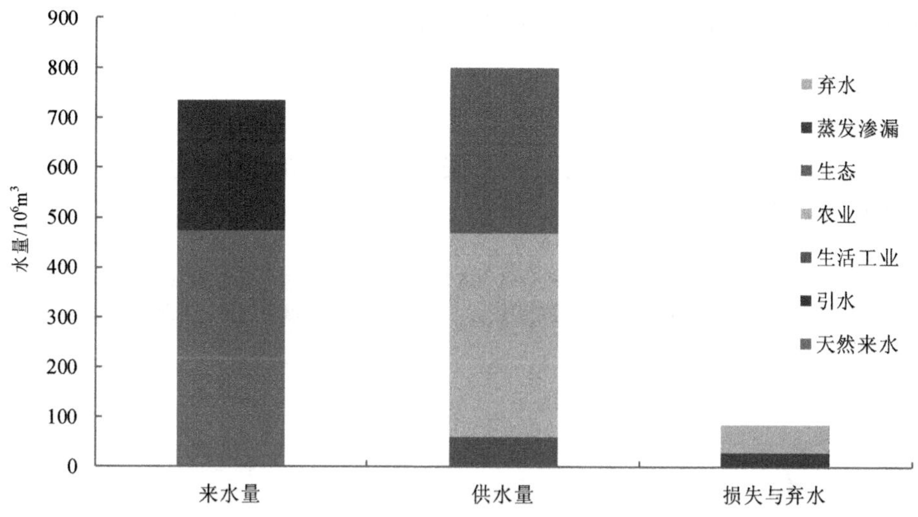

图 5-22 清河水库水量平衡图

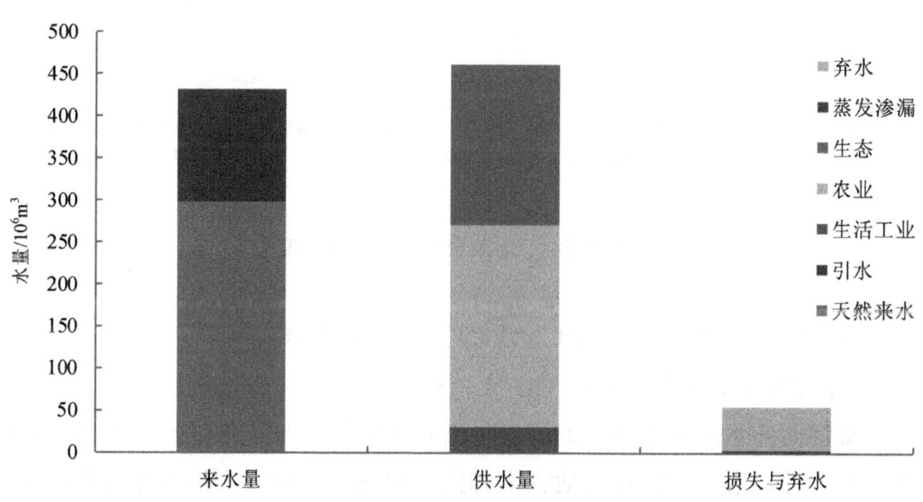

图 5-23 柴河水库水量平衡图

从以上结果可以看出，进一步优化后的引水规则对各项供水保证率、弃水量等指标优化程度并不明显，因此认为引水规则已经收敛到最优，同时，可以发现在对聚合水库供水与引水规则逐步优化的过程中，适宜生态供水保证率的改善并不明显，保证率仅由初次优化的32.26%提高到最终的37.82%，主要是为了保证下游河道的适宜生态流量，需要水库群提供的适宜生态供水量较多，尤其是在历年来水较少的枯水期阶段，考虑长距离引水的高成本，若通过加大引水量仅用于改善下游的河道水生态环境是不经济的，水库群主要是在来水丰沛的汛期按照适宜生态供水量进行放泄，因此，适宜生态供水保证率提高程度不大，同时也验证了水库群供水与引水联合调度规则的经济合理性。

5.3.2 联合调度方案确定

根据上述优化结果，最终确定了清河、柴河两座水库的供水与引水联合调度图，如图 5-24、图 5-25 所示。

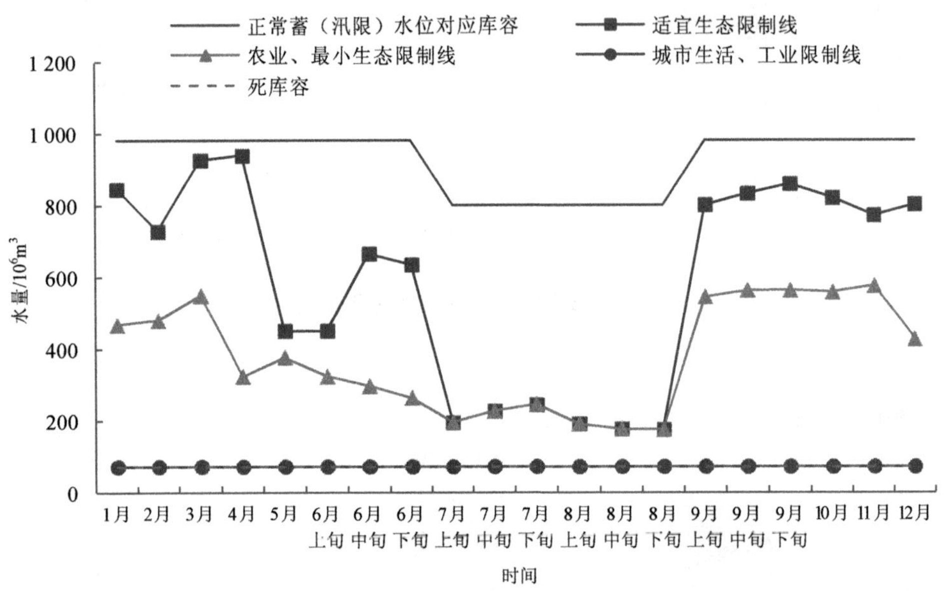

图 5-24 清-柴聚合水库供水调度图

在保证防洪安全的基础上，清河、柴河两座水库运行策略为：

1）当总库容处于适宜生态供水区时（Ⅰ区）

清河、柴河两座水库根据各自的城市生活及工业供水量正常供水，考虑农业供水与生态供水的复用性，取农业供水与适宜生态供水两项指标的最大值进行放水，各水库的放水量根据各库月初兴利蓄水量按比例分配。

2）当总库容处于最小生态供水区时（Ⅱ区）

两水库城市生活及工业正常供水，取农业供水量与最小生态供水量中的最大值进行放水，各水库放水量根据各库月初兴利蓄水量按比例分配。

3）当总库容处于农业、生态限制供水区时（Ⅲ区）

两水库城市生活及工业正常供水，农业、生态限制供水，取两项限制供水指标的最大值放水，各库放水量根据月初兴利蓄水量按比例分配。

4）当总库容处于城市生活及工业限制供水区时（Ⅳ区）

城市生活及工业限制供水，农业、生态不供水。在研究水库群的联合调度过程中，由于考虑了引水工程，增加了水库群的整体调配水量，再加上两座水库城市生活及工业供水量所占供水比例较小，因此，经过优化调度后，并不存在城市生活及工业供水出现破坏的情况，供水调度图中的城市生活及工业供水限制线与死库容线完全重合。

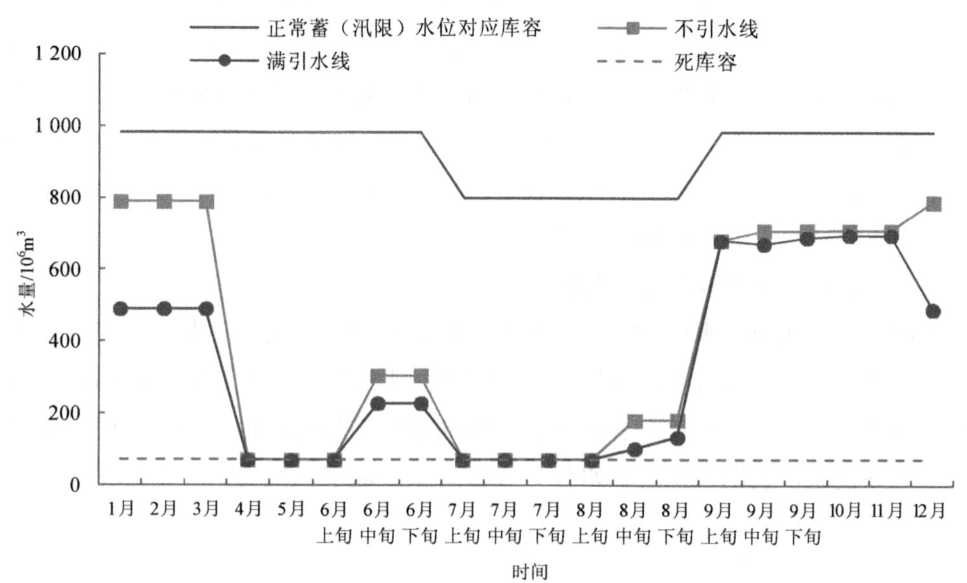

图 5-25 清-柴聚合水库引水图

清河、柴河两座水库引水策略为：

1）当总库容位于不引水区时（Ⅴ区），两座水库均不引水。

2）当总库容位于比例引水区时（Ⅵ区），按照面临时刻满引水线和不引水线的相对位置插值确定引水总量，根据各水库月初蓄水量按比例分配引水。

3）当总库容位于满引水区时（Ⅶ区），按照引水工程的最大引水能力引水，根据各水库月初蓄水量多少按比例分配引水。

5.3.3 调度方案合理性分析

根据前述确定的水库群供水与引水联合调度方案，从定性与定量两方面对其合理性进行分析。

5.3.3.1 定性分析

（1）聚合水库供水调度图定性分析

由于清河、柴河两座水库均为以农业灌溉为主的水库，城市生活及工业供水量相对较少，再结合部分外调引水，城市生活及工业供水基本能够达到100%的满足，因此，城市生活及工业供水限制线与死库容重合。农业生态供水限制线和适宜生态供水限制线总体上变化趋势一致，均存在非汛期控制线升高、汛期控制线降低的特点，主要是由于水库处于非汛期时间较长，且期间来水较少，为了能够持续满足下游灌区和河道的农业生态供水，需要控制水库蓄水容量在相对较高的位置，来保证各项供水指标；在汛期阶段，天然来水充沛，水库农业生态供水任务较轻，基本能够自然满足，同时，为了兼顾防洪和汛后期的兴利蓄水，因此控制线在汛期偏低。

（2）聚合水库引水调度图定性分析

由于清河、柴河两座水库均为多年调节水库，兴利库容大、调节能力强，其兴利供水任务不完全依靠跨流域引水，因此，引水图中不引水线与库容上限之间存在较大距离，不引水控制线在整体上同样存在非汛期偏高汛期偏低的趋势，也是由于水库在非汛期来水少供水任务较重、汛期来水多供水任务较轻所致，满引水线与不引水线变化趋势基本一致，原理类似，不再赘述。

5.3.3.2 定量分析

利用优化后的聚合水库供水与引水调度图对两座水库1975—2013年入库径流水文资料进行长系列模拟，根据调度结果绘制聚合水库逐年库容变化过程，如图5-26所示。

对于考虑生态供水的水库而言，其各年库容变化过程与传统供水水库略有不同，主要是由于存在生态供水与农业供水复用的情况，本研究中农业供水的高峰期为历年的5—8月，水库主要根据农业供水量进行泄流。由于该段时间生态供水量相对较少，即便农业限制供水也能够保证生态的最小供水量，因此农业供水出现破坏的时期主要集中在5—8月，图中5—8月是农业供水发生破坏的时段。经统计，发生农业供水破坏的年份为1982年、1989年、1992年、1997—1998年、2000年、2002—2003年，可以发现这几年均为来水较少的枯水年，与实际情况相符，但通过联合优化调度，这几年均没有出现农业供水深度破坏的情况。聚合水库生态供水出现破坏的时段主要集中在9—11月，由于该时期灌区农业需水量远小于生态供水量，即便生态限制供水也能够保证农业的正常供水，因此该段时间不会发生农业供水破坏的情况，虽然生态供水发生破坏的时段较多，但没有出现深度破坏的情况；对于其他时段，水库均能够提供维持下游河道基本生态功能的生态供水量，可见优化调度生态效益显著。

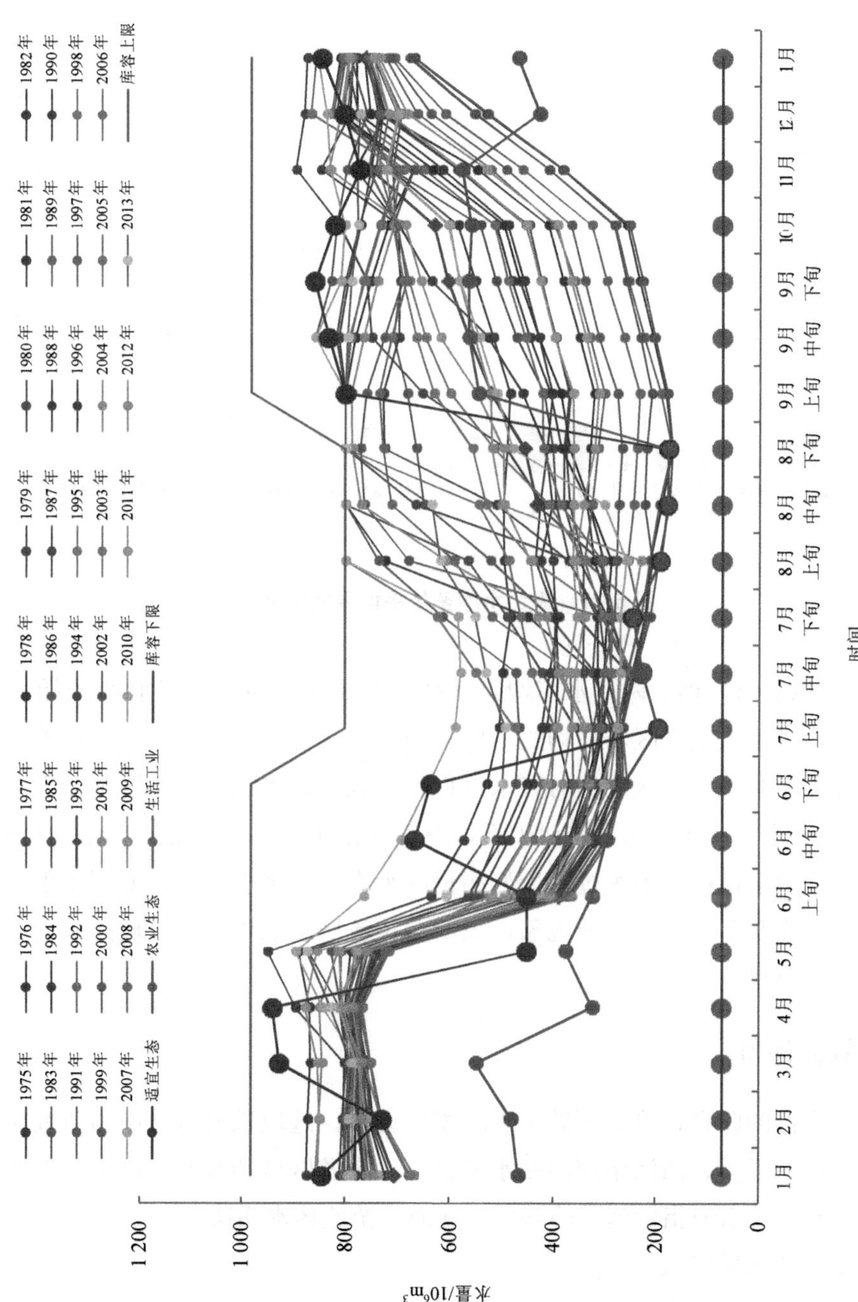

图 5-26 聚合水库逐年库容变化过程

按照聚合水库供水与引水联合调度规则进行模拟，得到聚合水库多年平均来水、供水、引水和弃水年内变化过程，如图 5-27 所示。

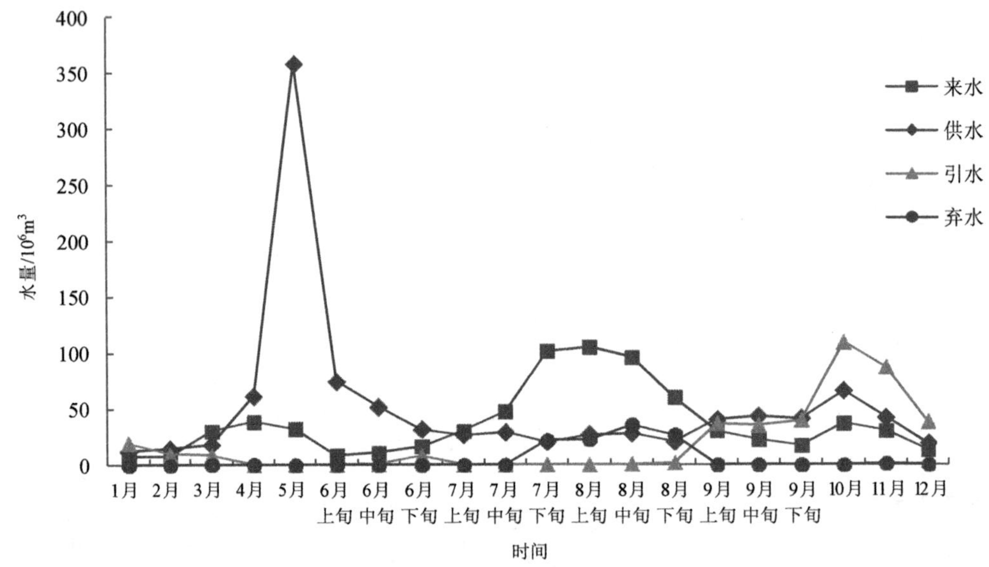

图 5-27 聚合水库多年平均调度结果

从图 5-27 可以看出，由于两座水库均为以农业灌溉为主的水库，因此水库供水在 5 月供水量偏多，该时段正是灌区农作物的泡田和分蘖时期，需要水库供给大量的农业用水。另外，聚合水库的天然来水过程与弃水过程相一致，弃水现象基本发生在来水偏多的汛期 7 月、8 月，水库由于考虑其防洪安全，不可避免地会在汛期加大泄流，从而导致弃水现象的出现。引水过程与来水过程恰好相反，来水少则多引，来水多则不引，并没有出现同一调度时段既引水又弃水的现象，表明对跨流域引水进行了合理高效利用，因此，调度结果基本合理。

5.3.4 生态效益评价

为了研究水库群的联合调度对下游生态环境的影响，选取铁岭水文站为研究对象，铁岭水文站位于辽河干流、清河柴河两座水库之下，上游区域的来水经过水库群的调配后流经铁岭水文站，其水质指标基本能够反映辽河上游整体水质情况。

（1）铁岭水文站水质现状

目前，用于评价水质的指标众多，其中，化学需氧量（COD）和氨氮浓度在水质评价中应用较广泛，本研究以 COD 和氨氮浓度两项指标分析铁岭水文站水质情况。

由于水质资料方面的限制，仅采用铁岭水文站 2006—2012 年 7 年实测水质资料进行分析，为了保证污染物指标的准确性，对污染物浓度指标的计算采用流量加权法，铁岭水文站 COD、氨氮质量浓度逐年变化过程如图 5-28、图 5-29 所示。

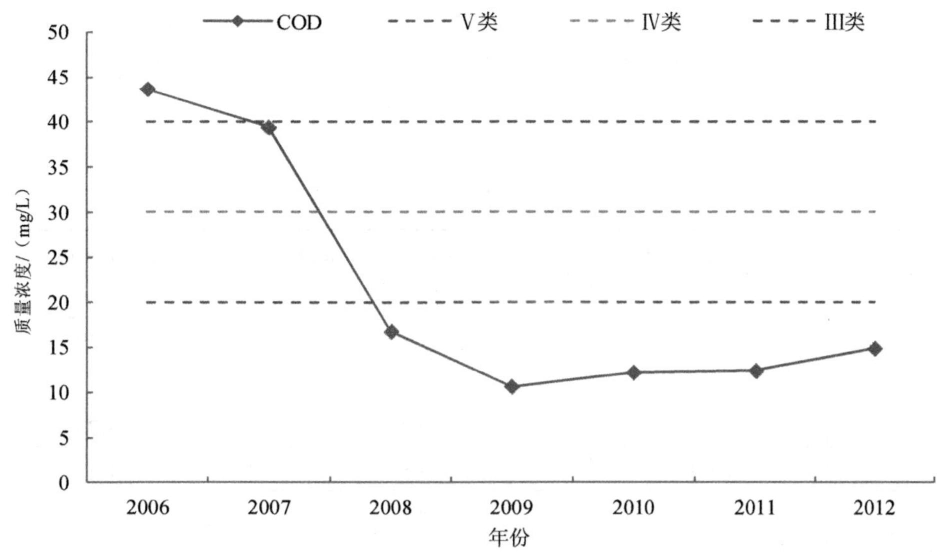

图 5-28 2006—2012 年铁岭水文站年均 COD 质量浓度变化过程

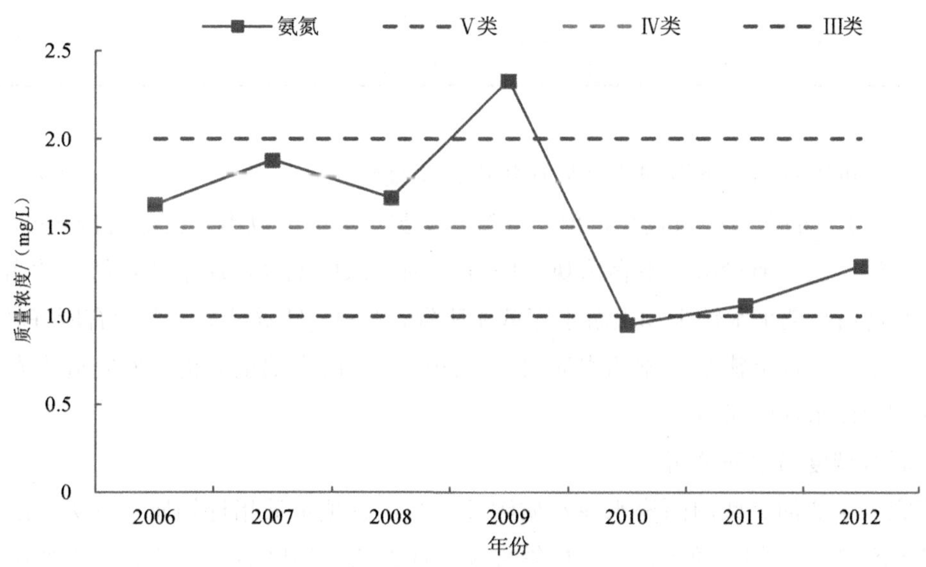

图 5-29 2006—2012 年铁岭水文站年均氨氮质量浓度变化过程

从以上图可以看出，COD 质量浓度下降趋势显著，自 2008 年开始 COD 质量浓度一直维持在III类水质标准范围之内，质量浓度变化趋于稳定，COD 污染物整体含量较低，河流水质良好，这与近年来辽河水系先后开展的污染治理工作密不可分。氨氮质量浓度下降趋势并不明显，在Ⅳ～Ⅴ类水质标准范围内波动，虽然2010—2012年质量浓度有所降低，但整体上氨氮污染物含量偏高，水质较差。为了能够反映河流水质的近期状况，对于COD质量浓度计算采用近期变化趋于平稳的2008—2012年实测水质资料，氨氮质量浓度计算采用2006—2012年实测水质资料，计算结果见表5-8。

表5-8 铁岭水文站近期年内水质情况

月份	平均流量/（m^3/s）	COD平均质量浓度/（mg/L）	氨氮平均质量浓度/（mg/L）
1	6.75	20.2	2.69
2	5.51	37.8	5.39
3	24.2	24.3	4.63
4	52.7	19.3	3.79
5	85.4	13.5	1.27
6	87.1	12.7	0.68
7	193	11.2	1.13
8	331	12.9	1.01
9	153	12.0	0.64
10	67.6	12.7	0.80
11	37.1	12.1	1.26
12	15.5	11.0	1.96

从表5-8可以看出，下游河流水质在年内枯水期污染较为严重，其中，COD质量浓度仅在2月、3月的含量相对较高，但均维持在Ⅴ类水质标准以内，其他月份浓度偏低，水质整体良好。氨氮质量浓度不容乐观，1—4月质量浓度偏高，属于严重超标的劣Ⅴ类水质，主要是枯水期来水较少和上游水库截流所致，5—11月质量浓度含量有所好转，达到Ⅲ、Ⅳ类水质，能够满足基本的水质要求。因此，本研究偏重分析水库实施生态调度后对枯水期河流水质的影响。

（2）联合调度后水质分析

本研究假定清河、柴河两座水库水质污染较少，各项水质指标均属于Ⅱ类标准，考虑2项指标污染程度相差较大，为了能够体现水库群联合调度后对2项指标的影响，从COD水环境容量和氨氮质量浓度改变两方面进行前后对比分析，其中，水环境容量的计算采用零维计算公式，忽略水体自净能力，计算结果见表5-9和图5-30。

表 5-9 COD 水环境容量统计表

月份	联合调度前 水环境容量/t	联合调度后 水环境容量	水环境容量 增加量/t	水环境容量 增率/%
1	11 547	15 349	3 802	32.9
2	1 047	7 139	6 092	581.6
3	32 827	41 164	8 337	25.4
4	94 253	139 181	44 928	47.7
12	38 837	48 060	9 223	23.7

注：铁岭水文站 5—11 月 COD 浓度均属III类，水质较好，仅考虑质量浓度较高的月份。

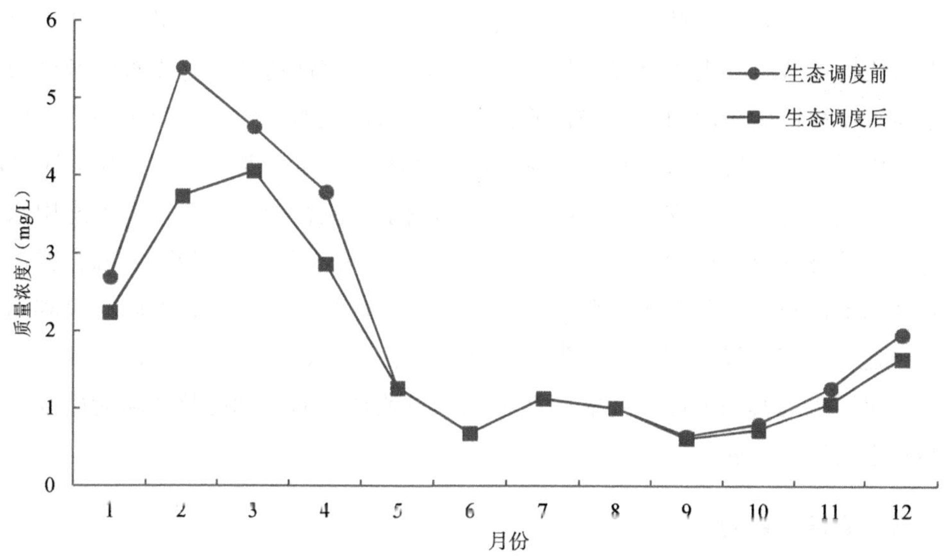

图 5-30 铁岭水文站氨氮质量浓度联合调度前后对比

从计算结果可以看出，联合调度后，枯水期 COD 水环境容量增加较为明显，尤其是 2 月增率高达 5.8 倍，质量浓度由Ⅴ类降为Ⅳ类，主要是由于 2 月 COD 质量浓度最高，水环境容量相对较少，使水库生态供水的稀释效果显著；同时，其他各月 COD 水环境容量也有不同幅度的增加，各月 COD 质量浓度均降到III类水质以下，基本能够满足流域水功能区水质要求。氨氮质量浓度同样在枯水期降低程度明显，主要是由于枯水期下游河道中水量偏少，水库生态供水对小流量的稀释效果显著，其中，1 月氨氮质量浓度降低 16.8%，2 月降低 30.7%，3 月降低 12.3%，4 月降低了 24.6%，9—12 月氨氮质量浓度也有不同程度的降低。总之，实施水库群与引水工程联合调度后，对下游河道水质水量均有较大程度的改善。

5.4 闸坝调度及调整方案研究

5.4.1 河流廊道功能解析

5.4.1.1 影响河流廊道功能的因素

影响辽河廊道功能的因素主要为自然因素和人为因素。自然因素以洪涝、干旱等自然灾害为主；人为因素主要体现为，人类活动过度挤占了河流廊道自然生态空间，如辽河现状河滩除了封育区外，仍有大部分滩地为耕地，局部临近河道的集中居住区将河滩及堤岸硬化处理，缩减了植被空间，部分河段为增大洪水通路对河道进行裁弯取直，对下游河岸造成较大威胁；人工修建的拦蓄建筑物阻断河流连通性，造成水资源分布不均匀，如辽河干流福德店至河口之间修建的拦蓄建筑物，虽然形成了水面和湿地，但也影响了上下游生物连通。另外，辽河天然径流量约 30%来自东、西辽河，而其余约 70%主要来自清河、柴河等支流，支流上水库的修建影响了干流径流量，特别是生态用水量；河流廊道缺少综合性统一规划理念，河流廊道上下游、左右岸应该是相互交融的综合体，但属地分区而治，只着重强调了某单一属性，导致整体功能效益弱、不同河段利用强度差异大，如辽河干流沿线修建了不少生态湿地、文化景观、旅游景点，但沿线交通、基础设施、居民需求等其他方面的功能属性不强，导致辽河河流廊道整体功能散乱、联系不强，不利于高质量发展。

5.4.1.2 河流廊道功能内容

（1）河道内部环境

辽河干流河道内部包含水体、滩地、动植物、堤岸高地等河流要素，辽河水资源短缺，需要水体保障生态基流，传递上下游物质及能量，但是拦蓄水建筑物削弱了水体连通性；辽河中上游河道滩地以砂石、耕植土为主，柳河口以下则沙化较为严重，加之辽河干流 1 050 线以外耕地影响，河滩自然植被覆盖减少，影响河道生态环境；辽河干流设置了水体动植物及鸟类保护区，保护区栖息地不受影响，有利于保持生物多样性；辽河干流全线堤岸发挥了重要的防护作用，但还未形成生态堤岸型式，隔断了河道内外生态系统的连接，且不利于阻断岸上污染进入河道，这些要素是有机统一的整体，共同构建了河道内部相对完整的自然生态体系。

（2）河道两岸岸上环境

辽河干流大部分河段位于城区外，流经处多为耕地、林地，人类集中居住区多为乡镇村屯，因而辽河两岸岸上环境多为农耕环境、弱工业化或无工业化环境，岸上自然生态环境相对河道内较为单一，特别是临河地带缺少足够的空间进行结构层次合理化的人工干预，进而减少了岸上对河流危害的屏障作用，也削弱了河道内通过生态屏障向外建立生态联系的功能。因而，河道两岸岸上环境要从人工干预屏障规模、结构层次合理性和生态景观适宜性等方面进行进一步解析。

（3）河道内外环境整体性

河道内外环境整体性是以河道内及河道外构成的河流廊道作为一个整体进行解析，主要从廊道宽度大小合理性、河道内外环境相互影响的深度以及河流廊道时间尺度上周期变化等宏观性要素分析辽河河流廊道在自然生态中发挥的功能。廊道宽度要考虑辽河流域尺度、辽干尺度还是河段尺度，对应的功能要对应不同行业或不同级别的发展规划；河道内外环境相互影响的深度要考虑内外自然生态的平衡发展，主要是内部良好的生态环境能向外辐射的有效范围；河流廊道时间尺度要考虑北方季节性河流冬季枯水期可能产生的不利自然生态环境事件，如水量减少导致的断流、沙化扩大等现象。

（4）河道利用强度

河道利用强度是指人类社会对河道资源开发利用或改造的强度，其直接或间接产生了经济社会效益，主要体现在河道资源利用类型、堤岸保护能力两方面。根据辽河水功能区划，辽宁省辽河干流不同河段均设有饮用水水源区、农业用水区，经济社会发展需要从中获取水资源，同时利用河道纳污能力向其中排放污染物；辽河干流 1 050 线以外区域作为耕地利用了滩地的土地资源，1 050 线以内封育区共有国家级自然保护区 1 处、省级自然保护区 2 处、国家湿地公园 4 处、省级重要湿地 3 处、国家级水产种质自然保护区 2 处，则利用了辽河的生态资源；辽河干流上的拦蓄水工程则是综合性地利用了河道空间资源，一定程度上服务于水资源和生态资源的利用；堤岸保护能力则根据经济社会的发展，按照《防洪标准》（GB 50201—2014）的要求，分析不同河段的保护措施和防洪标准。

（5）区域开发强度

区域开发强度是指一定区域内经济社会活动的强度，体现在人口密度变化、土地利用强度两方面。根据辽宁省省级及辽河流经各市城市总体规划及现状影像地图数据，可分析河流廊道内及周边土地现状利用强度；根据百度热力图及走访调查结果，可分析不同时间段内人口活动在不同地段的差别。

（6）服务人类活动需求的能力

服务人类活动需求的能力是指河流廊道从亲水条件、休闲节点、两岸连通性和基础设施完善度等方面满足人类活动需求的能力。辽河干流沿线的湿地公园及管理道路在一定程度上提供了亲水条件和休闲节点，辽河跨河桥梁和堤顶道路基本能够为周边居民聚集区到达河边提供便利，但是相关基础设施完善度不足，从一定程度上降低了民众休闲娱乐的体验。

（7）文化挖掘开发程度

河流廊道的经济社会功能体现在其本身的文化底蕴方面，当地的文化资源可以从时间维度和空间维度向外传递特有的文化内涵，也能够结合河流廊道的自然生态功能展现出观赏性更强的景观，通过文化挖掘可以打造城市名片，为河流廊道的发展延续提供载体。

5.4.1.3 河流廊道功能指标体系

以往的河流廊道功能指标体系大多侧重于自然生态指标，本次分析则是根据河流廊道现状特点和发展趋势，综合性体现其功能特性的层次结构指标体系。根据前文分析内容，河流廊道功能指标体系以自然生态功能和经济社会功能为目标层，然后按照层级结构以功能构成的内容划分一级因子和二级因子，最后共同构成辽河河流廊道功能指标体系，其体系结构见表 5-10。

表 5-10 辽河河流廊道功能指标体系

目标层	一级因子	二级因子
自然生态功能	河道内部环境	水体环境
		滩地环境
		动植物生存空间
		堤岸防护类型
	河道两岸岸上环境	人工干预屏障规模
		屏障结构层次合理性
		岸上景观适宜性
	河道内外环境整体性	廊道宽度大小合理性
		河道内外环境相互影响的深度
		时间尺度上周期变化的影响
经济社会功能	河道利用强度	河道资源利用类型
		堤岸保护能力
	区域开发强度	人口密度变化
		土地利用强度
	服务人类活动需求的能力	亲水条件
		休闲节点
		两岸连通性
		基础设施完善度
	文化挖掘开发程度	历史遗迹节点
		特色乡村节点
		现代文化产品

5.4.2 辽河干流闸坝基本情况及存在的问题

5.4.2.1 辽河干流闸坝基本情况

辽河干流有石佛寺水库、盘山闸两座控制性防洪工程，干流福德店至河口目前建成的跨河桥梁共有 30 座，拦河潜坝 2 座，拦河橡胶坝 16 座，穿堤建筑物 178 座、险工 75 处（图 5-31、图 5-32）。

（1）水库工程

石佛寺水库是辽河干流上唯一一座大型防洪控制性工程，坝址位于沈阳市沈北新区黄家乡和法库县依牛堡乡，距沈阳市区 47 km，水库控制流域面积 164 786 km^2。

水库工程包括主坝、副坝、泄洪闸、交通工程、交叉建筑物工程等。水库以防洪、供水为主要任务，按 100 年一遇洪水设计，300 年一遇洪水校核，设计洪水水位 50.22 m，相应库容 1.60×10^8 m^3；校核洪水水位 50.69 m，总库容 1.85 亿 m^3，调洪库容 1.6 亿 m^3。

其主要任务是解决辽河中下游地区的防洪标准偏低的问题，完善辽河干流的防洪体系，恢复生态环境，改善水质。通过辽河干流左侧三大支流上的南城子、清河、柴河、榛子岭 4 座水库和区间堤防及本工程的联合调控，将石佛寺水库以下辽河干流的防洪标准由现状的 30 年一遇洪水提高到 100 年一遇洪水。保护辽河油田、沈山铁路、京哈线秦沈段、京沈高速公路、“八三”输油管线、国内国际通信干线等国家大型基础设施和重要工矿企业，防洪效益十分显著。

石佛寺水库防洪任务是提高石佛寺水库以下辽河干流的防洪标准，由现状的 30 年一遇洪水提高到 100 年一遇洪水。防洪调度措施如下。

防洪限制水位：无。

汛期泄流方式：

1）当石佛寺水库坝址处的流量小于 5 500 m^3/s 时，闸门敞泄；

2）当石佛寺水库坝址发生超过下游堤防允许泄量 5 500 m^3/s 的洪水时，水库控制放流，使其不超过下游堤防安全泄量 5 500 m^3/s；

3）当水库遭遇超过 100 年一遇洪水和库水位超过设计洪水位时，水库闸门控制其泄量不大于最大入库洪峰流量。

（2）盘山闸工程

盘山闸位于盘锦市双台子区东郊，是辽河下游的枢纽建筑物，它建在感潮河段的末端，闸址距河口 57.3 km，位于辽河盘锦城市防洪段，是辽河下游防洪体系的一个重要组成部分。

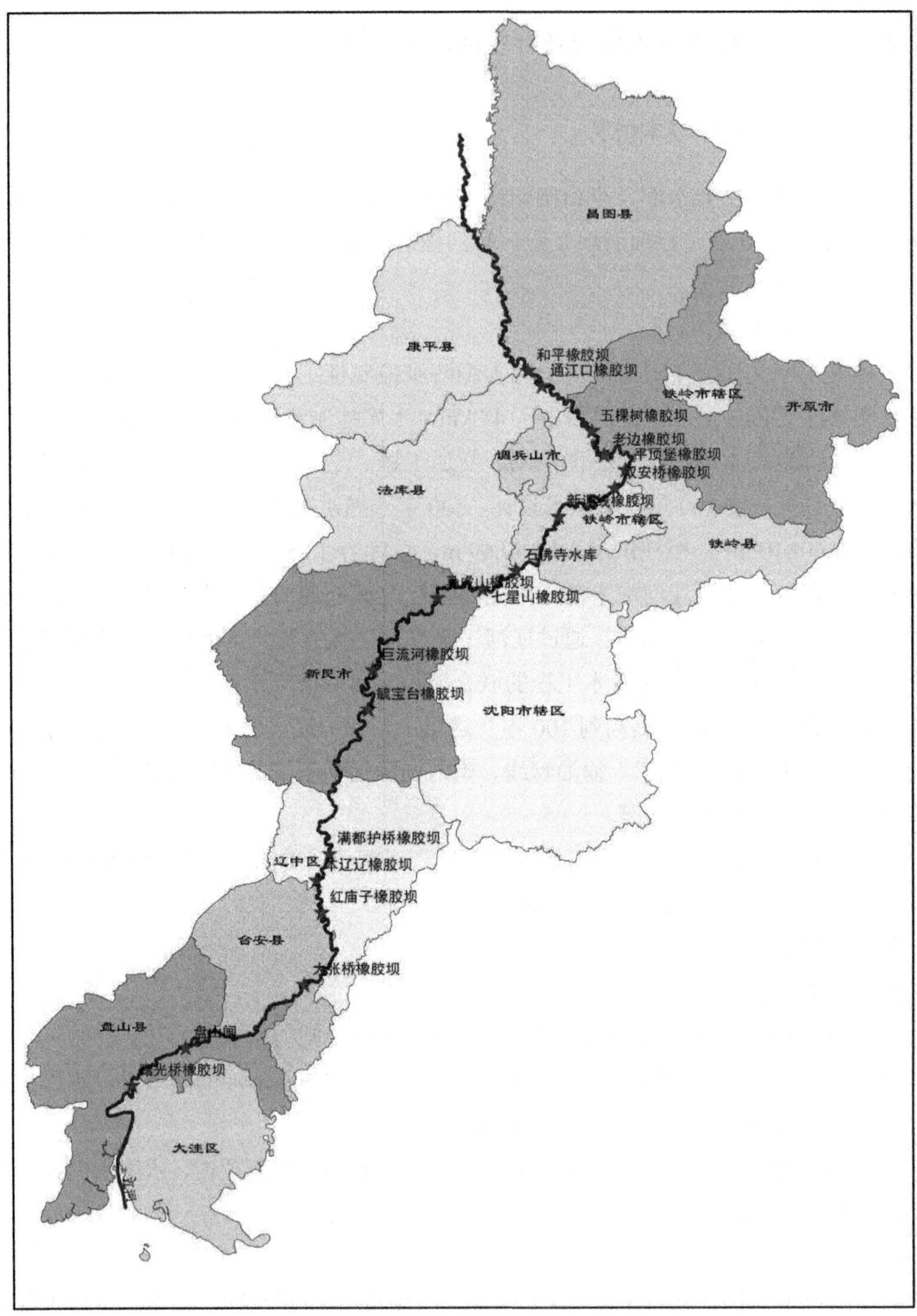

图 5-31 辽河干流橡胶坝分布示意图

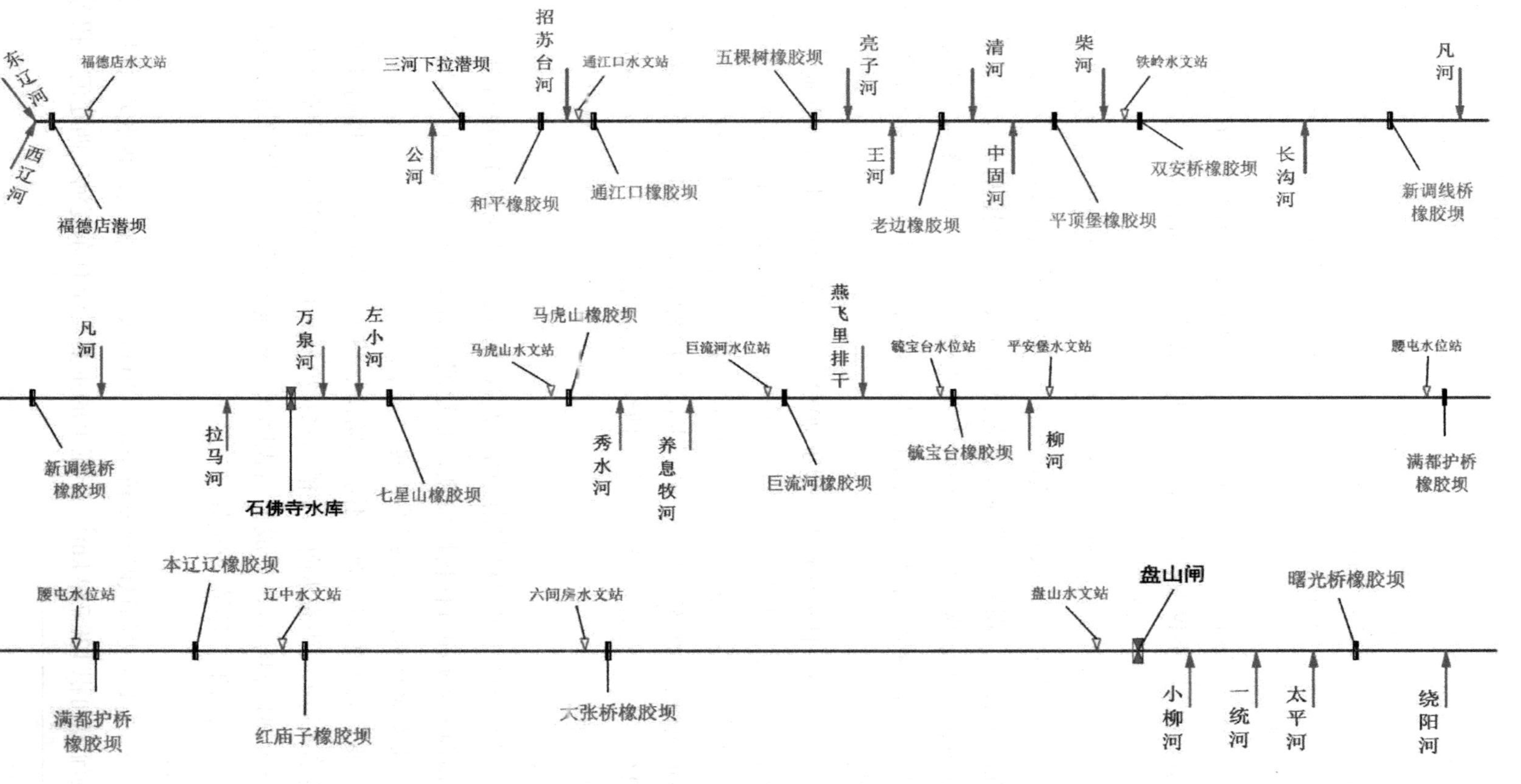

图 5-32 辽河干流闸坝及河流概化

盘山闸工程包括拦河闸、进水闸、船闸、上下游导流堤、小柳河倒虹吸、分洪堤和防汛交通桥。目前，盘山闸除险加固工程已完成，该次除险加固工程在满足盘锦市灌溉及城市供水以及不改变深孔闸的运用方式的条件下，为确保设计洪水安全下泄，在原导流堤位置新建浅孔闸，深孔闸及浅孔闸防洪标准按 100 年一遇洪水设计，200 年一遇洪水校核。水闸设计洪水位 8.10 m，相应泄量 5 000 m^3/s；校核洪水位 9.08 m，相应泄量 6 800 m^3/s。

（3）橡胶坝工程

目前，在辽河干流福德店至河口之间重点段主河槽内，累积修建 16 座生态抗旱临时蓄水橡胶坝。这些橡胶坝不仅改善了辽河干流的生态环境，而且还打造了水面景观，美化了环境，同时为枯水期引水灌溉提供了保障。

橡胶坝是用高强度合成纤维织物做受力骨架，内外涂敷橡胶做保护层，加工成胶布，再将其锚固于底板上成封闭状的坝袋，通过充排管路用水或气将其充胀成的袋式挡水坝。橡胶坝工程由混凝土底板、坝袋及锚固件、充排水或气设施及控制系统等部分组成，坝顶可以溢流，并可根据需要调节坝高，控制上游水位，以发挥生态蓄水、灌溉、发电、航运、防洪、城市景观、挡潮等效益。下面简要介绍几处以生态蓄水为主的橡胶坝。

1）五棵树橡胶坝

位于开原市庆云堡镇五棵树村村西，建于 2012 年，上游有和平橡胶坝和通江口橡胶坝，是辽河干流生态抗旱蓄水重点工程之一，其上游干流上的主要支流有东辽河、招苏台河。

该橡胶坝主要是为了生态需要，不承担防洪、灌溉等传统拦蓄工程的任务。橡胶坝建成后，在上游形成稳定的生态水面，主槽回水长度 12.82 km，设计坝高蓄水量 148 万 m^3，形成湿地水面 2 029 亩[①]，是辽河成为水清、地绿、林茂的绿色通道之一，实现建设生态辽河的重要工程措施。

2）老边橡胶坝

位于开原市三家子乡西老边村东南，哈大高速铁路 2 号桥下游 1 590 m 处。上游有和平橡胶坝、通江口橡胶坝和五棵树橡胶坝，是辽河干流生态抗旱蓄水重点工程之一，其上游干流上的主要支流有东辽河、招苏台河、亮子河。

该橡胶坝主要是为了生态需要，不承担防洪、灌溉等传统拦蓄工程的任务，橡胶坝建成后，在上游形成稳定的生态水面，主槽回水长度 9.21 km，设计坝高蓄水量 138 万 m^3。与哈大高铁二号桥湿地相结合，形成大面积回水和湿地水面，一方面净化了水质，另一方面大大改善了辽河的生态环境，生态效益显著。

3）双安桥橡胶坝

位于铁岭市银州城区北部铁岭双安桥下游 430 m 处主河槽上，橡胶坝以上干流河长 146.2 km，控制流域面积 120 764 km^2。干流上的主要支流有东辽河、西辽河、招苏台河、

① 1 亩=1/15 hm^2。

亮子河、清河、沙河、柴河、王河。

该橡胶坝主要是为了生态需要，不承担防洪、灌溉等传统拦蓄工程的任务，橡胶坝建成后，在上游形成稳定的生态水面，主槽回水长度 6.2 km，设计坝高蓄水量 155 万 m^3，是辽河成为水清、地绿、林茂的绿色通道之一，实现建设生态辽河的重要工程措施。

（4）新调线桥橡胶坝

位于铁岭县高强村村北，凡河新区至调兵山公路桥下游 1 000 m 处辽河干流上。橡胶坝总长 149 m，底板高程为 48.0 m，坝袋高 2.5 m，坝袋顶高程为 50.5 m，分 3 孔，每孔高 49.0 m，设 2 个宽度 1 m 的中墩。

橡胶坝在满足河道泄洪能力的前提下，非汛期在河道内形成生态水面、抬高河道枯水位、拓宽水面、增加蓄水量，以满足河道生态修复需要，改善生态环境，营造河道水景观。

（5）平顶堡橡胶坝

位于铁岭县平顶堡镇辽河干流沙河入辽河口下游 1 300 m 处，橡胶坝总长 137 m，底板高程为 55.0 m，坝袋高 3.0 m，坝袋顶高程为 58.0 m，分 3 孔，每孔 45.0 m，设 2 个宽度 1 m 的中墩。

橡胶坝主要是在非汛期运用，用以蓄水形成湿地，种植水生植物起到改善上游水质、净化上游水体的作用，满足河道生态修复需要。

表 5-11 辽河干流橡胶坝基本情况

序号	名称	所在县区	坝高/m	坝长/m	底板高程/m	坝顶高程/m
1	和平橡胶坝	法库县	2.5	150.0	70.70	73.20
2	通江口橡胶坝	法库县	2.0	56.0	68.75	70.75
3	五棵树橡胶坝	开原市	3.0	100.0	64.00	67.00
4	老边橡胶坝	开原市	3.0	80.6	59.00	62.00
5	平顶堡橡胶坝	铁岭县	3.0	137.0	55.00	58.00
6	双安桥橡胶坝	银州区	3.5	119.0	51.50	55.00
7	新调线桥橡胶坝	铁岭县	2.5	149.0	48.00	50.50
8	七星山橡胶坝	沈北新区	2.5	164.0	38.00	40.50
9	马虎山橡胶坝	新民市	2.0	137.0	33.18	35.18
10	巨流河橡胶坝	新民市	2.0	150.5	26.57	28.57
11	毓宝台橡胶坝	新民市	2.5	119.0	22.81	25.31
12	满都护桥橡胶坝	辽中区	2.0	121.0	13.55	15.55
13	本辽辽橡胶坝	辽中区	2.5	171.0	11.70	14.20
14	红庙子橡胶坝	台安县	2.5	111.0	9.00	11.50
15	大张桥橡胶坝	台安县	2.5	91.0	4.35	6.85
16	曙光桥橡胶坝	盘山县	3.2	200.0	−1.30	1.90

5.4.2.2 存在的问题

由于橡胶坝特殊的坝体结构，导致在制定橡胶坝调度方案过程中存在诸多困难，主要体现在安全泄量限制、调度不灵活、精确控制难等方面。

1）安全泄量限制：由于橡胶坝特殊的柔性坝体结构，为了有效避免坝体出现共振和“V”形流问题，根据橡胶坝设计规范要求，在充坝状态下坝上水面不允许超过设计的安全高度（一般为 0.5 m），否则必须塌坝运行，这就造成坝体在充坝运行过程中的泄量有限，一般应联合运用调节闸才能保证橡胶坝生态效益的充分发挥。

2）调度不灵活：橡胶坝的充坝和塌坝需要通过向坝袋内冲、排水（气）的方式来实现，充坝、塌坝的时间较长，因此在调度方面需要有足够的提前量，以保证调度目标的实现，不适合应对突发洪水等非常调度状态。

3）难以实现精确控制：橡胶坝特殊的坝体结构，导致其坝体高度易受外界因素影响。例如，外水压力、内水压力、水温、气温等，利用橡胶坝实现精确过流在实际运行中基本无法实现。

5.4.2.3 闸坝调度对修复河流廊道的意义

（1）贯彻落实习近平生态文明思想，实现美丽中国的建议要求

党的十八大将生态文明建设纳入中国特色社会主义事业“五位一体”进行总体布局，绿色发展和环境保护被摆到更加重要的位置。习近平总书记就建设生态文明、加强生态环境保护做出了一系列指示，要求牢固树立“绿水青山就是金山银山”的理念，把生态文明建设放在更加显著的位置。水生态文明建设是生态文明建设的重要内容，本书通过闸坝优化调度，进一步提高辽河廊道生态修复功能，有助于加快推进辽河水生态文明建设，促进水资源可持续利用和水生态环境不断改善。

（2）维护河流生命健康的需求

河流生命是有着基本的生命规律和节律，把河流生物群落与生态环境的整合视为生命的功能单位。河流廊道是辽河滩地生态系统和河道主槽水生生态系统间物质循环的主要连接通道，因此，采用生态模式、工程调度治理水下岸上，是维护河流生物多样性和生命健康的需要。

（3）净化水质、维持生物多样性的需要

通过优化闸坝调度高程，可发挥湿地对污染物稀释和水生植物对污染物的吸收与降解，进一步净化水质，有效解决干旱缺水、河道断流、缺少生态水面等问题。能有效补充地下水，促进水源涵养、水质改善。通过生态蓄水工程调度，能促进水生生物和鱼类的繁衍，鱼类、昆虫等数量及种类逐渐增多，为候鸟栖息和觅食提供了场地，为昆虫及

蛙类提供了越冬场所，动物的生存环境将得到大大改善，生物物种进一步丰富。

5.4.3 多目标闸坝联合调度模型构建

本书针对辽河干流河流廊道功能修复的具体需求，结合所需约束条件，采用HEC-RAS 软件，建立辽河干流多目标联合调度水动力模型，以寻求最优的闸坝调度方案。

5.4.3.1 目标函数

从兼顾水质水量两个因素联合调度的角度出发，提高流域内水资源的可利用量，实现流域水资源的高效利用。从河流生态需水、河道水质及区域防洪三个角度考虑，拟采用以下三个目标函数：

（1）河道内生态需水量满足程度最高

$$\min F_1 = \max(I_{it} - X_{it}) \tag{5-28}$$

式中：F_1——系统生态需水量满足程度度量指标；

I_{it}——第 i 条河流在第 t 时段的水量，m^3；

X_{it}——第 i 条河流在第 t 时段的生态需水量，m^3。

（2）区域防洪安全影响最小

反映防洪安全程度最直接的指标是水位，不同河道断面的防洪控制水位不同，安全控制指标也不尽相同，拟采用以下目标函数，以期尽量缩短研究区域的高水位持续时间。

$$\min F_3 = \max \gamma_i Z_{it} \tag{5-29}$$

式中：F_3——河流防洪安全度量指标；

γ_i——权重系数；

Z_{it}——河道第 i 断面第 t 时刻的计算水位，m。

5.4.3.2 约束条件

在多目标优化调度模型中，主要考虑水源供水量要求、下泄流量、关键断面水位约束等。

本书中基于河流廊道功能修复的多目标闸坝联合调度模型的建立基础是采用水量平衡法建立辽河干流水动力水质耦合模型来实现的。

5.4.3.3 水系概化

辽河流域水系复杂，根据模型需求与资料完备程度对支流、河湖取水口等进行概化。基于资料完备程度与数据分析，模型重点考虑以下水动力水质影响因素。

（1）支流

辽河干流共有 38 条一级支流（含排干）。其中，清辽河、英守河、平顶堡河、梅林河、南窑小河、赵圈河等 6 条河流为小型河流，主要为雨季山水下泄，平时无水，故模型中做合并概化处理（将清辽河、英守河、平顶堡河、梅林河、沙河、中固河距离较近的 6 条支流概化为一条支流——中固河，不考虑南窑小河、赵圈河）。最后，模型考虑的一级支流有 28 条，即流域面积超过 50 km^2 的有 28 条，其基本信息见表 5-12。

表 5-12 概化河流信息

序号	名称	长度/km	流域面积/km^2	河口位置	河流平均比降/‰	多年平均年径流深/mm	水文站
1	公河	43		康平县			无
2	招苏台河	263	4 828	昌图县	0.392	81.0	王宝庆
3	亮子河	106	566	开原市	0.853	117.6	庆云堡
4	王河	47	500	铁岭县	0.467	94.3	无
5	清河	159	5 150	开原市	1.470	190.5	开原
6	中固河	62	571	铁岭县	3.130	197.3	无
7	柴河	133	1 441	铁岭县	1.910	233.9	柴河
8	长沟河	30	170	铁岭县	1.550	109.5	无
9	泛河	120	1 046	铁岭县	1.620	221.8	关粮窖
10	亮沟河	14	53.8				无
11	拉马河	61	733	铁岭县	0.773	87.8	无
12	万泉河	47	490	沈阳沈北新区	1.160	157.0	无
13	左小河	23	130	沈阳沈北新区	0.816	133.6	无
14	小河子河	17	163	新民市	0.245	97.1	无
15	秀水河	139	1 903	新民市	0.785	54.4	公主屯
16	养息牧河	123	1 981	新民市	0.933	43.1	小荒地
17	燕飞里排干	28	311	新民市	0.342	84.6	无
18	付家窝堡排干	24	294	新民市	0.327	58.1	无
19	柳河	302	5 345	新民市	1.040	71.8	新民
20	小柳河	69		盘锦双台子区			无
21	一统河	17					无
22	螃蟹沟	21		大洼县			无
23	太平河	34		盘锦兴隆台区			无
24	绕阳河	326	10 348	盘山县	0.398	60.3	王回窝堡
25	清水河排干	16		大洼县			无
26	潮沟河	65	419	盘山县	0.243	81.4	无
27	干鱼沟	22					无
28	接官厅排干	26		大洼县			无

（2）取水口

辽河干流共有 21 个取水口，均为规模以上取水口，基本信息见表 5-13。

表 5-13 辽河干流取水口基本信息

序号	名称	位置	取水流量/（m^3/s）	年最大取水量/$10^4 m^3$	2017 年取水量/$10^4 m^3$	主要取水用途
1	八天地灌区取水口	铁岭县	3.0	1 350	574.00	农业
2	长沟沿取水口	铁岭县	6.0	1 650	1 270.00	农业
3	东地站取水口	双台子区	1.5	331	262.80	农业
4	富家镇三道排灌站取水口	台安县	5.9	2 750	2 692.85	农业
5	光伟站取水口	双台子区	1.0	300	196.14	农业
6	和平灌区取水口	法库县	1.5	200	0.00	农业
7	粮家站取水口	兴隆台区	1.2	76	79.50	农业
8	盘锦中润化工有限公司 1 号泵站取水口	兴隆台区	0.2	437	400.38	一般工业
9	石佛寺灌区辽河取水口 1	沈北新区	9.5	4 290	3 540.00	农业
10	石佛寺灌区辽河取水口 2	沈北新区	10.6	3 525	2 725.00	农业
11	双桥子站取水口	盘山县	3.0	500	494.64	农业
12	双绕总干取水口	双台子区	75.0	11 000	10 899.88	农业
13	孙家站取水口	盘山县	6.0	700	559.44	农业
14	王家闸取水口	盘山县	15.0	3 200	2 989.29	农业
15	吴家闸取水口	盘山县	34.0	3 000	3 242.85	农业
16	西佛镇通江子灌区取水口	台安县	6.4	152	0.00	农业
17	西绕闸取水口	盘山县	45.0	9 800	8 200.92	农业
18	中心站取水口	盘山县	3.0	150	138.78	农业
19	朱尔山提水站取水口	铁岭县	2.4	360	816.00	农业
20	祝家堡灌区取水口	法库县	10.0	4 800	3 600.00	农业
21	阚家圈站取水口	兴隆台区	2.5	36	0.00	农业
22	二道桥子防洪闸取水口	盘山县	78.0	6 000	9 236.04	农业
23	南窑引水涵取水口	辽中县	4.0	1 800	0.00	农业
24	新民市大民屯镇毓宝台提水站取水口	新民市	3.0	400	350.00	农业
25	烟李二站取水口	盘山县	6.0	700	774.14	农业
26	烟李一站取水口	盘山县	6.0	700	827.39	农业

5.4.3.4 水利工程

辽河干流水利工程多，整体上可分为闸、坝、堤、桥4类。

（1）堤防

辽河干流现有堤防659.2 km，河势控导工程33处，共17.3 km。堤防影响在设置河道地形时予以考虑。

（2）桥梁

辽河干流建有公路桥、铁路桥等各类跨河桥梁27座。由于资料条件限制，加之桥梁主要对河道局部壅水有影响，而对河道整体水动力特征影响不大，故模型中未予考虑。

（3）橡胶坝

辽河干流上现有16座橡胶坝。具体见第5.4.2节

（4）重力坝（水库）

辽河干流上有一座控制性水库——石佛寺水库。石佛寺水库需作为辽河水面线计算的一个节点，即上下游水面线计算需由此分段。石佛寺水库具体信息见第5.4.2节。

（5）水闸

辽河干流上有一座控制性水闸——盘山闸。盘山闸由深孔闸、浅孔闸、进水闸、船闸、过水斜堤及左右岸导流堤等部分组成。双台子河闸主河槽14孔深孔闸及原船闸于1966年6月动工兴建，1968年11月竣工，1969年投入运行。2013年双台子河闸除险加固工程，在深孔闸左侧滩地上增建18孔浅孔闸，并对左岸上游过水斜堤及左右岸导流堤进行加固。2013年盘山闸改造工程对原船闸进行改造，将原船闸废弃，并在原船闸左侧30 m处新建III级船闸。

5.4.3.5 河道地形

河道地形断面下游自盘锦市大洼县小台子（L1）至上游福德店（L212），共228个断面，如图5-33所示。其中河床断面210个，桥梁断面18个。L1断面位于水功能区划干流最下断面“入海口”上游2 300 m处，位于潮沟河、接官厅排干入河口上游。L212断面位于福德店水文站下游3 460 m，福德店水质站下游1 762 m处。

5.4.3.6 边界条件

辽河干流盘山闸以下河段为感潮河段，本书只研究盘山闸上游部分的非感潮河段。

（1）上边界

上边界条件取福德店水文站的逐日流量。图5-34所示为福德店水文站2017年流量过程线。

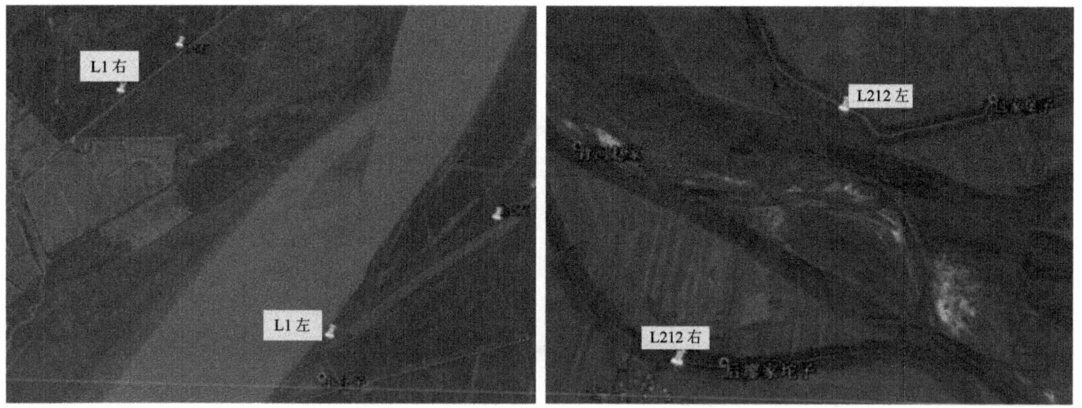

图 5-33 河道地形断面起止点地理位置示意图

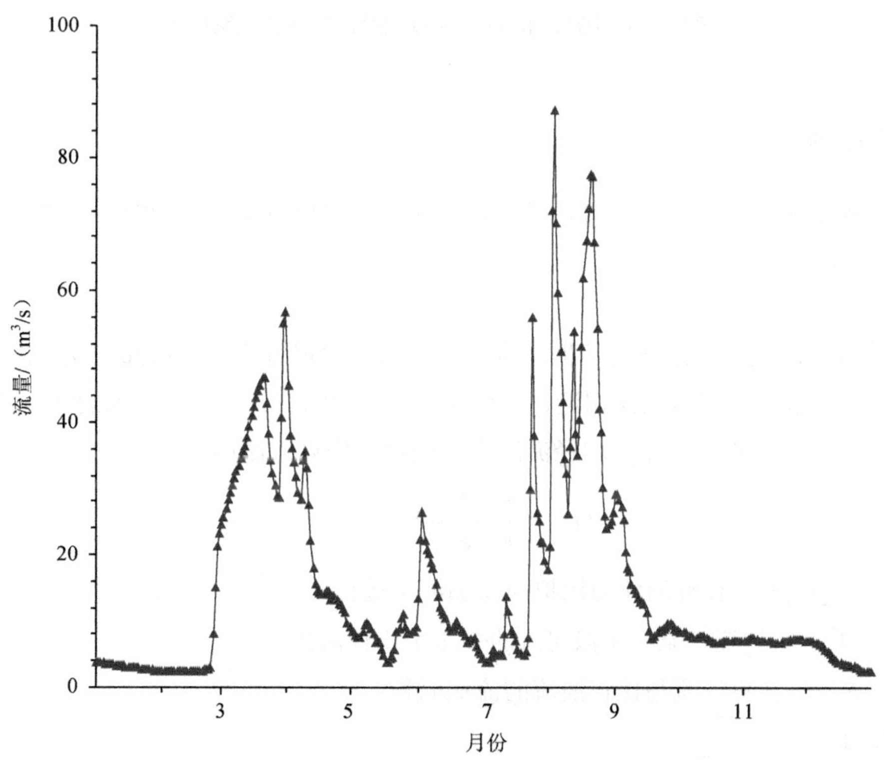

图 5-34 福德店水文站 2017 年流量过程线

（2）下边界

下边界取盘山站的连续水位、流量资料。图 5-35 所示为盘山水文站 2017 年 6—9 月水位流量关系曲线。

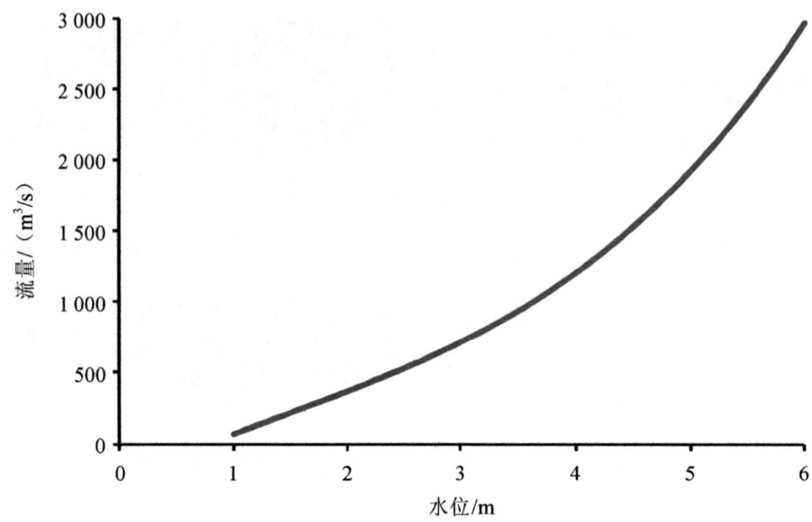

图 5-35 2017 年 6—7 月盘山站流量水位关系曲线

5.4.3.7 源汇项

考虑模型水量平衡，支流入流、排污口入流、取水口取水均作为源汇项输入。计算简图如图 5-36 所示。

（1）支流入流

由于部分支流缺少实测水文数据，本书采用水文比拟方法计算这部分支流的流量，具体方法为：选取待求流量河流相近、下垫面条件类似的有水文实测数据的河流为参照，根据两河流的流域面积、多年平均径流深进行估算。估算方法如下：

$$Q_{1(t)}=\frac{\overline{R}_1}{\overline{R}_2}\bullet\frac{F_1}{F_2}\bullet Q_{2(t)} \tag{5-30}$$

式中：$Q_{1(t)}$、$Q_{2(t)}$——计算河流与比拟河流的流量过程；

$\overline{R}_1$、$\overline{R}_2$——计算河流与比拟河流的多年平均径流深；

F_1、F_2——计算河流与比拟河流的流域面积。

（2）取水口

共 26 个取水口，将距离较近的取水口进行概化，包括八天地灌区取水口与长沟沿取水口，石佛寺灌区辽河取水口 1 与石佛寺灌区辽河取水口 2，烟李一站取水口与烟李二站取水口，双桥子站与吴家闸站取水口，中心站取水口、西绕闸站取水口与光伟站取水口 5 组。概化后的取水口共有 20 处。

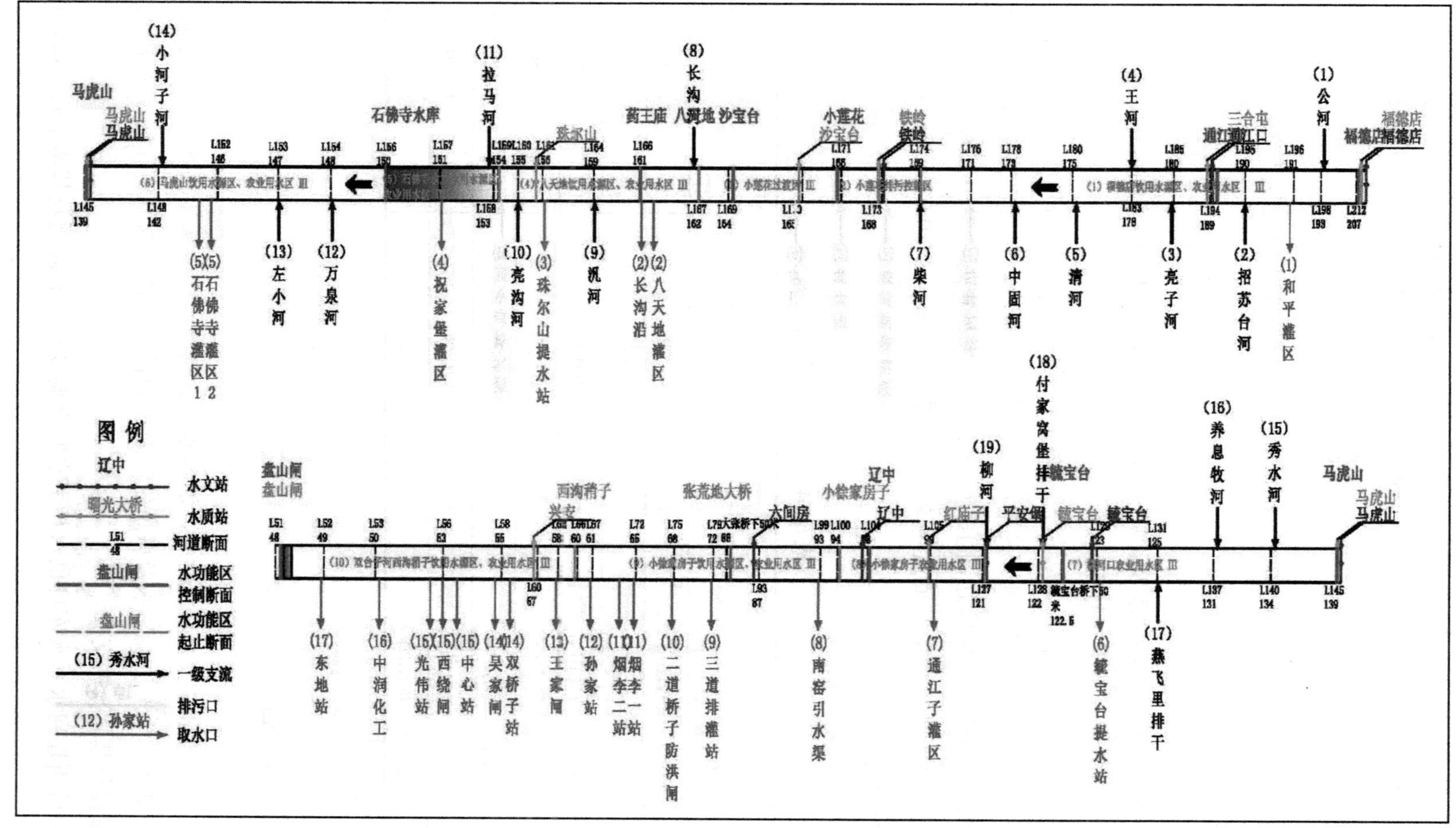

图 5-36 辽河干流闸坝调度计算模型简图

同时，一统河汇入口与总机械厂公用事业处排涝站排污口、盘锦市第二污水处理厂排污口距离较近，建立侧向边界条件时概化为同一处，即 L38 处。亮沟河无入河口坐标，根据水利普查数据相对位置关系确定。

（3）初始条件

采用热启动方式设置初始条件。模拟时段为一年，在模拟时段之前虚拟一个月数据，虚拟值为模拟时段初始值。

（4）参数率定

考虑模型计算稳定性要求及计算时间要求，时间步长取 3～5 min，空间步长取 500～800 m。采用 2017 年数据进行率定。

对于水动力模型而言，参数率定主要是针对糙率 n。本书采取先经验取值后模型率定的方法。辽河现有河滩地已进行了系统的清淤整治，河道自然封育后现有农耕地退耕还河，滩地植被与现状辽河主行洪区内滩地状况相近，参照《水力计算手册》中天然河道糙率表进行初步取值最终率定结果为：主槽 0.022～0.031，滩地 0.035～0.120，详见表 5-14。

表 5-14　辽河干流糙率率定结果

河段	糙率	
	主槽	滩地
福德店—通江口	0.022	0.035
通江口—铁岭	0.025	0.050
铁岭—马虎山	0.030	0.100
马虎山—毓宝台	0.025	0.080
毓宝台—辽中	0.030	0.120
辽中—六间房	0.028	0.120
六间房—盘山闸	0.031	0.110

5.5 本章小结

（1）对辽河水系主要水文站点，清河水库、柴河水库等历年供水资料进行梳理，分析其农业供水、生态环境需水及城市生活及工业供水规律，为制定辽河水系水库群联合调度方案提供基础数据支撑。

（2）分析辽河水系水库群供水与引水联合调度存在的问题及基本形式，结合辽河下游河道的生态需水过程，构建基于遗传算法与逐次逼近法耦合的水库群供水与引水联合调度模型，同时对水库群供水与引水规则进行优化及合理性分析。

（3）对河流廊道功能进行解析，总结辽河干流闸坝基本情况及存在的问题，针对辽河干流入汇支流、水利工程、河道地形等约束条件，采用 HEC-RAS 软件，建立辽河干流多目标闸坝联合调度水动力模型。

6　生态水保障工程实证

本章提出辽河水系生态流量综合监管技术方案，制定辽河水系重要控制断面生态流量与重要水工程下泄生态基流的监测评估方法，基于北方寒冷地区大型季节性河流生态水调度技术，在辽河水系开展生态水保障工程实证，为保护区干流河流健康目标的实现提供生态水量保障条件。

6.1　生态流量综合监管方案

生态流量监测、监管及保障措施一直是研究的热点问题，生态流量监测是实践管理过程中的难点问题，如 Richter 提出恢复河流生态需要一定的流量与泄放过程，Arthington 提出通过建立关键水文过程的生态响应关系确定生态流量。为保障生态流量泄放，许多国家制定了生态流量监测管理规范并开展长期监测，不断调整优化流量泄放过程，确定不同流量的生态效应，实现经济效益与生态效益的统筹发展。我国在生态流量监测管理方面以《关于加强水电建设环境保护工作的通知》（环发〔2005〕13 号）为起点，在《关于印发水利水电建设项目水环境与水生生态保护技术政策研讨会会议纪要的函》（环办涵〔2006〕11 号）中提出了生态流量监控系统的技术措施和建议，后续又发布了一系列文件，主要集中在水电站等大型水利工程，但在重要控制断面、重要水库等水工程的生态流量监测、评估及监管等方面尚未制定相应的办法或制度。

本节主要提出辽河干流上重要控制断面、重要水工程的生态流量监测要求、监测方法、评估要求及监管方案等。

6.1.1　生态流量监测要求

6.1.1.1　监测点布设

（1）重要水工程监测点布设

生态泄流监控应在泄水口设立监测点，也可以在坝址下游附近选择河道断面作为监测断面、安装测流装置，监测下泄流量。生态下泄流量监控断面应按照以下原则布置：

1）水库的监测断面布置在水库大坝所在流域下游；

2）在水库大坝出口与监测断面之间若有支流或其他来源补水，监测断面应布置在支流或其他来源补水汇入口的上游。

（2）重要控制断面监测点布设

在朱尔山、巨流河大桥、盘锦兴安 3 个断面或断面所在河流下游作为监测断面布设监测点位。

6.1.1.2 监测方法

（1）常规流速仪法

在监测断面处安装水位自动监测设施设备（水位自记井、水位计、电子水尺等），用常规流速仪法测流，率定该监测断面水位流量关系，通过水位推求流量。

原理：采用水位对不同水位下流速进行率定。

优点：使用简单，造价低。

缺点：当断面结构、上下游水位或者其他情况发生变化时，采用水位率定的流速偏差较大。

适用环境：适合精度要求不高的定性测量场合。

（2）多普勒（ADCP）测流法

采用定点式 ADCP，将仪器固定于水面、河底或水面以下某一位置，测定垂线或断面分层流速，根据 ADCP 测出的分层流速推求全断面流速，并通过流速仪或 ADCP 比测率定流量系数，推求断面流量。

原理：采用超声波多普勒效应测量水体内部的流速。

优点：测量起始速度低，安装简单，只需要将探头固定在渠道内部即可，造价中等。

缺点：由于是接触式测量，对于有大量水草或者垃圾的场合需要定期清理。

适用环境：适用精度要求高，且测量断面固定的情况，对于断面结构没有要求。

（3）实时雷达波测流系统

视监测断面流速情况，布设一个或多个雷达流速仪探头，实时监测水流表面流速，并通过流速仪或 ADCP 比测率定断面水面流速系数，推求断面流量。

原理：采用雷达多普勒效应测量水体表面的流速。

优点：安装简单，维护方便。

缺点：测量起始速度需 0.1 m/s 以上，由于是非接触测量，测量的精度比多普勒超声波测流法低，比其他方式高，造价略高。

适用环境：适用于流速较大、维护要求简单的场合。

（4）电磁流量计

将流量计安装在满流管道上，通过感应电压与流速的正比关系得到管道流量值。

原理：采用电磁感应原理，测量管道内的流速和流量。

优点：测量精度高，造价中等。

缺点：施工难度较大，需要满管测量，当管道内有杂物时不能测量。

适用环境：被测管道需满流。

（5）水表法

根据常用流量选择水表口径，将选定水表安装于放水管道上，通过读取一定时间内的下泄水量推求下泄流量。

原理：采用机械水表或者超声波时差法水表。

优点：测量精度高，造价低，原理简单。

缺点：施工难度较大，需要满管、水体清洁才能测量，管道内有杂物或水体浑浊无法测量。

适用环境：供水管道、满管且水体清洁的场合。

（6）水工建筑物法

1）侧堰泄流：采取侧堰泄放生态流量时，应根据堰闸类型、闸门开度与上下游水位监测值、流态类型，结合综合流量系数推求下泄流量。

2）孔口、管道泄流：采用孔口、管道泄放生态流量时，应根据上下游水位监测值、流态类型，率定该管道水位流量关系，通过水位推求下泄流量。

3）隧洞泄流：采用隧洞泄放生态流量时，应根据上下游水位监测值、流态类型，结合率定的或经验流量系数推求下泄流量。

4）闸门放水：采用开启闸门泄放生态流量时，应根据堰闸类型、闸门开度与上下游水位监测值、流态类型，结合率定的或经验流量系数推求下泄流量。

原理：利用水工建筑物法进行测量，测量上下游的水位或者闸位等推求流量。

优点：测量原理较简单，造价低。

缺点：测量精度中等，较水位换算法高，但是上下游水位或者其他情况发生变化时，精度会受到影响。

适用环境：对于断面水流不够稳定，且无法通过工程土建进行改善的，上述方法无法使用时再考虑水工建筑物法。

6.1.1.3 监测方式

采用与监测断面情况、水流特征及泄放措施相适宜的测流方式，以实时在线监测方式为主，其他人工比测率定为辅，能客观、准确地反映泄放流量。生态流量的测流方法及技术要求参照《水文资料整编规范》（SL 247—2012）、《水文自动测报系统技术规范》（SL 61—2015）及《水文基础设施建设及技术装备标准》（SL 415—2007）。生态流量监测资料参照《水文资料整编规范》（SL 247—2012）。

6.1.1.4 监测指标

水位、流速、断面宽度。

6.1.1.5 监测时间及频次

一年共监测 36 次，每月监测 3 次，分为上旬、中旬和下旬。

生态流量监测结果统计报表见表 6-1。

表 6-1 生态流量监测结果统计报表

<table>
<tr><td colspan="4">监测方法：</td><td colspan="6">施测日期： 年 月 日</td></tr>
<tr><td colspan="3">填报人：</td><td colspan="3">联系电话：</td><td colspan="4">填报单位：</td></tr>
<tr><td rowspan="2">序号</td><td rowspan="2">施测断面位置/名称</td><td rowspan="2">生态流量要求/（m^3/s）</td><td colspan="3">监测流量/（m^3/s）</td><td rowspan="2">是否达标</td><td colspan="2">未达标情况</td><td rowspan="2">备注</td></tr>
<tr><td>上旬</td><td>中旬</td><td>下旬</td><td>未达标率/%</td><td>主要原因</td></tr>
<tr><td></td><td></td><td></td><td></td><td></td><td></td><td></td><td></td><td></td><td></td></tr>
<tr><td></td><td></td><td></td><td></td><td></td><td></td><td></td><td></td><td></td><td></td></tr>
<tr><td></td><td></td><td></td><td></td><td></td><td></td><td></td><td></td><td></td><td></td></tr>
<tr><td></td><td></td><td></td><td></td><td></td><td></td><td></td><td></td><td></td><td></td></tr>
</table>

6.1.2 生态流量评估要求

6.1.2.1 生态流量目标

将批复文件的要求作为生态流量目标，明确柴河水库、清河水库及石佛寺水库重要水工程的下泄生态基流，明确朱尔山、巨流河大桥、盘锦兴安 3 个重要控制断面的生态流量。

6.1.2.2 生态流量评估

根据监测结果，评估确定重要水工程下泄生态流量、重要控制断面生态流量与满足目标的标准要求，生态流量满足效果评估见表 6-2。

表 6-2 生态流量满足效果评估

效果值	效果等级	特征说明
下泄生态流量达到目标要求的 110%，且下游河段重要控制断面生态流量达到目标要求的 110%	优良	下泄生态流量满足目标要求，能较好满足工程下游河段保护目标生态流量基本要求，可较好维持下游河段生态环境基本功能
下泄生态流量达到目标要求的 100%，且下游河段重要控制断面生态流量达到目标要求的 100%	可接受	下泄生态流量满足目标要求，能满足工程下游河段保护目标生态流量基本要求，可维持下游河段生态环境基本功能
下泄生态流量未达到目标要求的 100%，且下游河段重要控制断面生态流量未达到目标要求的 100%	不可接受	未按照目标要求下泄生态流量，不能满足工程下游河段保护目标生态流量基本要求

6.1.2.3 评估效果分析

1）分析生态流量评估效果，并附生态流量监测记录。

2）对未达到生态流量要求的，还需要明确原因，并提出整改措施，以及重要水工程未满足下泄生态流量时，分析对下游河段的生态影响程度，提出相应对策。

6.1.3 生态流量监管要求

6.1.3.1 生态流量保障机制

1）生态流量应按河流特征，综合考虑气象、水文等多方面因素，根据《河湖生态保护与修复规划导则》（SL 709—2015）等技术标准进行确定。涉及国家和地方重点保护、珍稀濒危物种或开发区域等有特殊用水要求的河段，应专题论证确定其生态流量。水库取水量、取水方式发生改变时，应重新核定其生态流量。

2）水库应采取措施保障下游河道生态流量，控制河道减水程度，防止河道脱流，充分发挥河段生态自然修复功能的作用。正常情况下，水库下泄流量应不小于其坝闸下游河道生态流量。

3）对不满足生态流量下泄要求的水库，采取有效措施保障生态流量泄放。

4）坝址处天然来水流量小于等于规定生态流量时，应按天然来水流量泄放。

5）选择生态流量泄放措施应遵循安全可靠、因地制宜、技术合理、经济适用的原则；水库应根据已确定的坝下游河道生态流量，结合工程实际制定坝下游河道生态流量泄放方案。

6）水库管理部门应当加强对生态流量泄放设施和监测监控设施的管理和维护，保障其持续正常运行；设施出现异常时，应当立即向具有管辖权的水行政主管部门报告，并限期修复。

7）安排专项资金用于水库生态流量确定、泄放设施或生态修复方案设计、生态流量监管平台建设维护、生态调度相关技术方案研究等；提高水库标准化管理水平，积极总结生态流量监管经验。

8）应充分考虑水库对下游群众生产生活、生态环境造成的影响，选择合理时机和生态友好的蓄水方案，并优先考虑采用专用泄放设施下泄生态流量。

6.1.3.2 生态流量监督管理

1）各级水行政主管部门，应当依据各自职责，加强对水利工程落实生态流量的监管。要将水利工程生态流量监督管理纳入河湖长制工作范围和考核内容，建立水利工程保障下游生态用水安全情况定期检查制度，制定重点监管名录，提出重点监管要求。

2）严格取水许可监督管理和建设项目审批，将水利工程按要求泄放生态流量作为取水许可审批和监管的重要条件，确保水利工程持续将生态流量落实到位。

3）各级水行政主管部门应定期开展水库生态流量专项检查。水行政主管部门可通过下泄流量监测数据，对水库是否执行批复要求的下泄生态流量进行认定；下泄生态流量必须满足批复的下泄流量要求，否则认定未执行下泄生态流量要求。

4）对未按要求足额稳定泄放生态流量或按时报送生态流量监测监控数据的水利工程，地方水行政主管部门要派人员进行现场核实，制作现场检查笔录等法律文书。经核实确认未执行下泄生态流量要求的，下发整改通知，依法依规督促限期整改到位，逾期不改正的报送省级水行政主管部门；对生态问题突出、社会反映强烈、整改措施不力的，要挂牌督办，限期整改。

5）下列情况可暂不认定未执行下泄生态流量要求：

①上游入库水量少于下泄生态流量标准；

②因防汛抗旱需要，政府部门通知停止放水；

③经政府有关部门核实，并出具明确意见，水库确实无法执行下泄生态流量要求；

④因不可抗拒原因，无法执行下泄生态流量要求。

6）对水库执行下泄生态流量考核工作，以非汛期考核为重点，汛期考核为辅，但必须保证生态流量监测的正常开展。

7）主管部门应当定期公开水利工程生态流量泄放情况，加大对违规项目的曝光力度，鼓励和支持社会公众监督水利工程生态流量泄放情况。

8）水行政主管部门应成立水库生态流量监督管理工作领导小组，水库管理部门应成立水库生态流量监督管理工作专班，有序开展此项工作。

6.2 工程实证介绍

6.2.1 工程实证范围

在总结河流健康的生态流量计算方法与标准、水库群优化调度研究与验证、河流廊道功能修复的干流闸坝调度及调整方案等研究成果的基础上，在辽河干流（保护区）开展生态水保障工程实证，为保护区干流河流健康目标的实现提供生态水量保障条件。

实证范围为辽宁省内辽河干流（保护区）及含有控制性大型水库的支流清河和柴河（仅分析清河水库和柴河水库供水）。实证工程包括清河、柴河和石佛寺 3 座大型水库及坐落在辽河干流上的 16 座橡胶坝工程（橡胶坝工程如图 5-1 所示）。考核断面为朱尔山、巨流河大桥、盘锦兴安断面。

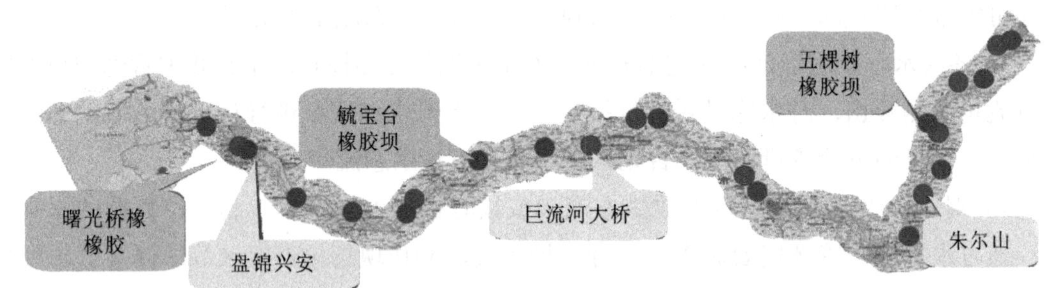

图 6-1 实证橡胶坝工程位置示意图

6.2.2 工程实证方案

6.2.2.1 技术方案

（1）以河流健康为目标，以长系列供水引水数据为基础，在保证水库日常生活供水和防洪安全的前提下，视当年来水条件开展水库闸坝调度试验。计算辽河干流主要控制断面的各分期生态流量，并以此为目标，建立辽河流域大型水库联合调度模型，制定考虑跨流域引水、生态与农业供水耦合的优化调度方案。同时建立辽河干流闸坝调度模型，制定了优化调度调整规则。

（2）提出清河水库、柴河水库 2019 年 9 月至 2020 年 12 月生态水量调度实证方案。结合农业灌溉用水需求，根据水库各月初蓄水情况，对供水时程进行优化调配，提出聚合水库低环境影响下生态水量调度方案。

（3）对各橡胶坝过流流量、充坝和塌坝时间、水位—水量—水面面积关系曲线、流量传播时间、区间水平恒等参数进行优化与率定，对各闸坝阻水阻沙效果进行分析，开展橡胶坝调度调整方案论证，提出闸坝水量优化调度调整方案。

6.2.2.2 监测方案

（1）水量（流量）数据：辽河干流断面主要采用水文站遥测获取，清河、柴河断面采用所坐落水库泄流流量。

（2）水质数据：采用课题监测数据，监测项目为 COD 和氨氮，氨氮数据现场获取，COD 数据采样后于实验室消解后获取；监测设备为多参数水质分析仪 V-2000。

（3）水生生物指标：①底栖动物：种类和丰度；②浮游动物：种类和科属；③浮游植物：种类和门科属。监测方法选用国家和生态环境等行业主管部门发布的监测方法。

（4）监测断面：药王庙（朱尔山）、毓宝台（巨流河大桥）、盘山（盘锦兴安）。

（5）监测时间及频次：监测时间为 2018 年 1 月至 2020 年 11 月；监测频次为每月监测一次。

6.2.3 工程实证运行情况

6.2.3.1 水库群联合调度技术实证

（1）清河水库调度方案

清河水库位于辽河支流清河下游，坝址位于辽宁省铁岭市清河区境内，是一座以防洪、灌溉为主，兼顾城市供水、工业供水、养鱼、旅游等综合利用、多年调节的大Ⅱ型水利枢纽工程，工程等别为Ⅱ等，主要水工建筑物级别为 2 级，水库总库容 9.68 亿 m^3。主要建筑物防洪标准按 500 年一遇洪水设计，10 000 年一遇洪水校核。水库正常高水位 131.00 m，防洪限制水位 127.00 m，死水水位 109.70 m。设计洪水位 135.10 m，相应库容 7.97×108 m^3，校核洪水水位 138.06 m，相应库容 9.68×108 m^3。清河水库主要枢纽建筑物由大坝、溢洪道、左岸泄洪洞、右岸泄洪洞四部分组成。

2019 年 9 月开始，在清河水库开展工程实证，结合清河水库实际供用水情况开展优化调度。2019 年下半年雨量偏丰，12 月泄放生态流量 1.47 m^3/s，合计 395 万 m^3 生态水量。2020 年为平水年，水库根据课题组制定的生态水调度方案，1—4 月泄放生态流量均为 1.6 m^3/s，折合总水量 1 674 万 m^3。5—6 月结合农业供水要求，根据各月初水库蓄水量，对农灌水量的时程分配进行优化调整，以更好地适配生态流量调度方案，泄放生态流量分别为 0.4 m^3/s、0.13 m^3/s；7—9 月未泄放生态流量，10 月下旬至 12 月继续泄放生态流量 0.55 m^3/s、3.61 m^3/s 和 7.89 m^3/s。2020 年共泄放生态水量 5 011 万 m^3，调整后的农灌水量 2.98 亿 m^3，全年合计生态水工程实证量达到 3.48 亿 m^3。具体各月调度水量情况见表 6-3。

表 6-3 清河水库生态水量调度情况

时 间	泄放生态水	
	流量/（m^3/s）	水量/万 m^3
2019-9	0	0
2019-10	0	0
2019-11	0	0
2019-12	1.47	395
2020-1	1.60	429
2020-2	1.60	401
2020-3	1.60	429
2020-4	1.60	415
2020-5	0.40	106
2020-6	0.13	35
2020-7	0	0
2020-8	0	0
2020-9	0	0
2020-10	0.55	147
2020-11	3.61	937
2020-12	7.89	2 113

（2）柴河水库调度方案

柴河水库位于辽河一级支流柴河干流，为大Ⅱ型水利枢纽，控制流域面积 1 355 km^2，是一座以防洪、灌溉、工业和城市供水为主，兼顾生态、发电、养鱼综合利用的水库。水库按照 100 年一遇洪水标准设计，10 000 年一遇洪水标准校核，水库设计库容 4.62 亿 m^3，电站出流最大为 33 m^3/s。现状灌溉面积 40 万亩，灌溉设计保证率为 75%，在日常供水中，柴河水库与清河水库实施联合调度。

柴河水库自 2019 年 1 月起与辽宁省水利水电科学研究院有限责任公司签署课题生态水调度工程实证以来，与课题组就辽河生态流量保障问题进行了深入研究和探讨，在保证水库日常生活供水和防洪安全的前提下，视当年来水条件，开展调度试验。

2019 年下半年雨量偏丰，12 月泄放生态流量 1.03 m^3/s，合计 275.62 万 m^3 生态水量。2020 年为平水年，水库根据课题组制定的生态水调度方案，1—4 月分别泄放生态流量 1.17 m^3/s、1.22 m^3/s、1.17 m^3/s、1.17 m^3/s，折合总水量 1 171 万 m^3；5 月上旬泄放生态水 0.48 m^3/s，中旬以后结合农业供水，调整农业供水时程分配，开始泄放农业灌溉水；6—8 月未泄放生态流量；9—10 月泄放电厂、输水洞弃水，通过下游闸坝调节作为生态用水，泄放流量分别为 24.57 m^3/s、8.73 m^3/s，合计泄放水量为 87.09 万 m^3；12 月下旬泄放生态流量 3.51 m^3/s。2020 年全年增加生态水量 2 149 万 m^3，调整后的农灌期生态水量 1.02 亿 m^3，全年合计生态水工程实证量达到 1.238 亿 m^3。具体各月调度水量情况见表 6-4。

表 6-4 柴河水库生态水量调度情况

时间	泄放生态水		外流域引水	
	流量/（m^3/s）	水量/万 m^3	流量/（m^3/s）	水量/m^3
2019-9	0	0	1.60	395.71
2019-10	0	0	0.06	17.28
2019-11	0	0	0	0
2019-12	1.03	275.62	0	0
2020-1	1.17	299.98	0	0
2020-2	1.22	280.63	0	0
2020-3	1.17	299.98	0	0
2020-4	1.12	290.30	0	0
2020-5	0.48	38.71	0	0
2020-6	0	0	0	0
2020-7	0	0	0	0
2020-8	0	0	2.27	609.12
2020-9	24.57	6 369.35	4.55	1 178.50
2020-10	8.73	23.39	3.73	998.78
2020-11	0	0	0	0
2020-12	3.51	939.60	0	0

6.2.3.2 干流闸坝调度技术实证

（1）石佛寺水库调度

石佛寺水库的生态调度是指在满足防洪安全的前提下，依水库蓄水试验应急防护工程和库区生态建设需要，适时开展灵活的生态调度，生态调度一般控制水位为 46.20 m。

7 月上旬至 9 月上旬未发生洪水期间水位控制在 46.20 m；发生洪水期间通过水情测报，根据不同量级洪水进行预泄实时调度，满足滞洪水库的防洪要求，按照初设批复方式进行调度运用，具体预泄方式为：当铁岭站洪峰流量达 300 m^3/s 时，水库按 800 m^3/s 预泄；当铁岭站洪峰流量达 400 m^3/s 时，水库按 900 m^3/s 预泄；当铁岭站洪峰流量达 500 m^3/s 时，水库按 1 000 m^3/s 预泄；当铁岭站洪峰流量达 600 m^3/s 时，水库按 1 100 m^3/s 预泄；当铁岭站洪峰流量达 700 m^3/s 时，水库按 13 孔闸门全开敞泄运行；当铁岭站洪峰流量 700 m^3/s 以上时，此时水库 13 孔闸门全开，按原滞洪方案运行。

（2）橡胶坝日常运行调度

1）坝袋充水方法

①向坝袋充水时，注水前首先明确先要关闭某些阀门或打开某些阀门，使水源顺利进入坝袋内。②明确注水泵，然后在控制柜或者操作台上启动注水泵；不得一次充至设计高度，应分级进行，每级之间停留时间不少于 0.5 h，在此期间应有专人现场观测，发现问题及时处理。③充水前把坝袋顶部的排气孔关闭，待坝袋充至 1/2～2/3 坝高时，再把排气孔打开，待坝袋内气体排尽后再关闭排气孔。坝袋注水后达到设计高度（溢流口出水）后，观察注水坝袋压力或高度，即可停止注水泵，然后关闭坝袋与水泵之间的阀门。④对多跨橡胶坝充胀或泄空坝袋的顺序，应按工程具体情况，制定出操作方法。

2）坝袋排水（塌坝）

①自排方式适用于坝底板高程高于下游水位的坝体结构，坝袋内水位高于下游水位可自由流出。

②强排适用于坝体上、下游水位几乎等高时无法自排或需要快速降低坝的高度时，可启动强排泵将坝袋内的水抽干净，使坝体塌下。强排时首先要打开坝袋与强排泵之间的阀门方可启动强排泵，坝袋内的水排干净后，可停下强排泵，然后迅速关闭相关的阀门，以免发生回灌，一般泄水时应对称泄水。

3）正常运行期

及时掌握水情，科学调度，严格控制坝上溢流水深，遇有较大流量洪水提前联合调度，及时通知相关单位，按先下后上顺序充坝、塌坝，确保坝袋及涉河作业活动安全。

4）汛期运行

汛期应加强同上下游水文站、水库与橡胶坝通信联系，根据气象和水文预报，在上级部门指导下，采取安全保护措施。如在洪水来临之前及时塌坝，保证安全泄洪。塌坝前应事先通知有关单位和部门，并以各种有效信号对危险区域发出警告。

5）橡胶坝冬季运行

为河道水生物越冬提供有效水深、净化水质、美化城市景观，提供冰上运动场所，需橡胶坝冬季运行。橡胶坝冬季运行方案的主要内容有：坝袋前除冰、充水坝袋水位控制（一般设计水位为70%～80%）、充水坝袋保证有一定过流水深，组织、设备、器材、安全保障措施等，冰冻期不可调节坝高。铁岭市辽河干流双安桥橡胶坝于2010年建成投入运行，经多方协调、精心准备，于2012年11月20日至2013年3月17日（冬季）成功运行，为辽北地区充水橡胶坝冬季运行首例。2013年冬季辽河干流双安桥、新调线、大张桥橡胶坝进行冬季运行，至2014年3月15日开河圆满完成冬季运行任务等，为充水式橡胶坝冬季运行积累了宝贵经验。

6）高温天气运行

橡胶坝挡水期间，遇高温季节为降低坝袋表面温度，根据来水情况可适当降低坝高。

（3）橡胶坝联合调度研究

1）橡胶坝联合调度运用原则

① 橡胶坝坝顶溢流水深按不超过0.3 m控制。当坝顶溢流水深超过0.3 m时，应开始均匀塌坝。

② 塌坝运行可根据上游来水量的大小采用是单跨塌坝还是多跨塌坝运行。为保证下游坝的安全，可根据流量大小查询传播时间曲线，保证在上边流量还没到达下个橡胶坝之前，缓慢地降低坝高。采取预蓄预泄法调度。

③ 橡胶坝运行管理实行调度令制。出现下列情况之一时，由市级主管部门签发调度令，橡胶坝运行管理机构按调度令执行：依据省级主管部门命令；所在地及上级防指命令；水文及气象情况变化；橡胶坝出现不利的运行工况；需要改变橡胶坝运行状态的其他情况等。

④ 主汛期所有橡胶坝塌坝运行，充、塌坝的原则按照先下游后上游的顺序进行。塌坝泄水前24 h，市级主管部门应将泄水量大小及泄水影响范围，通知下游地区有关部门做好安全防范工作，并应在泄水影响范围内发布通告和巡查巡视工作，避免造成人员伤亡和财产损失。对于连续多个橡胶坝泄水且影响范围较大，在泄水前应事先向省级主管部门报告。

⑤ 辽河干流16座橡胶坝分别建在沿河各县区，各坝相距有一定距离，汛期应统一调度，指挥中心根据上游来水情况负责沟通调控各橡胶坝的运行状况。

2）橡胶坝调蓄能力分析

经辽河干流闸坝回水影响分析，和平橡胶坝、通江口橡胶坝、平顶堡橡胶坝及本辽辽橡胶坝回水影响到上游橡胶坝坝址。闸坝间距及回水影响情况见表 6-5 及图 6-2，图中（8 400/10 800）表示，前面数字代表本闸坝与上游闸坝之间的距离，后面数字代表本橡胶坝回水长度。例如，和平橡胶坝距上游三河下拉潜坝 8 400 m，和平橡胶坝回水长度 10 800 m，说明和平橡胶坝回水影响到上游闸坝坝址。辽河干流共有 4 个橡胶坝（下图红圈表示）可回水影响到上游闸坝。

表 6-5 辽河干流闸坝蓄水情况

序号	名称	所在县区	与上游闸坝①距离/m	回水长度/m	蓄水量/万 m^3	蓄水面积②/万 m^2
1	福德店潜坝	昌图县		2 300	30	
2	三河下拉潜坝	昌图县	43 700	3 500	40	
3	和平橡胶坝	法库县	8 400	10 800	324	163.08
4	通江口橡胶坝	法库县	5 600	6 200	32	34.72
5	五棵树橡胶坝	开原市	23 500	12 820	148	135.00
6	老边橡胶坝	开原市	13 600	9 210	138	74.23
7	平顶堡橡胶坝	铁岭县	12 000	13 000	286	236.79
8	双安桥橡胶坝	银州区	9 100	6 200	155	73.78
9	新调线桥橡胶坝	铁岭县	26 700	6 900	168	102.81
10	石佛寺水库	沈北新区	28 000	6 000	1 882	
11	七星山橡胶坝	沈北新区	10 700	7 970	285	121.06
12	马虎山橡胶坝	新民市	19 500	5 500	35	75.35
13	巨流河橡胶坝	新民市	23 300	14 700	168	221.24
14	毓宝台橡胶坝	新民市	18 400	16 400	284	195.16
15	满都护桥橡胶坝	辽中区	53 300	12 600	109	
16	本辽辽橡胶坝	辽中区	9 700	14 270	488	333.17
17	红庙子橡胶坝	台安县	10 700	8 340	166	82.57
18	大张桥橡胶坝	台安县	29 600	8 930	211	81.26
19	盘山闸	盘山县	51 700	11 500	1 339	
20	曙光桥橡胶坝	盘山县	21 300	19 100	1 339	382.00
	合计			196 240	7 627	

注：①福德店以上不属于辽宁省，与上游闸坝距离不再计算了。

②有些橡胶坝相关资料里没有蓄水面积数据。

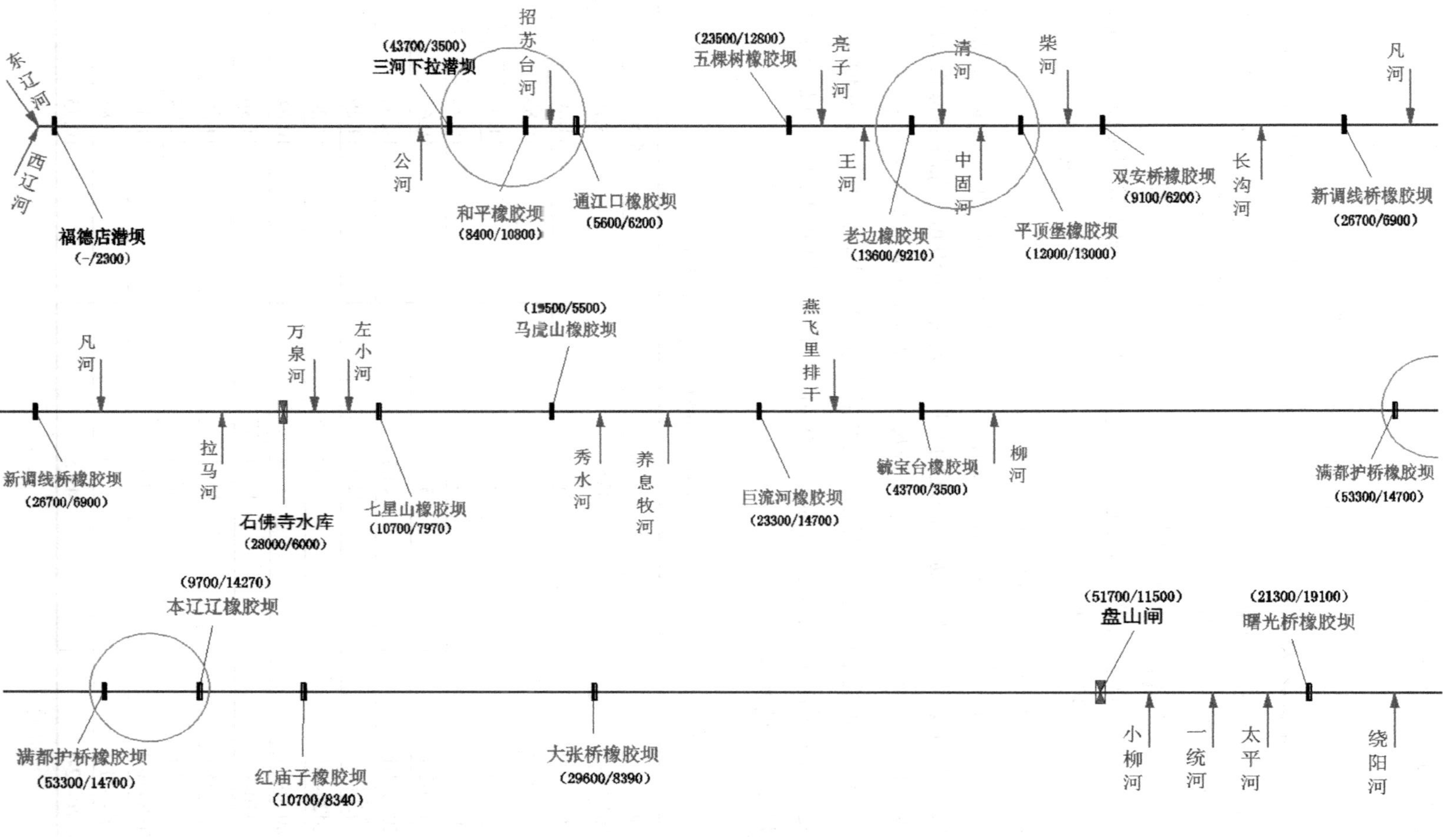

图 6-2 辽河干流闸坝回水影响概化

3）橡胶坝联合调度技术实证

目前，在辽河干流福德店至河口之间主河槽内，累积修建16座橡胶坝。结合橡胶坝日常调度方案，同时对各橡胶坝过流流量、充坝和塌坝时间、水位—水量—水面面积关系曲线、流量传播时间、区间水平恒等参数的优化与率定，采用第5.4.3节提出的辽河干流多目标联合调度水动力模型，制定辽河干流闸坝水量优化调度方案。2019年9月以来，通过采用课题提出的基于河流廊道功能修复的干流闸坝调度方案，在辽河干流上开展闸坝生态水保障工程实证。对各闸坝阻水阻沙效果进行分析，开展橡胶坝调度调整方案论证，开展了冬季橡胶坝生态联合调度运行，提出满都户橡胶坝拆除报废建议，同时对上游马虎山、毓宝台等橡胶坝进行工程修护，通过对其他闸坝科学调度有效调节下游泄放水量，从而满足以河流健康为目标的生态水量保障要求。

本书以红庙子橡胶坝调度运行情况为例，介绍课题闸坝调度实证结果。红庙子橡胶坝位于台安县境内辽河干流中下游，距辽河红庙子大桥 2 050 m。橡胶坝总长 111.0 m，由两跨橡胶坝组成，橡胶坝坝高 2.5 m，坝底板顶高程为 9.0 m，坝长均为 55.0 m，中墩厚1.0 m。红庙子橡胶坝处于毓宝台与盘锦兴安断面之间，区间除柳河外，无其他支流汇入。

为满足下游河道满足生态流量要求，2019年9月至2020年12月，红庙子橡胶坝各月监测流量及水位见表6-6。

表6-6 红庙子橡胶坝水量调度情况

时 间	流量/（m^3/s）	水位/m
2019-9-1	335.0	13.10
2019-10-1	105.0	11.20
2019-11-1	67.0	10.83
2019-12-1	94.5	11.08
2020-1-1	62.0	10.72
2020-2-1	57.6	10.65
2020-3-1	44.1	10.60
2020-4-1	125.5	11.29
2020-5-1	116.5	11.20
2020-6-1	77.4	10.64
2020-7-1	124.0	11.30
2020-8-1	134.9	11.30
2020-9-1	230.0	11.94
2020-10-1	110.0	11.30
2020-11-1	75.0	10.81
2020-12-1	49.5	10.75

6.3 工程实证效果分析

6.3.1 水质监测结果分析

6.3.1.1 水质监测时间

监测时间为 2018 年 1 月至 2020 年 11 月；监测频次为每月监测 1 次。为了能够更充分地论证实证开展前后水质变化情况，将水质数据向前延伸至 2017 年，2017 年数据采用省生态环境厅公布数据。

6.3.1.2 水质监测结果

（1）辽河药王庙（朱尔山）监测断面

根据药王庙站 2017—2020 年逐年水质监测结果，氨氮整体呈现逐年降低的趋势，氨氮质量浓度年平均值为 1.15 mg/L，2018 年氨氮质量浓度值略高于 2017 年，达到 1.998 mg/L，2018—2020 年氨氮质量浓度值一直下降，2020 年达到 0.51 mg/L，接近Ⅱ类水质，与 2018 年相比较降低 1.49 mg/L。化学需氧量浓度值整体呈现下降趋势，年平均值为 15.83 mg/L。

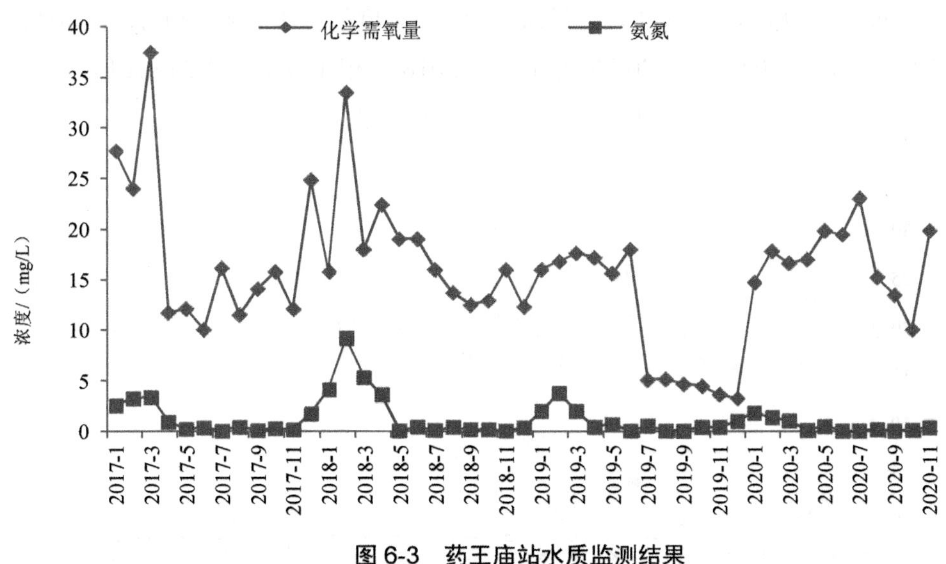

图 6-3 药王庙站水质监测结果

（2）辽河毓宝台（巨流河大桥）监测断面

根据毓宝台站 2017—2020 年逐年水质监测结果，氨氮质量浓度年平均值为 0.752 mg/L，化学需氧量质量浓度年平均值为 19.340 mg/L，2019 年化学需氧量质量浓度值与 2018 年相比下降 1.560 mg/L，2020 年化学需氧量质量浓度平均值略有增加，与 2019 年相比增加 1.700 mg/L，变化不大。

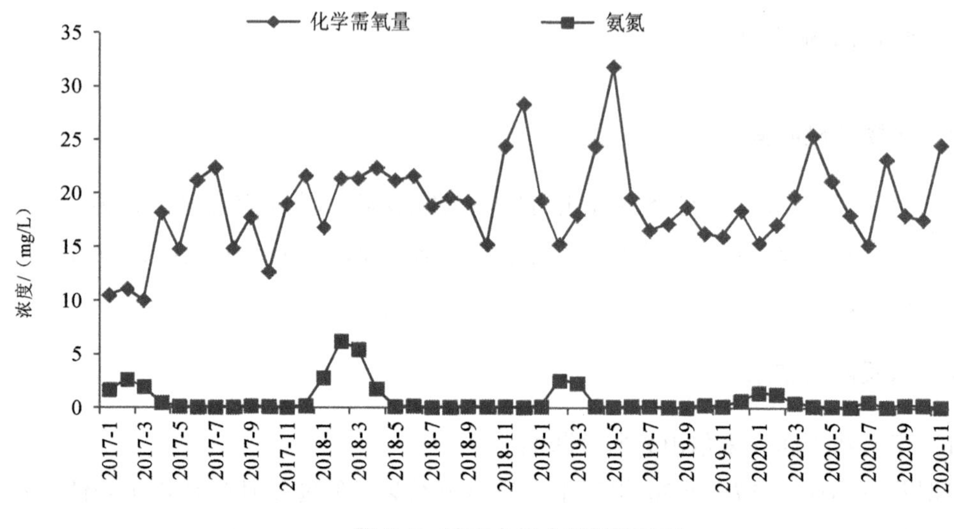

图 6-4　毓宝台站水质监测结果

（3）辽河盘山（盘锦兴安）监测断面

根据盘山站 2017—2020 年逐年水质监测结果，氨氮质量浓度值整体呈现降低趋势，氨氮质量浓度年平均值 0.65 mg/L，化学需氧量质量浓度值总体呈下降趋势，质量浓度年平均值为 20.44 mg/L，2020 年为 20.36 mg/L，与 2018 年相比较下降 1.34 mg/L。

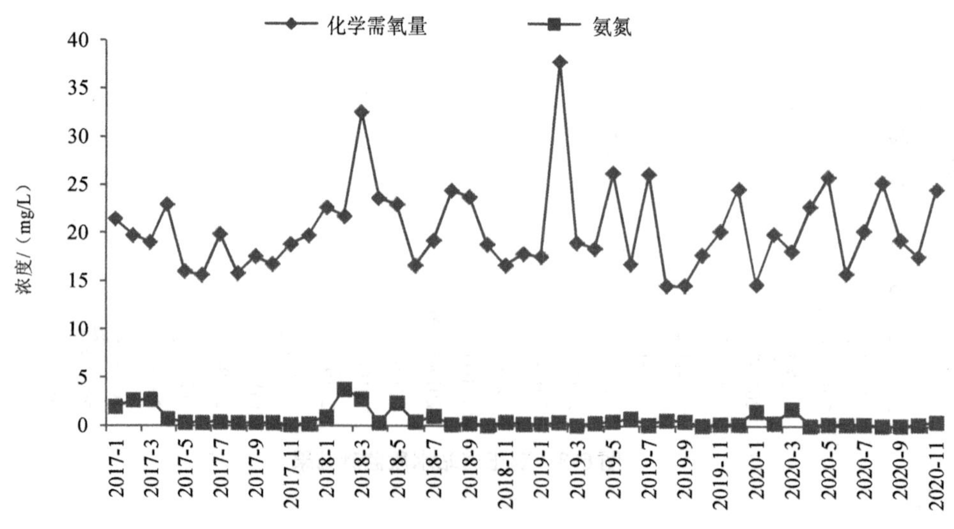

图 6-5　盘山站水质监测结果

从三个断面整体水质变化来看，调度前 COD、氨氮指标平均质量浓度分别为 19.400 mg/L、0.316 mg/L，调度后 COD、氨氮指标平均浓度分别为 17.700 mg/L、0.110 mg/L，平均质量浓度削减率分别为 9%、65%。

6.3.2 水量监测结果分析

6.3.2.1 水量监测时间

监测时间段为 2018 年 1 月至 2020 年 11 月，监测频次为每月监测 1 次，每月的月初取样监测。为了能够更充分地论证实证开展前后水质变化情况，将水质数据向前延伸至 2017 年，2017 年数据采用省水文局监测数据。

6.3.2.2 水量监测结果

（1）2017—2020 年监测结果

根据朱尔山、巨流河大桥、盘锦兴安断面 2017—2020 年逐月流量监测结果，3 个站的逐月流量变化趋势基本一致。朱尔山 2017—2020 年月平均值为 86.4 m^3/s，汛期流量（6—9 月）月平均值为 131.3 m^3/s；巨流河大桥 2017—2020 年月平均值为 88.2 m^3/s，汛期流量（6—9 月）月平均值为 161.5 m^3/s；盘锦兴安 2017—2020 年月平均值为 82.9 m^3/s，汛期流量（6—9 月）月平均值为 139.7 m^3/s。

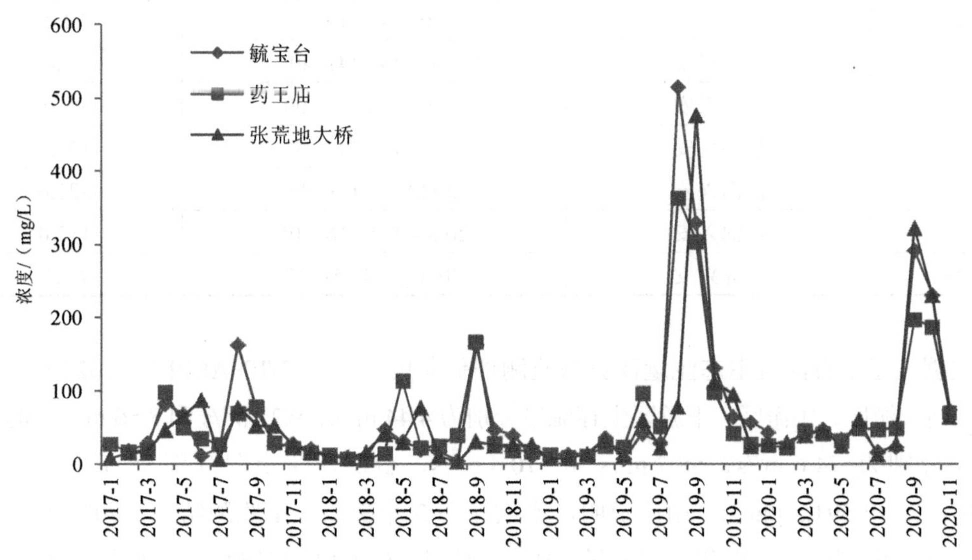

图 6-6 调度前后水量监测结果

（2）2020 年 6—11 月监测结果

辽河干流朱尔山、巨流河大桥、盘锦兴安 3 个断面在 2020 年 6—11 月各月流量监测结果详见表 6-7：巨流河大桥 2020 年 6—11 月平均值为 132.4 m^3/s，汛期流量（6—9 月）月平均值为 149.3 m^3/s；朱尔山 2020 年 6—11 月平均值为 122.1 m^3/s，汛期流量（6—9 月）月平均值为 134.6 m^3/s；盘锦兴安 2020 年 6—11 月平均值为 139.5 m^3/s，汛期流量（6—9 月）月平均值为 159.7 m^3/s。

表 6-7　辽河 3 个断面流量监测统计表

序号	监测断面名称	监测时间	流量/（m^3/s）
1	朱尔山	2020-6-4 9：50	94.9
2	朱尔山	2020-7-9 9：58	97.5
3	朱尔山	2020-8-6 10：00	148.9
4	朱尔山	2020-9-1 10：00	197.0
5	朱尔山	2020-10-10 9：10	107.0
6	朱尔山	2020-11-12 10：15	87.3
7	巨流河大桥	2020-6-2 10：11	85.2
8	巨流河大桥	2020-7-2 10：35	96.5
9	巨流河大桥	2020-8-4 09：33	123.3
10	巨流河大桥	2020-9-1 10：41	292.0
11	巨流河大桥	2020-10-9 10：26	123.0
12	巨流河大桥	2020-11-16 10：44	74.4
13	盘锦兴安	2020-6-1 14：40	91.6
14	盘锦兴安	2020-7-12 17：00	98.0
15	盘锦兴安	2020-8-4 14：40	127.0
16	盘锦兴安	2020-9-1 17：00	322.0
17	盘锦兴安	2020-10-13 16：05	112.0
18	盘锦兴安	2020-11-4 15：32	86.4

根据《辽宁省河流生态流量计算与监测评估制度导则》（T/LNAEPI 5—2021）计算得到，辽河上游区、中游区、下游区生存流量分别为 4.44 m^3/s、9.21 m^3/s 和 8.56 m^3/s，健康流量下限分别为 74.6 m^3/s、58.7 m^3/s 和 70.4 m^3/s，健康流量上限分别为 540.20 m^3/s、580.49 m^3/s 和 591.30 m^3/s。由此说明，本次辽河 3 个断面水量监测结果（2020 年 6—11 月）均处于健康流量下限和健康流量上限之间，与辽河实际状况相符。具体分析过程见表 6-8。

表 6-8 辽河 3 个断面水量监测数据对比分析表

监测断面名称	水期	流量/（m^3/s）	《辽宁省河流生态流量计算与监测评估制度导则》中健康流量要求		
			冰封期	平水期	丰水期
朱尔山	丰水期	134.6			≤540.2
	平水期	107.0		≥74.6	
	冰封期	87.3	≥4.44		
巨流河大桥	丰水期	149.3			≤580.5
	平水期	123.0		≥58.7	
	冰封期	74.4	≥9.21		
盘锦兴安	丰水期	159.7			≤591.3
	平水期	112.0		≥70.4	
	冰封期	86.4	≥8.56		

6.3.3 水生生物调查结果分析

6.3.3.1 水生生物调查时间

监测时间为 2020 年 6—11 月，每月进行 1 次调查，共进行 6 次调查。

6.3.3.2 水生生物调查方法

（1）浮游植物采集和定性定量方法

1）分层采样法：每隔 0.5～1 m 采集一个水样，混合后取 1 L 进行装瓶，加入 15 mL 鲁戈氏液进行固定。

2）浓缩或沉淀：将样品浓缩或沉淀至 30～50 mL。

3）种类鉴定及计数：用 0.1 mL 计数框，在显微镜下进行种类鉴定及计数。

（2）浮游动物的采集定量方法

1）分层采样法：每隔 0.5～1 m 采集一个水样，混合后取 1 L 进行装瓶，为使大型浮游动物的鉴定更加准确，可适当增加采集水量。将鉴定大型浮游动物的水样用 5%的甲醛溶液进行固定；将鉴定原生动物和轮虫的水样用普鲁卡因进行固定。

2）浓缩或沉淀：将样品浓缩或沉淀至 30～50 mL。

3）种类鉴定及计数：小型浮游动物用 0.1 mL 计数框进行种类鉴定及计数。大型浮游动物用解剖镜进行种类鉴定及计数。

（3）底栖动物的采集定量方法

每个采样站采样 2 次。将蚌斗式采泥器采得的泥样，先倒入 40 目分样筛中，然后将筛底放在水中轻轻摇荡，洗去样品中的污泥（若样品量大可分几次洗涤），最后将筛中的渣滓倒入塑料袋，并放入标签，将袋口缚紧带回实验室分检，对于大型软体动物用甲醛浸泡，对于水生环节动物和原腔动物等采取酒精麻醉后用甲醛固定保存。对采集的底栖动物进行种类鉴定和数量调查。

6.3.3.3 水生生物调查结果

2020 年 6—12 月对辽河 3 个区域的调查表明，共检出底栖动物 15 种，浮游生物 42 种，浮游植物 40 种。

除 7 月外，底栖动物多样性最高地区均为巨流河，7 月为朱尔山。7 月和 9 月浮游生物多样性最高值出现在盘锦兴安，8 月和 10 月为巨流河大桥，9 月和 10 月为朱尔山。7 月和 10 月浮游植物最高值出现在朱尔山，7 月、9 月和 10 月均为盘锦兴安。

在本次调查中，朱尔山共检出底栖生物 9 种，平均丰度为 136.67 个/kg，平均生物多样性指数为 0.822 3；检出浮游动物 19 种，平均丰度为 1 304.33 个/kg，平均生物多样性指数为 1.143 2；浮游植物 26 种，平均丰度为 1 723.67 个/kg，平均生物多样性指数为 1.939 2。盘锦兴安共检出底栖动物 9 种，平均丰度为 104.67 个/kg，平均生物多样性指数为 1.063 1；浮游动物 24 种，平均丰度为 1 173.00 个/kg，平均生物多样性指数为 1.478 8；浮游植物 26 种，平均丰度为 1 063.67 个/kg，平均生物多样性指数为 1.703 3。巨流河大桥共检出底栖生物 11 种，平均丰富度为 102.33 个/kg，平均生物多样性指数为 1.353 1；浮游动物 27 种，平均丰度为 801.33 个/kg，平均生物多样性指数为 1.487 3；浮游植物 28 种，平均丰度为 942.00 个/kg，平均生物多样性指数为 1.741 3。

表 6-9 水生生物监测结果分析表

监测指标		断面名称		
		朱尔山	巨流河大桥	盘锦兴安
底栖生物	种类	9	11	9
	平均丰度	136.67	102.33	104.67
	生物多样性指数	0.822 3	1.353 1	1.063 1
浮游动物	种类	19	27	24
	平均丰度	1 304.33	801.33	1 173.00
	生物多样性指数	1.143 2	1.487 3	1.478 8
浮游植物	种类	26	28	26
	平均丰度	1 723.67	942.00	1 063.67
	生物多样性指数	1.939 2	1.741 3	1.703 3

浮游生物以原生动物、轮虫及单细胞藻类为主要类群。各断面浮游生物和底栖生物均与该地区降水量有密切关系，降水量增多的月份丰富度及生物多样性下降较为明显。

6.3.4 工程实证效果分析

对工程实证实施前后辽河保护区内生态状况进行对比，结果见表 6-10，由此说明研究提出的大型季节性河流生态水保障技术对辽河保护区内水环境提升及水生态改善具有积极的促进作用。

表 6-10 工程实证开展前后指标对比

年份及变化率	植被覆盖率/%	物种数	COD/（mg/L）	氨氮/（mg/L）
2018 年	90	73	19.4	0.316
2020 年	97	97	17.7	0.11
变化率/%	7.8	32.9	−8.8	−65.2

6.3.5 基于廊道功能修复的闸坝工程治理建议

（1）加强辽河干流橡胶坝工程维护

近几年，辽河围绕干流闸坝等生态蓄水工程，建设了生态蓄水湿地 12.5 万亩。经过多年运行，辽河干流已建成的临时抗旱蓄水工程均存在不同程度的功能退化情况，如橡胶坝坝袋和钢坝闸机电设备老化，影响蓄水效果；人工湿地淤积导致的水系连通受阻，以及部分人工湿地植被退化等。为保证辽河干流橡胶坝等临时蓄水工程持续发挥功能，巩固辽河生态修复取得的成果，需继续加大维护力度。

（2）优化橡胶坝冬季运行方案，维护河流健康

橡胶坝冬季运行要有一定的流量，达到坝顶溢流，才不会导致坝顶结冰。河道也不要出现增流现象，以免将已封冰的冰面顶起，形成冰排而划伤橡袋。因此需要合理设定橡胶坝冬季运行坝袋高度，一般宜选择最大坝高的 80%运行。建议综合考虑上下游生态健康、河流廊道功能修复等因素，优化橡胶坝运行方案。

（3）改造盘山闸，增设鱼道

结合辽河干流防洪提升工程，对盘山闸进行改造。在辽河主河槽左岸，现有船闸与核心岛之间布置 1 处鱼道，全面改善盘山闸生态状况。

（4）开展生态蓄水湿地建设

生态蓄水湿地是辽河水系生态廊道建立的基础，建议以滩区沙化、水污染、生态退化等突出问题为导向，采取主河槽整治、河岸绿化、生态护岸工程建设等措施，对辽河生态问题突出的滩区进行生态蓄水湿地建设。经调查分析，辽河干流可建设生态湿地类

型包括坑塘型、滩地型和河口型 3 类，与辽河干流闸坝相关的主要是坑塘型和滩地型，坑塘型有老边橡胶坝、通江口橡胶坝、双安桥橡胶坝、新调线桥橡胶坝、曙光桥橡胶坝等；滩地型有和平橡胶坝、七星山橡胶坝、毓宝台橡胶坝、满都户桥橡胶坝、本辽辽橡胶坝、红庙子橡胶坝、大张桥橡胶坝等。

（5）深入开展辽河生态廊道功能修复研究工作

辽河是游荡性河道，干流上的橡胶坝均位于河道主槽，为了保证橡胶坝安全运行、持续发挥河流生态廊道功能，建议开展辽河河道演变与治理保护技术研究、辽河干流生态恢复与保护关键技术研究、辽河干流河库联合预报与洪水调度关键技术研究、辽河水系滩区生态治理模式研究等。

7　结论与展望

7.1　结论

（1）围绕自然地理概况、水文水资源、水工程布局、水质、社会经济等方面，系统梳理辽河流域综合状况，并从河流健康角度，科学诊断辽河流域现存问题。

（2）提出了北方寒冷地区生态需水分区、分期、分类的概念和划定原则，生态流量计算所需资料及计算流程、各种生态流量计算方法的适用条件及选取等，对不同生态目标导向下的生态流量计算具有重要的指导意义。以辽河为例，开展不同水期、不同分类的生态流量计算。

（3）针对浑太水系水质改善与水生态保护需求，联合农业灌溉供水需求，构建浑太水系水动力及水质模型，开展基于环境流量保障的浑太水系水库群与水闸联合调度研究，提出浑太河水质水量联合调度方案。

（4）系统分析辽河水系农业供水、生态环境需水及城市生活、工业供水规律及干流各闸坝蓄水能力、回水影响及闸坝高度调控对生物阻隔影响，在保障防洪安全前提下，开展水库闸坝联合调度方案的研究，建立生态水时空优化调度模型，最大限度地保证下游河道的生态需水。

（5）提出辽河水系生态流量综合监管技术方案，以清河水库、柴河水库及辽河干流闸坝为调度对象，开展生态水保障工程实证，为保护区内大型水库、闸坝生态调度规则修订提供建议，为流域水生态保护与修复提供技术保障，对促进辽河流域经济社会高质量发展具有重要的战略意义。

7.2　展望

（1）建议尽快颁布实施辽宁省河流生态流量计算导则，并将生态流量纳入辽宁省最严格水资源管理制度体系，结合实际，推行生态流量监管。

本书根据辽河干流水文水资源、水环境、生态环境以及社会经济用水特性，制定了“分区、分期、分类” 的生态流量计算方法与《辽宁省河流生态流量计算与监测评估制度导则》(T/LNAEPI 5—2021),符合辽宁省用水实际,建议辽宁省尽快颁布辽宁省河流主要控制断面的生态流量计算标准。国家及地方正在执行最严格水资源管理制度,在部分地区将生态流量管理纳入了制度管理体系,考虑到辽河干流(保护区)水质进一步改善需求,建议辽宁省政府将保障辽河干流(保护区)生态流量纳入辽宁省最严格水资源管理制度体系,并结合辽宁省河流实际,推行针对北方寒区季节性河流特点的生态流量监管。

(2)建议及时修订辽河干支流大型水库调度规则,为满足辽河干流各主要控制断面环境流量标准创造条件。

辽河水系"三生用水"矛盾问题在本课题工程实证运行期间得到了一定程度上的解决,取得了较好的效果。这进一步说明,通过发挥大型水库调节能力,保障辽河干流朱尔山、巨流河大桥、盘锦兴安等重要控制断面在各水期内满足以河流健康为目标的生态流量要求是可行的。此外,已经运行的大伙房输水工程和 LXB(辽西北)供水工程,将为辽河全流域提供较大量的生产和生活用水,可以缓解流域水源不足的紧张局面,被挤占的生态用水可望得到退还。为此建议辽宁省政府尽快修订辽河干支流大型水库调度规则,为满足辽河干流(保护区)各主要控制断面生态流量标准创造条件。

参考文献

[1] 李法云，巴晓博，屠克豹，等. 辽宁省北部典型河流生态流量计算方法对比[J]. 天气与环境学报，2015，31（6）：168-174.

[2] 李昌文. 基于改进 Tennant 法和敏感生态需求的河流生态蓄水关键技术研究[D]. 武汉：华中科技大学，2015.

[3] 张泽聪，韩会玲，陈丽. 基于改进的 Tennant 法的大凌河生态基流计算[J]. 水电能源科学，2013，31（9）：29-31.

[4] 钟华平，刘恒，耿雷华，等. 河道内生态需水估算方法及其评述[J]. 水科学进展，2006，17（3）：430-434.

[5] 冯宝平，张展羽，陈守伦. 生态环境需水量计算方法研究现状[J]. 水利水电科技进展，2004，24（6）：59-62.

[6] 郑志宏，张泽中，黄强. 生态需水计算 Tennant 法的改进及应用[J]. 四川大学学报（工程科学版），2010，42（2）：34-39.

[7] 王霞，郑雄伟，陈志刚. 基于河流生态需水的水库生态调度模型及应用[J]. 水电能源科学，2012，30（6）：59-61.

[8] 胡和平，刘登峰，田富强，等. 基于生态流量过程线的水库生态调度方法研究[J]. 水科院进展，2008，19（3）：325-332.

[9] Fabos J. G. Introduction and overview：The greenway movement，uses and potentials of greenways[J]. Landscape & Urban Planning，1995，33（1-3）：1-13.

[10] 文伏波，韩其为，许炯心，等. 河流健康的定义与内涵[J]. 水科学进展，2007，18（1）：140-150.

[11] 车生泉. 城市绿色廊道研究[J]. 城市规划，2001（11）：44-48.

[12] 郑仕雷. 基于 GIS 的绵阳市河流廊道功能评价研究[D]. 成都：西南科技大学，2019.

[13] 钱彤. 河道节点生态修复规划与实践[J]. 水土保持应用技术，2017，4：26-27.

[14] 韩冰. 大伙房水源地生态清洁小流域建设对策初探[J]. 水土保持应用技术，2017，6：28-30.

[15] 钟子琳，付杨，于海洋. 大伙房水库社河入库口湿地保护对策研究[J]. 水土保持应用技术，2014，1：48-49.

[16] 林育青，马君秀，陈求稳. 拆坝对河流生态系统的影响及评估方法综述[J]. 水利水电科技进展，2017，37（5）：9-16.

[17] 廖先容，扈幸伟，邬龙. 城市河流滨岸缓冲带生态修复模式研究[J]. 水利水电技术，2017，48（10）：109-112.

[18] 韩素丽. 生态水利工程在河流廊道工程中的应用研究[J]. 山西水利科技，2018，（4）：73-76，88.

[19] 李冬锋. 闸坝对污染河流水质水量作用分析及调控研究[D]. 郑州：郑州大学，2013.

[20] 左其亭，刘静，窦明. 闸坝调控对河流水生态环境影响特征分析[J]. 水科学进展，2016，27（3）：439-447.

[21] 强盼盼. 河流廊道规划理论与应用研究[D]. 大连：大连理工大学，2011.

[22] 王薇，李传奇. 河流廊道与生态修复[J]. 水利水电技术，2003，34：56-58.

[23] 杨楠，王丽丹，刘笑. 基于生态修复的河流廊道规划研究与实践[C]. 2018 城市发展与规划论论文集，2018：1-10.

[24] 刘雯雯. 辽宁省水资源可持续利用预警研究[J]. 水利技术监督，2019（2）：122-124.

[25] 靳大雪. 辽河水系河道退耕封育的实践与探索[J]. 水利发展研究，2018（6）：60-62.

[26] 沙德纯. 辽河保护区生态封育及恢复效果分析[J]. 新农业，2017（19）：38-40.

[27] 李原园，廖文根，赵钟楠，等. 新时期河湖生态流量确定与保障工作的若干思考[J]. 中国水利，2019，17：13-16.

[28] 王建平，李发鹏，孙嘉. 我国生态流量管理实践探索[J]. 人民黄河，2018，11：78-81.

[29] 周芬，王丽婷，钟名军. 基于径流频率和河道形态的生态流量分析方法[J]. 人民长江，2019，10：73-76.

[30] 涂敏，易燃. 长江流域生态流量管理实践及建议[J]. 中国水利，2019，17：64-66.

[31] 朱党生，张建永. 推进我国水资源保护工作的思考及重点[J]. 中国水利，2019，17：17-20.

[32] 邢晶尧. 辽宁省水资源空间配置分析用[J]. 水利技术监督，2020（1）：170-172.

[33] 邱莹莹. 基于 SE-DEA 模型的水资源利用效率区域差异分析[J]. 平顶山学院学报，2019（5）：54-59.

[34] 曾霞，侯兵，王丹. 新型城镇化进程中的水资源安全评价及区域差异[J]. 华北水利水电大学学报（社会科学版），2018（4）：14-18.

[35] 俞雅乖，刘玲燕. 中国水资源效率的区域差异及影响因素分析[J]. 经济地理，2017（7）：12-19.

[36] 李洪利. 基于多目标决策的辽河水系水资源承载力分析[J]. 黑龙江水利科技，2019，47（7）：10-15.

[37] 任兴华，杨军耀. 基于泰尔指数的地表径流时空特征分析[J]. 水电能源科学，2015（7）：16-19.

[38] 王彦丽，赵敏宁. 近 10 年辽河干流水质综合评价[J]. 水资源与水工程学报，2018，29（5）：53-59.

[39] 郭丽峰，郭勇，罗阳，等. 季节性 Kendall 检验法在滦河干流水质分析中的应用[J]. 水资源保护，2014，30（5）：60-67.